なるほど電磁気学

村上 雅人 著

なるほど電磁気学

海鳴社

はじめに

　電気と磁気はわれわれの生活にはなくてはならない存在である。停電になったときの大混乱を思い浮かべれば、電気がなければ現代生活は成り立たないことは明らかであろう。さらに、発電所では電磁誘導という磁場の変動による誘導現象を利用して電気はつくられており、磁場がなければ、電力応用が成立しないのである。もちろん、磁場そのものにも永久磁石などを代表として多くの応用例がある。

　このように、電気と磁気は現代社会にとって重要な存在であるが、残念ながら、それを取り扱う学問である電磁気学は、とても難解な学問とされ、多くから敬遠される傾向にある。

　その理由はいくつか考えられるが、そのひとつは、電気も磁気も目にみえない存在ということであろう。そして、力の作用が、押した方向に動くというものではなく、電場と磁場の向きとは関係のない 90°の方向に電磁力が働くというのもわかりにくい原因とされる。

　つぎに、その理解に必要とされる数学がベクトル演算であり、初学者には演算の意味や取り扱いがわかりにくいことも一因として挙げられる。電磁気学は 1 次元で閉じることはなく、その解析にはどうしても 3 次元が必要となる。さらに、それを取り扱う道具として rot や div などのなじみのない演算や、Δ や ∇ の記号やベクトルの外積などが混在し、確かに慣れるのにも理解するのにも時間がかかる。

　さらに、ガウスの法則や、ストークスの法則、ビオ・サバールの法則、アンペールの法則、ファラデーの法則などの新しい概念も頻出するので、これら法則の基本を理解しないまま前に進むと、あたかも迷宮にさまよいこんだような印象を持つのではないだろうか。

　しかし、電磁気学を創設したファラデー(Michael Faraday, 1791-1867) は、

ベクトル解析によって電磁気学を理解していたわけではない。あくまでも自然界で起きている現象を、あるがままに受け止め、ていねいに解析し記録していただけである。

その結果をまとめて数式のかたちに整理したのがマックスウェル(James Clerk Maxwell, 1831-1879) と言われている。ただし、彼の表式では、20個もの式を使っていたのである。われわれがマックスウェル方程式と呼んでいる 4 個のベクトル演算式のかたちにまとめたのは、マックスウェルではなく、ヘヴィサイド (Oliver Heaviside, 1850-1925) である。

これら電磁気学を建設した人たちは、電気や磁気の性質を調べ、それらの相互作用を注意深く観察する中で、その礎を築いていったのである。そして、長い歳月をかけて、多くの学者が先人の知見を引き継ぎながら、試行錯誤のなかで電磁現象を整理し、数学も活用しながら、いまの電磁気学へと発展させたのである。

われわれが電磁気学を学ぶ際には、先人たちと同じように、基礎からスタートして、基本事項の確認と、その理解を根気よく積み重ねていく必要がある。いきなり、マックスウェル方程式やベクトル演算、また電磁気学における諸法則を羅列的に学習するのではなく、それらが導出された過程を理解しながら、着実に前に進むことが重要である。

ただし、ファラデーの時代とは異なる背景もある。当時は、電子の存在そのものが知られていなかった。このため、電荷のもとが電子というミクロ粒子であること、また、磁場が電子（電荷）の運動に起因することなどは知られていなかったのである。すなわち、ミクロ機構を理解している分、現代人の方が有利なのであり、より深い電磁現象の考察が可能となるはずである。

本書では、電磁気学の基礎として、電荷間に働くクーロンの法則から出発し、電場と磁場の基礎と、これらの類似点と相違点を明らかにし、さらに電場と磁場の相互作用を学ぶなかで、マックスウェル方程式の意味が理解できるような構成をとったつもりである。

そして、最後には、自由空間、すなわち真空中におけるマックスウェルの方程式を解くことで、電磁波、すなわち、光が電場と磁場が交互に振動しながら進行していく波であるという本質についても理解がえられるよう

にしている。

　もちろん、電磁気学がカバーする範囲は広く、とても本書のなかにすべての話題を入れることはできなかった。しかし、本書を読破すれば、つぎのステップとして、多くの電磁気学の応用問題に対処できるはずである。

　最後に、本書をまとめるにあたり、芝浦工業大学の小林忍さんと（株）藤井測量の藤井昇さんには、原稿の校正などで大変お世話になった。ここに謝意を表する。

2013 年　8 月　著者

もくじ

はじめに・・・・・・・・・・・・・・・・・・・・・・・・・5

第1章 電荷とクーロンの法則・・・・・・・・・・・・・13
  1.1. 電気とは何か　*14*
  1.2. 電子とは　*15*
  1.3. 自由電子　*18*
  1.4. クーロン力：電気力　*21*
  1.5. 電場　*25*

第2章 電位と電気力線・・・・・・・・・・・・・・・・34
  2.1. 電圧と電位　*34*
  2.2. 保存力場とポテンシャル　*38*
  2.3. 等電位線（面）　*43*
  2.4. 電気力線　*48*
  2.5. 電位と保存力場　*57*

第3章 ガウスの法則・・・・・・・・・・・・・・・・・60
  3.1. 電束密度　*60*
  3.2. ガウスの法則　*61*
    3.2.1. 点電荷とガウスの法則　*61*
    3.2.2. 任意の閉曲面におけるガウスの法則　*62*
    3.2.3. ガウスの法則の一般化　*67*
    3.2.4. ガウスの法則の応用　*69*
  3.3. ガウスの法則——微分形　*76*
  3.4. 電荷密度　*84*
  3.5. ガウスの発散定理　*87*

もくじ

第 4 章　導体・・・・・・・・・・・・・・・・・・・・・・・90
　4.1.　導体とはなにか　*90*
　4.2.　導体と電場　*90*
　4.3.　鏡像法　*111*
　　4.3.1.　点電荷と平板導体　*111*
　　4.3.2.　点電荷と導体球　*115*

第 5 章　コンデンサ・・・・・・・・・・・・・・・・・・・121
　5.1.　電気容量　*121*
　5.2.　コンデンサ　*125*
　　5.2.1　コンデンサの特性　*125*
　5.3.　静電エネルギー　*130*
　5.4.　いろいろなコンデンサ　*135*
　5.5.　コンデンサの並列と直列接続　*139*

第 6 章　誘電体・・・・・・・・・・・・・・・・・・・・・143
　6.1.　誘電体とは何か　*143*
　6.2.　分極　*144*
　6.3.　電気容量と誘電体　*146*
　6.4.　電束密度　*150*
　6.5.　電気双極子　*152*
　　6.5.1.　双極子モーメント　*153*
　　6.5.2.　双極子とトルク　*154*
　6.6.　分極ベクトル　*155*
　　6.6.1.　双極子モーメントの和　*155*
　　6.6.2.　分極電荷　*157*
　　6.6.3.　分極電荷による電場　*159*
　　6.6.4.　電束密度による解析　*160*
　　6.6.5.　ガウスの法則　*165*
　　6.6.6.　電場の屈折　*168*

第 7 章　電流・・・・・・・・・・・・・・・・・・・・・・・174
　7.1.　電流の定義　174
　7.2.　オームの法則　176
　　7.2.1.　電気抵抗　177
　　7.2.2.　導電率　179
　7.3.　電気抵抗の正体　180
　7.4.　電気回路　183
　　7.4.1.　直列と並列　183
　　7.4.2.　起電力　186
　7.5.　キルヒホッフの法則　186
　7.6.　電荷移動の一般式　192

第 8 章　静磁場・・・・・・・・・・・・・・・・・・・・・・・196
　8.1.　磁石と磁荷　196
　8.2.　磁気力に関するクーロンの法則　198
　8.3.　磁場　199
　8.4.　磁位　201
　8.5.　磁束密度　204
　8.6.　磁石による磁場　205
　8.7.　磁気モーメント　211
　　8.7.1.　磁石の磁気モーメント　211
　　8.7.2.　磁気双極子　213
　　8.7.3.　磁気モーメントの和　213
　　8.7.4.　磁気モーメントと磁荷　216
　8.8.　反磁場　218
　8.9.　磁石のエネルギー　221
　　8.9.1.　磁気双極子のポテンシャル・エネルギー　221
　　8.9.2.　磁気双極子とトルク　224
　8.10.　ガウスの法則　227

第 9 章　磁性体・・・・・・・・・・・・・・・・・・・・・・・230
　9.1.　磁気分極　230
　9.2.　磁化　232

  9.2.1. 磁化率　*232*
  9.2.2. 磁化と磁気モーメント　*233*
 9.3. 分子磁石の起源　*235*
 9.4. 磁束密度と磁性体　*237*
 9.5. 磁場と磁性体　*241*
 9.6. 磁性体と磁化曲線　*244*
 9.7. 磁束の連続性　*249*
 9.8. 磁場の屈折　*251*

第10章 磁場と電流・・・・・・・・・・・・・・・・・・・*257*
 10.1. アンペールの法則　*257*
  10.1.1. 右ねじの法則　*257*
 10.2. 円電流がつくる磁場　*259*
 10.3. ビオ・サバールの法則　*260*
  10.3.1. 電荷と磁場の相互作用　*260*
  10.3.2. ビオ・サバールの法則の導出　*264*
 10.4. アンペールの力　*272*
 10.5. アンペールの法則の一般化　*277*
 10.6. アンペールの法則の微分形　*280*

第11章 電磁場とベクトル解析・・・・・・・・・・・・・・*282*
 11.1. 回転演算子：rot　*282*
 11.2. 発散：div　*290*
  11.2.1. スカラーポテンシャル　*292*
  11.2.2. ベクトルポテンシャル　*292*
 11.3. 静電場と静磁場のマックスウェル方程式　*295*
 11.4. ベクトルポテンシャルと荷電粒子の運動量　*297*

第12章 変動する電磁場・・・・・・・・・・・・・・・・・*300*
 12.1. 電磁誘導とレンツの法則　*300*
 12.2. ローレンツ力と電場　*301*
 12.3. 電磁誘導とマックスウェル方程式　*308*
 12.4. 変位電流　*313*

第13章 電磁波・・・・・・・・・・・・・・・・・・・・・*318*
 13.1. マックウェル方程式　*318*

13.2. 波動方程式　*321*
13.3. 電磁場の方程式の解法　*325*

補遺 1　極座標系の grad ・・・・・・・・・・・・・・・*335*

補遺 2　ストークスの定理・・・・・・・・・・・・・・・*340*

　　索引・・・・・・・・・・・・・・・・・・・・・・・*347*

第1章　電荷とクーロンの法則

　電気 (electricity) と**磁気** (magnetism) は、われわれの生活になくてはならないものである。特に現代生活は電気なしでは考えらない。**停電** (blackout) が起きたときの大混乱をみれば、それがいかに大切なものかが理解できる。
　一方、磁気のほうは、電気と比べると、それほどわれわれの生活には役に立っていないという印象を受ける。冷蔵庫にメモを貼るマグネットはなじみがあるが、その他は、小学校で砂鉄を集めるのに使ったぐらいである。
　実は、この認識は正しくない。そもそも電気をつくるためには磁気が必要なのである。電気は**電磁誘導** (electromagnetic induction) という「磁場が導体のまわりで変化することによって電流が誘導される」現象を利用してつくられており、磁場なしでは電気はありえないのである。
　さらに、電気を利用して力を取り出そうとする際には、必ず磁場（磁石）が必要となる。このため、あらゆる電動機器には磁石が搭載されている。携帯電話や、自動車にも磁石は使われているのである。
　このように、電気と磁気は非常に大切な存在であるにもかかわらず、その学問である電磁気学は多くのひとに敬遠されている。その理由は、電磁気学が直観では理解しにくい構造をしているからである。
　例えば、通常の力というものは、何かが作用した方向に働くものである。しかし、電磁気学では、電流と磁場の向きとは関係のない方向（それぞれに 90°の方向）に力（電磁力）は働く。これを理解するのは、なかなか難しい。さらに、これを数学的に解析するには、**ベクトルの外積** (outer product of vectors) を使うが、3次元ベクトルを使うため、煩雑となる。
　そもそも、電気と磁気に関わる諸現象は、理屈では理解できないものである。電気と磁気の相互作用は、そのまま自然現象として受け入れるしかないのである。

さらに、電気と磁気は目にはみえない。間接的に視覚で捉えることができるが、ある空間に磁場があるかどうかは、見ただけではわからないのである。これもなかなか厄介である。

科学の歴史を振り返れば、電気と磁気は、当初はそれぞれ独立に発見された自然現象である。それが、多くの賢人たちが、注意深く自然現象を観察する過程で、電気と磁気に密接な関係があることがわかり、現代の電磁気学が構築されたのである。

そして、電磁現象を表現するには、ベクトルや、微分、積分という数学が重要な役割を果たしている。これら数学もけっして簡単ではない。このため、電磁気学は難しいという印象を、多くの初学者に与えているのである。

ただし、電磁現象を複雑な数式を使っていきなり解析するのではなく、きちんと順序だてて知識を積み重ねていけば電磁気学はけっして難解な学問ではない。

1.1. 電気とは何か

電気とひとことでいっても、その対象は実に広い。われわれが普段電気エネルギーとして捉えているものは**電流** (electric currents) である。電流とは「金属などの**導体** (conductor) の中の**電荷** (electric charge) の流れ」のことであるが、ミクロに見れば、導体の中の**電子** (electron) の流れである。

そして、電気を利用する作業とは、電子の運動を利用して、いろいろな動力を取り出す作業に相当する。すべての電気製品は、電流をエネルギー源として動いているのである。

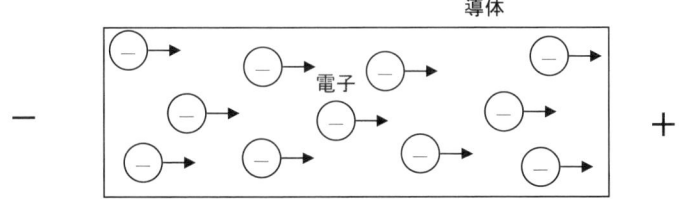

図1-1 電気エネルギーは電流（電子の流れ）を動力に変えている。

このように、電気エネルギーのもとは、電子の運動であるから、電子が動かなくなったら、エネルギーはえられない。電気が貯められないのは、このためである。（ただし、電気抵抗がゼロの超伝導は電気を貯めることができる）

ところで、電気は**発電所** (power plant) でつくられている。**水力** (hydro-power)、**火力** (thermal power)、**原子力** (nuclear power)というように動力源で名前が変わっているが、**発電** (power generation) の原理は共通している。水力では水の力で、火力、原子力では、水蒸気の力で導体のまわりで磁石を回転させることにより、電気（電流）を発生させているのである。つまり、電磁誘導を利用しているのである。

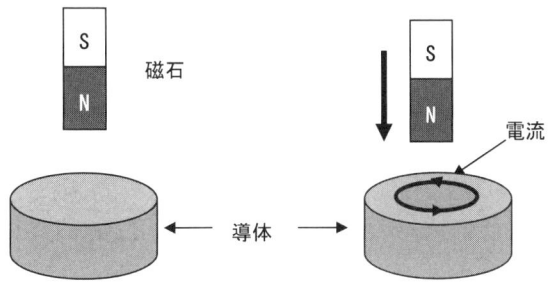

図 1-2　導体と磁石が静置した状態では何も変化がないが、磁石を導体に近づけると図のような向きの電流が誘導される。これが電磁誘導である。より一般には、導体のまわりで磁場が変化すると、電流が誘導される現象を指す。

電磁誘導の形態としては、導体のまわりで磁石が回転する場合や、図 1-2 のように導体に磁石が近づいたり遠ざかったりする場合、あるいは、導体のまわりに配した電磁石の磁場が電流によって変動する場合など、いろいろなケースが考えられる。一般に電磁誘導とは、導体のまわりで磁場が変化すると、電流が誘導される現象と定義できる。

1. 2. 電子とは

それでは、電気（電流）のもととなっている電子とは何であろうか。実は、電気の存在がはじめて認識された時代には、電子というミクロ粒子の

存在は知られていなかったのである。

よくわからないが、プラスあるいはマイナスに帯電したものが存在し、それらの間には力が働く。そして、帯電したものを**電荷** (electric charge) と定義し、その電荷の単位を、**クーロン** (coulomb: C)としたのである。

さらに、電流とは、この電荷の流れであり、単位時間 1[s]に 1[C]の電荷が通過するときの電流を 1 アンペア (ampere: A) と定義した。

$$1 [A] = 1 [C/s] \quad \text{あるいは} \quad 1[C] = 1[A \cdot s]$$

その後、電子の存在がわかり、電荷は電子の集合体ということが明らかとなった。したがって、電荷の最小単位は電子の電荷ということになる。これを素電荷あるいは**電気素量** (elementary electric charge) と呼んでいる。本来、これを最小単位とすべきであるが、電磁気学では、クーロンを基本単位として採用している。単位[C]を使うと、素電荷の大きさは

$$e = 1.6 \times 10^{-19} [C]$$

と与えられる。ただし、電荷には正負の符号がつき、正式には電子の有する電荷に負の符号がついて-1.6×10^{-19}[C]となる。一方、陽子が有する電荷は$+1.6 \times 10^{-19}$[C]となる。

演習 1-1 －1[C]の電荷の中に含まれる電子の数を求めよ。

解) 電子 1 個の電荷は$-e = -1.6 \times 10^{-19}$[C]であるので、$-1$[C]中の電子の数は

$$\frac{1}{1.6 \times 10^{-19}} = 6.25 \times 10^{18}$$

より 6.25×10^{18} 個となる。

このように、1[C]の中に存在する電子の数は**アボガドロ数** (Avogadro's number: 6.02×10^{23}) よりも少ないが、10^{18}のオーダーであるから、かなりの数ではある。

電子は、**原子** (atom) を形成している**素粒子** (elementary particles) のひとつであるが、電子のみを遊離して取り出すこともできる。

ところで、あらゆる物質は原子からできている。原子の中心には**原子核**

(atomic nucleus) が存在し、**中性子** (neutron) と＋に帯電した**陽子** (proton) からできている。そして、原子核のまわりを陽子と同じ数だけの－に帯電した電子が**電子軌道** (orbital) を巡っている。

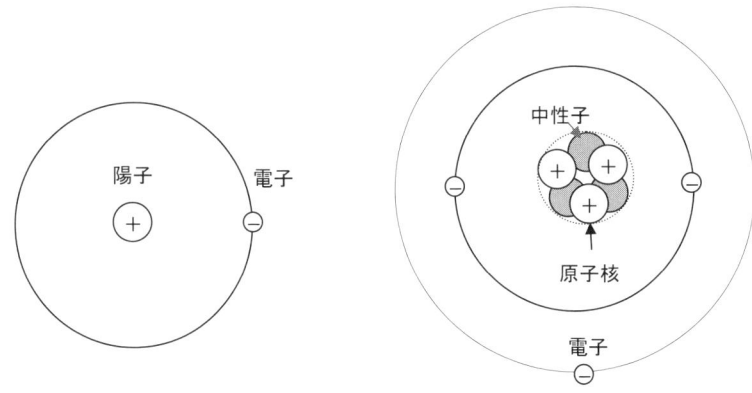

図 1-3　水素(hydrogen) 原子およびリチウム (lithium) 原子の構造。

　＋に帯電した原子核と、そのまわりを回っている－に帯電した電子の間には**クーロン引力** (Coulomb attractive force) が働く。この引力の結果、原子はその構造を保つことができると考えられている。したがって、電気的なクーロン引力こそが、万物を形成している基礎となっているのである。

　ちなみに、原子を構成している 3 種類の基本粒子の質量と電荷量を表 1 に示した。電子の質量は、陽子のほぼ 1836 分の 1 しかなく、両者には大きな差がある。それにも関わらず、電荷の大きさは等しいのである。

　ところで、クーロン力は、同符号の電荷の間には**斥力** (repulsive force) として働く。水素以外の原子の原子核には複数の正電荷が存在するため、陽子だけでは、互いの斥力によってばらばらになってしまうだろう。それを防ぐために、原子核には中性子が存在すると考えられている。

　通常の原子では、原子核の正電荷とそのまわりの電子の負電荷の大きさが等しく、電気的な**中性** (electric neutrality) を保っている。すなわち電気を帯びていない。

表 1-1 電子、陽子、中性子の質量と電荷量

	質量 [kg]	電荷量 [C]
電子	9.1096×10^{-31}	-1.6×10^{-19}
陽子	1.6726×10^{-27}	$+1.6 \times 10^{-19}$
中性子	1.6749×10^{-27}	0

1.3. 自由電子

　電流 (electric current) は、導体の中の電子の流れということを説明した。ここでは、金属を例にとって、どうして電子が金属中を移動することができるのかを考えてみる。

　金属は正（＋）に帯電した**格子** (lattice) と呼ばれる骨格と、負（－）に帯電した数多くの電子とから構成されていることがわかっている。これら電子は、金属の格子内を自由に動けることから**自由電子** (free electron) と呼ばれている。

　金属の構造について、ナトリウムを例にとって説明してみよう。ナトリウム原子は図1-4(a)のような構造をしている。Na の原子番号は 11 で、原子核に 11 個の中性子と 11 個の陽子があり、$+11e$（eは素電荷）に帯電している。そのまわりを 11 個の電子が 3 種類の軌道をまわっている。

　ここで、電気特性に関しては、原子殻の$+11e$と電子の$-11e$が互いに打ち消し合うので、Na 原子は電気的に中性の状態が保たれている。

　ところで、ナトリウム原子の最外郭であるM殻には、最大で 8 個の電子が入ることができる。しかし、図1-4(a)からわかるように、ナトリウム原子では、この軌道には、たった 1 個の電子しか入っていない。

　この最外殻の電子は、正（$+11e$）に帯電した原子核から、いちばん遠いので、その影響（正負の電荷に働くクーロン引力）が小さいと考えられる。さらに、その内側の軌道であるL殻には、マイナスに帯電した電子がぎっしり詰まっているので、最外殻電子は、反発される。このため、何らかの力（あるいは外乱）が働くと、図1-4(b)のように、最外殻電子は、原子から離れる。これを**イオン化** (ionization) と呼んでいる。

　イオンになると、すべての電子軌道が飽和状態となり、電子構造という

観点では安定となる。

　しかし、その一方で電気的な中性は崩れるので、イオンは帯電することになる。ナトリウムの場合には、電子が1個抜けるので、マイナスが1個足りなくなり、その結果としてプラスが1個余分になる。これをNa^+のように表記する。原子番号12のマグネシウムは、M殻に2個の電子があるので、これら電子が遊離して2+に帯電する。その結果、MgのイオンはMg^{2+}のように2価となる。

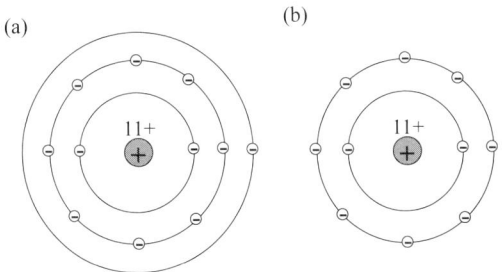

図 1-4　(a) Naの原子構造；(b)　Na^+イオンの構造。Na原子では最外殻のM殻に電子が1個ある。この電子は、原子核からの距離が最も遠く、クーロン力が小さいので、放出されやすい。Naが電子を放出すると、(b)のようにすべての電子軌道が埋まった安定な電子構造となる。この電子配置は不活性元素のNeと同じものとなる。

　ここで、Na原子がたくさん集まり、原子どうしが十分近づいた状態を考えてみる。最外殻の電子は、もともと原子核からの束縛が小さいうえ、原子間の距離が小さくなると、すぐ隣の原子核からの影響も無視できなくなる。この結果、図1-5に示すように、最外殻の電子はひとつの原子核からの束縛を逃れて、自由に運動できるようになる。このような電子を自由電子と呼んでいる。このとき、骨格をつくっている**格子** (lattice) は、電子を1個奪われた状態になり、ちょうどNa^+イオンの構造をもったものとなる。

　したがって、金属では＋に帯電した格子（金属イオンの格子）の中を－に帯電した電子が自由に動き回っている状態となる。ただし、格子の正電荷と自由電子の負電荷の総和は等しく、金属全体としては、電気的な中性が保たれている。

　この自由電子（自由に動ける電子）の存在が、多くの金属の特徴と関係している。

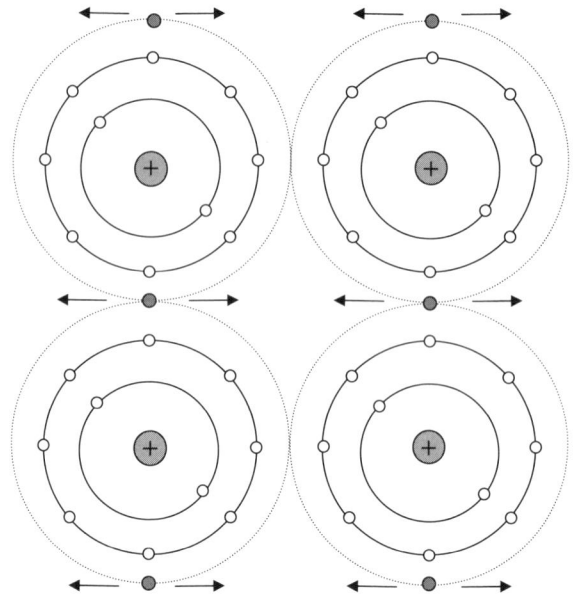

図 1-5 Na 金属の構造。最外殻電子は個々の原子核からの束縛から逃れ、自由に動くことができる。

　例えば、金属は熱をよく伝えるが、これは自由電子のおかげである。自由電子の振動が熱エネルギーとして伝わるからである。
　また、金属に電圧（すなわち電位差あるいは電子濃度の変化）を加えると、正の電荷のクーロン引力に引かれて自由電子の移動が起こる。これが電流である。金属が光り輝くのは、電磁波（光）の透過を自由電子が表面で遮蔽し、反射するからである。
　ただし、金属を構成する原子には、このような電気や熱の伝導には寄与しない**束縛電子** (bound electrons)、つまり内殻にあり、原子核と結合している電子が多数存在することも忘れてはならない。

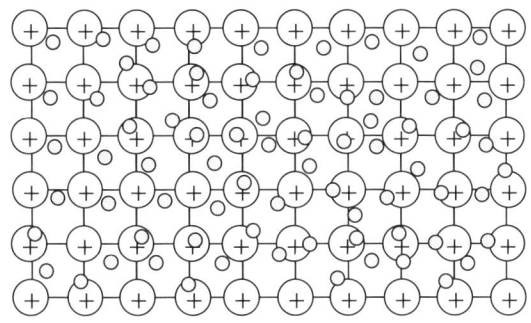

図 1-6　金属の構造：＋イオンの格子の中に、金属内を自由に動くことのできる自由電子が分布している。

1.4. クーロン力：電気力

それでは、クーロン相互作用について見てみよう。q_1[C]とq_2[C]という電荷を持った粒子が距離r[m]だけ離れているとき、これら電荷に働く力F[N]は

$$F = k\frac{q_1 q_2}{r^2}$$

という式で与えられる。これを**クーロンの法則** (Coulomb's law) と呼んでいる。ここで、力Fの単位は**ニュートン** (Newton: N) である。また、kは比例定数であり、真空中（大気中も同じ値を使う）では

$$k = 9.0 \times 10^9 \text{ [Nm}^2\text{C}^{-2}\text{]}$$

と与えられる。このように、電荷間にはたらく力は電荷の大きさに比例し、距離(r)の2乗に反比例する。このため、**逆2乗則** (inverse-square law) と呼ぶこともある。

ちなみに、クーロンの式の両辺を単位解析すると $F[\text{N}] = k\dfrac{q_1[\text{C}]q_2[\text{C}]}{r^2[\text{m}^2]}$ となるので、比例定数kの単位は $\dfrac{\text{Nm}^2}{\text{C}^2} = \text{Nm}^2\text{C}^{-2}$ となることがわかる。

また、Fが正のときは**斥力** (repulsive force)、負のときは**引力** (attractive force) となる。

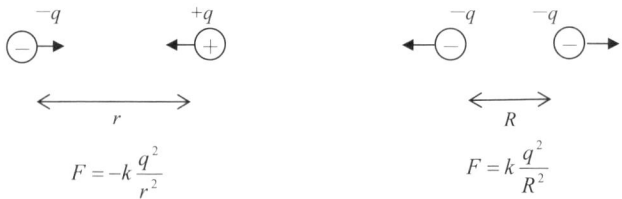

図 1-7 異符号の電荷間には引力が、同符号の電荷間には斥力が働く。

演習 1-2　大気中に置かれた正電荷 1[C]と負電荷−1[C]が 1[m]離れているとき、この電荷間に働く力の大きさ F[N]を求めよ。ただし、クーロンの法則における比例定数を $k = 9.0 \times 10^9$ [Nm²C⁻²]とする。

解）
$$F = k\frac{q_1 q_2}{r^2} = 9.0 \times 10^9 \times \frac{1(-1)}{1^2} \cong -9.0 \times 10^9 \text{[N]}$$

　これは 90 万トンというとてつもなく大きな力である。これだけ、大きな力となるのは、もともと 1[C]という電荷の単位が大きいからである。さらに、後ほど紹介するが、万有引力に比べてクーロン力（電気力）は桁違いに大きいことが知られている。

　電荷の置かれた**真空の誘電率** (permittivity of vacuum) を ε_0 とすると、比例定数 k は

$$k = \frac{1}{4\pi\varepsilon_0}$$

と与えられ[1]、クーロン力は

$$F = \frac{1}{4\pi\varepsilon_0}\frac{q_1 q_2}{r^2}$$

となる。真空の誘電率は
$$\varepsilon_0 = 8.854 \times 10^{-12} \text{ [C}^2\text{/Nm}^2\text{]}$$

---

[1] この関係は、1.5.節で詳しく説明する。

という値をとる。通常の実験は大気中で行われるが、大気中での電磁力を計算する場合、空気の誘電率は、真空の値とほぼ同じとなるため真空の誘電率で代用するのが通例である[2]。

ここで、誘電率の単位は[C^2/N^2m]ではなく[F/m]を使うのが一般的である。[F]は**ファラッド** (farad) であり、**静電容量** (capacitance) である。後ほど説明するように、コンデンサの容量の単位として使われる。

演習 1-3 真空の誘電率を$\varepsilon_0 = 8.854 \times 10^{-12}$ [F/m]とするとき、真空中に置かれた電荷間に働くクーロン力$F = k\dfrac{q_1 q_2}{r^2}$の比例定数$k$を求めよ。

解）
$$k = \frac{1}{4\pi\varepsilon_0} \cong \frac{1}{4 \times 3.14 \times 8.854 \times 10^{-12}} \cong \frac{1000}{111.2} \times 10^9 \cong 8.993 \times 10^9$$

演習 1-2 からわかるように、真空中でのクーロンの法則の定数は、ほぼ$k = 9.0 \times 10^9$ [Nm^2C^{-2}]となることがわかる。

ここで、真空の誘電率ε_0の単位を[F/m]としたが、$k = \dfrac{1}{4\pi\varepsilon_0}$という関係から$\varepsilon_0$の単位は

$$\frac{1}{Nm^2C^{-2}} = \frac{C^2}{Nm^2}$$

となることもわかる。したがって

$$\frac{F}{m} = \frac{C^2}{Nm^2}$$

となり、静電容量は

$$F = \frac{C^2}{Nm}$$

となる。

---

[2] 大気の誘電率は$1.000536\varepsilon_0$であり、真空の値ε_0よりもわずかに大きいが、真空の誘電率を代用することが多い。

静電容量のファラッド[F]という単位については、後ほどコンデンサを取り扱うときに、詳細を論じる。いずれ、電気を貯める能力であるので、電荷の単位のクーロン[C]が分子にあることが理解いただけると思う。

演習 1-4 大気中に電子 2 個が 1[mm]の距離に置かれているとき、電子間に働くクーロン力を求めよ。

解）
$$F = \frac{1}{4\pi\varepsilon_0}\frac{e^2}{r^2} = \frac{(-1.6\times 10^{-19})^2}{4\cdot(3.14)\cdot 8.854\times 10^{-12}\cdot(0.001)^2} \cong 2.3\times 10^{-22}\,[\text{N}]$$

このように、電荷の単位を 1[C]ではなく、素電荷とすると、働く力は非常に小さくなることがわかる。また、F は正となるので、電子間に働く力は、斥力となる。

クーロンの法則と良く似た表式として**万有引力** (universal gravitation) がある。**重力定数** (gravitational constant) を G [Nm^{2}kg^{-2}]とすると、r[m]だけ離れたふたつの質量 m[kg]と M[kg]の間に働く力は

$$F = G\frac{mM}{r^2}\,[\text{N}]$$

という式によって与えられる。ここでも逆 2 乗則が成立する。

演習 1-5 大気中に電子 2 個が 1[mm]の距離に置かれているとき、電子間に働く万有引力を求めよ。ただし、重力定数 $G = 6.67\times 10^{-11}$ [Nm^{2}kg^{-2}] とし、電子の質量を $m_e = 9.1\times 10^{-31}$ [kg] とする。

解）
$$F = G\frac{m_e^2}{r^2} = 6.67\times 10^{-11}\frac{(-9.1\times 10^{-31})^2}{(0.001)^2} \cong 5.52\times 10^{-65}\,[\text{N}]$$

このように、クーロン力に比べて、万有引力のオーダーは桁ちがいに小さい。例えば、1[kg]の物体が 1[mm]の距離にあるときの、万有引力は

$$F = G\frac{mM}{r^2} = 6.67 \times 10^{-11} \frac{1}{(0.001)^2} \cong 6.67 \times 10^{-5} \,[\text{N}]$$

となる。1 [N]は約 0.102 [kg]の重さに相当するので、引力の大きさは 6.7×10^{-3} [g]となり、非常に小さいことがわかる。

ただし、地球上の物体に働く重力は、相手が地球という巨大な物体となるので、無視できないくらいの大きさとなる。いわゆる、われわれが感じる重さは、地球との間の万有引力相互作用によっている。

また、クーロン力（電気力）には、引力と斥力があるが、万有引力では、その名の通り、引力しか働かない。このため、$F = -G\frac{mM}{r^2}$ のように、最初から右辺に−をつける場合も多い。

1.5. 電場

何もない空間に見えても、そこになんらかの物理量をもってくると、力がはたらく場合がある。このような空間を物理学では、**場** (field) と呼んでいる[3]。例えば、**質量** (mass) のある物体を置いたときに力が働く空間を**重力場** (gravitational field)、電荷のある物体を置いたときに力が働く空間を**電場** (electric field) と呼んでいる[4]。

ある電場に、電荷 q [C]の物体を置いたとき、F [N]の力が作用したとする。このとき

$$F = qE$$

と表記し、E を電場の強さと呼んでいる。したがって、E の単位は、N/C =NC^{-1} となる。

ここで、クーロンの法則を思い出してみよう。r[m]だけ距離の離れた電荷 q_1[C]と q_2[C]の間に働く力 F[N]は

$$F = \frac{1}{4\pi\varepsilon_0}\frac{q_1 q_2}{r^2}$$

---

[3] 場の概念は、一般にはもっと広く、ある状態量が位置の関数として表される空間を場あるいは界と呼んでいる。場には、位置の関数がベクトルとなるベクトル場と、スカラーとなるスカラー場がある。水の流れはベクトル場、地図はスカラー場である。
[4] 電場のことを電界とも呼ぶ。

と与えられる。この式を変形すると

$$F = q_1 \left(\frac{1}{4\pi\varepsilon_0} \frac{q_2}{r^2} \right)$$

となる。

ここで、先ほどの電場の式と比較すると

$$F = q_1 \left(\frac{1}{4\pi\varepsilon_0} \frac{q_2}{r^2} \right) = q_1 E \quad \text{から} \quad E = \frac{1}{4\pi\varepsilon_0} \frac{q_2}{r^2}$$

と置くことができる。

すなわち、E は電荷 q_2[C]がつくる電場となる。そして、電場 E [NC^{-1}]の空間に電荷 q_1 [C]を置いたときに F [N]の力が働くともいえるのである。

> **演習1-6** 電荷が1 [C]の物体から1 [m] 離れた大気に働く電場の大きさを求めよ。

解） $E = \dfrac{1}{4\pi\varepsilon_0} \dfrac{q}{r^2} = \dfrac{1}{4 \cdot (3.14) \cdot 8.854 \times 10^{-12} \cdot 1^2} = 9.0 \times 10^9$ [N/C]

ここで、クーロンの法則が、なぜ逆2乗則となるのかを少し考えてみよう。電荷 q[C]がつくる電場は

$$E = \frac{1}{4\pi r^2} \frac{q}{\varepsilon_0} \quad \text{[N/C]}$$

のように $4\pi r^2$ に反比例している。

ところで、$4\pi r^2$ は半径 r の球の表面積に相当する。われわれが住んでいる世界は3次元空間である。ある電荷 q[C]を中心に据えると、それから r[m]だけ離れた点は、半径 r[m]の球面となる。

この球面上では、どの点においても電場の強さは同じ $E = \dfrac{1}{4\pi r^2} \dfrac{q}{\varepsilon_0}$ [N/C]である。ところで、中心に位置する電荷 q[C]が持っている電場をつくる能力は一定なので、それが働く空間が増えれば、電場の強さは減っていくはずである。したがって、距離が大きくなると、その強さは、表面積、$4\pi r^2$ に反比例して小さくなっていくことになる。同じ考えは、重力場にも適用でき、同様の逆2乗則が成立することになる。

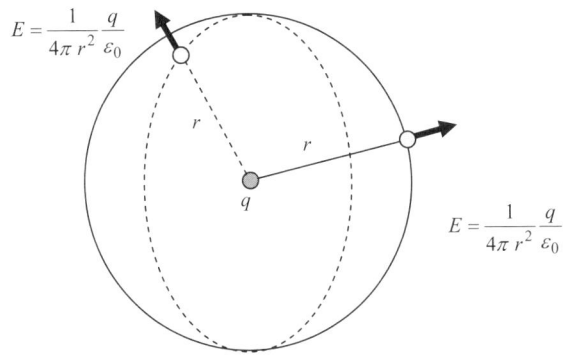

図 1-8　電荷 q から r だけ離れた点の電場。

いままでは、電荷が 2 個の場合を考えてきたが、真空中に電荷が 3 個ある場合を考えてみよう。

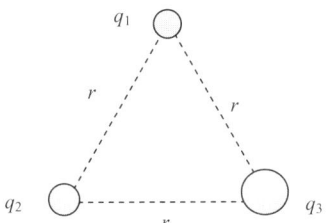

図 1-9　3 個の電荷があるときの相互作用。

図 1-9 に示すように、3 個の電荷が等距離 r[m] だけ離れている場合を考える。また、電荷の符号はすべて正とする。したがって、電荷間に働く力は斥力となる。

ここで、電荷 q_1[C] に着目してみよう。電荷 q_2[C] との間に働く力 F_{12}[N] は

$$F_{12} = \frac{1}{4\pi\varepsilon_0}\frac{q_1 q_2}{r^2}$$

また、電荷 q_3[C] との間に働く力 F_{13}[N] は

$$F_{13} = \frac{1}{4\pi\varepsilon_0}\frac{q_1 q_3}{r^2}$$

となる。

ただし、その力の働く方向は、それぞれ図 1-10 のように異なる。

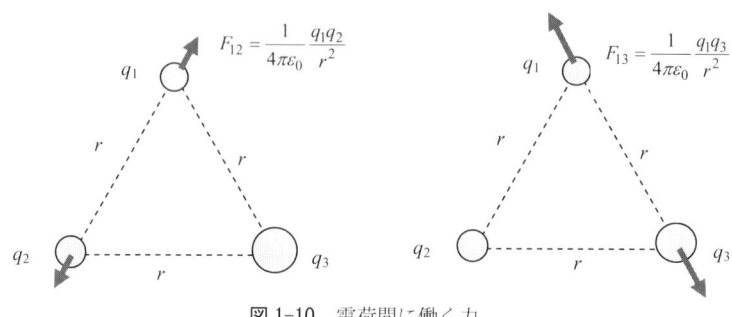

図 1-10　電荷間に働く力。

そして、電荷 q_1[C]に働く力は、これらの合成力となる。この図からも明らかなように、クーロン力はベクトルとなる。したがって、電場もベクトルとなり、図 1-11 のようになる。

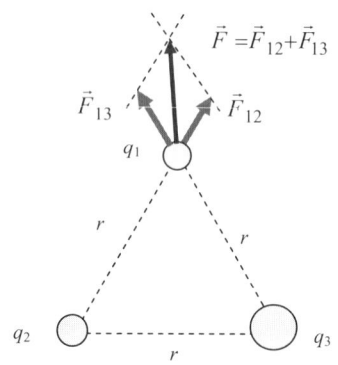

図 1-11　クーロン力と電場はベクトルとなり、ベクトル合成が必要となる。

クーロンの法則および電場はベクトル表示が必要となり、正確には

$$\vec{F}_{12} = -\frac{1}{4\pi\varepsilon_0}\frac{q_1 q_2}{r^2}\frac{\vec{r}_{12}}{r} \qquad \vec{F}_{12} = q_1 \vec{E}_{12}$$

28

となる。ただし $\vec{r}_{12}$ は q_1 から q_2 へ向う位置ベクトルで、$\dfrac{\vec{r}_{12}}{r}$ は $\vec{r}_{12}$ 方向の**単位ベクトル** (unit vector) である。また、電荷 q_2[C] が q_1[C] の位置につくる電場ベクトルは

$$\vec{E}_{12} = -\frac{1}{4\pi\varepsilon_0}\frac{q_2}{r^2}\frac{\vec{r}_{12}}{r} \quad [\text{N/C}]$$

と与えられる。あるいは

$$\vec{F}_{12} = -\frac{1}{4\pi\varepsilon_0}\frac{q_1 q_2}{r^3}\vec{r}_{12} \quad [\text{N}] \qquad \vec{E}_{12} = -\frac{1}{4\pi\varepsilon_0}\frac{q_2}{r^3}\vec{r}_{12} \quad [\text{N/C}]$$

同様にして、

$$\vec{F}_{13} = -\frac{1}{4\pi\varepsilon_0}\frac{q_1 q_3}{r^3}\vec{r}_{13} \quad [\text{N}] \qquad \vec{E}_{13} = -\frac{1}{4\pi\varepsilon_0}\frac{q_3}{r^3}\vec{r}_{13} \quad [\text{N/C}]$$

と表記することもある。

さらに、$\vec{r}$ 方向の単位ベクトルを $\vec{e}_r$ とすると

$$\vec{F} = \frac{1}{4\pi\varepsilon_0}\frac{q_1 q_2}{r^2}\vec{e}_r \qquad \vec{E} = \frac{1}{4\pi\varepsilon}\frac{q_2}{r^2}\vec{e}_r$$

となる。

また、クーロン力ベクトルおよび電場ベクトルにはベクトルの合成が適用できる。

演習 1-7 座標 (0,0) に 1[C]、座標(0,2)に 2[C]、座標(3,0)に 3[C]の電荷があるとき、原点に位置する電荷に働くクーロン力ベクトルを求めよ。ただし、座標の単位を[m]とし、クーロンの法則の比例定数を k とする。

解)　それぞれの電荷の配置は以下のようになる。

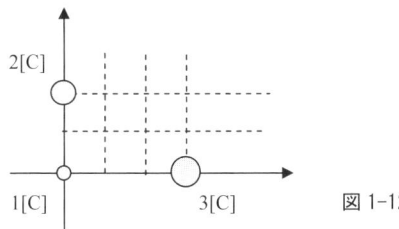

図 1-12

原点 (0,0) に位置する 1[C]の電荷に作用するクーロン力ベクトルは

$$\vec{F} = -k\frac{1 \cdot 2}{2^2}\begin{pmatrix} 0 \\ 1 \end{pmatrix} - k\frac{1 \cdot 3}{3^2}\begin{pmatrix} 1 \\ 0 \end{pmatrix} = -\begin{pmatrix} k/3 \\ k/2 \end{pmatrix} \quad [\text{N}]$$

となる。

本来 3 次元空間では、3 次元ベクトル表示が必要である。演習 1-7 では、3 個の電荷が共有する面を考え、その面上での相互作用を求めたものである。結果として、力の向きを示すベクトルは

$$\vec{r} = -\begin{pmatrix} k/3 \\ k/2 \end{pmatrix} = -k\begin{pmatrix} 1/3 \\ 1/2 \end{pmatrix} = -\frac{k}{6}\begin{pmatrix} 2 \\ 3 \end{pmatrix} = -\frac{k\sqrt{13}}{6}\begin{pmatrix} 2/\sqrt{13} \\ 3/\sqrt{13} \end{pmatrix}$$

となり、斥力であることを考えると、クーロン力は図 1-13 のようになる。クーロン力の方向は図の矢印方向で、大きさは$k\sqrt{13}/6$ [N]である。

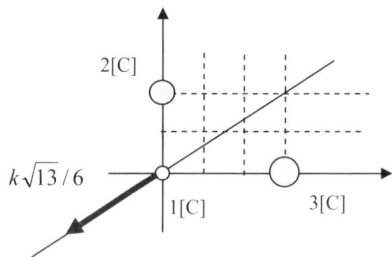

図 1-13 電荷配置とクーロン力ベクトル。

より一般的には、3 次元空間での取り扱いが必要である。そこで、3 次元空間の座標の単位を[m]として、座標 1 (x_1, y_1, z_1) に電荷 q_1[C]が、座標 2 (x_2, y_2, z_2) に電荷 q_2[C]が、座標 3 (x_3, y_3, z_3) に電荷 q_3[C]が位置する場合を考える。

まず、電荷 q_1[C]と q_2[C]の相互作用を考えると、クーロン力ベクトルは

$$\vec{F}_{12} = -k\frac{q_1 q_2}{r_{12}^2}\frac{\vec{r}_{12}}{r_{12}} \quad [\text{N}]$$

となる。ただし、r_{12}[m]は座標 1 と 2 の間の距離で、$\vec{r}_{12}$ [m]は座標 1 から 2 へ向かうベクトルである。よって

第1章　電荷とクーロンの法則

$$r_{12} = \sqrt{(x_2-x_1)^2+(y_2-y_1)^2+(z_2-z_1)^2} \; [\text{m}] \qquad \vec{r}_{12} = \begin{pmatrix} x_2-x_1 \\ y_2-y_1 \\ z_2-z_1 \end{pmatrix}$$

となる。

つぎに、電荷 q_1[C]と q_3[C]の相互作用を考えると、クーロン力ベクトルは

$$\vec{F}_{13} = -k\frac{q_1 q_3}{r_{13}^2}\frac{\vec{r}_{13}}{r_{13}} \; [\text{N}]$$

となる。ただし

$$r_{13} = \sqrt{(x_3-x_1)^2+(y_3-y_1)^2+(z_3-z_1)^2} \; [\text{m}] \qquad \vec{r}_{13} = \begin{pmatrix} x_3-x_1 \\ y_3-y_1 \\ z_3-z_1 \end{pmatrix}$$

という関係にある。

そして、電荷 q_1 に働くクーロン力は、ベクトル合成により

$$\vec{F} = \vec{F}_{12} + \vec{F}_{13} = -k\frac{q_1 q_2}{r_{12}^2}\frac{\vec{r}_{12}}{r_{12}} - k\frac{q_1 q_3}{r_{13}^2}\frac{\vec{r}_{13}}{r_{13}} \; [\text{N}]$$

となり、電場は

$$\vec{E} = -k\frac{q_2}{r_{12}^2}\frac{\vec{r}_{12}}{r_{12}} - k\frac{q_3}{r_{13}^2}\frac{\vec{r}_{13}}{r_{13}} \; [\text{N/C}]$$

と与えられる。

演習 1-8　座標 (0,0,0) に 1 [C]、座標(0,2,2)に 2 [C]、座標(3,0,1)に 3 [C]の電荷があるとき、原点に位置する電荷に働くクーロン力ベクトルを求めよ。ただし、クーロンの法則の比例定数を k と置く。

解) $\displaystyle \vec{F}_{12} = k\frac{q_1 q_2}{r_{12}^2}\frac{\vec{r}_{12}}{r_{12}} = -k\frac{1\cdot 2}{\left\{\sqrt{0^2+2^2+2^2}\right\}^3}\begin{pmatrix}0\\2\\2\end{pmatrix} = -\frac{k}{8\sqrt{2}}\begin{pmatrix}0\\2\\2\end{pmatrix}$ [N]

$\displaystyle \vec{F}_{13} = k\frac{q_1 q_3}{r_{13}^2}\frac{\vec{r}_{13}}{r_{13}} = -k\frac{1\cdot 3}{\left\{\sqrt{3^2+0^2+1^2}\right\}^3}\begin{pmatrix}3\\0\\1\end{pmatrix} = -\frac{3k}{10\sqrt{10}}\begin{pmatrix}3\\0\\1\end{pmatrix}$ [N]

$$\vec{F} = \vec{F}_{12} + \vec{F}_{13} = -\frac{k}{8\sqrt{2}}\begin{pmatrix}0\\2\\2\end{pmatrix} - \frac{3k}{10\sqrt{10}}\begin{pmatrix}3\\0\\1\end{pmatrix} = -k\begin{pmatrix}\frac{9}{10\sqrt{10}}\\\frac{1}{4\sqrt{2}}\\\frac{1}{4\sqrt{2}}+\frac{3}{10\sqrt{10}}\end{pmatrix} \quad [\text{N}]$$

以上のように、クーロンの法則とベクトル合成の手法を使えば、ある空間の任意の位置でのクーロン力の大きさと方向をベクトルとして求めることができる。同時に、電場の大きさもわかる。

コラム：真空の誘電率（ε_0）

　誘電という現象は、物体に正の電荷を近づけたときに、その表面に負の電荷が生じる現象である。まさに、電気（電荷）が誘導される現象である。

　誘電率の定義は後ほど詳述するが、ある物体に電場を加えたときに、正と負の電荷が、どの程度の大きさで分極するか、あるいは、どの程度の距離と大きさで正と負に分かれるかの指標である。

　しかし、真空に電場を加えても、電荷は存在しないのであるから、分極という現象は生じない。「真空の誘電率」(dielectric constant of vacuum) という呼称は、あたかも、真空が誘電現象を起こすような誤解を与えるが、これは間違いである。

　真空の誘電率は、真空中に、ふたつの電荷を置いたときに生じる力の大きさを決める定数である。すなわちクーロンの法則

$$F = k\frac{q_1 q_2}{r^2} = \frac{1}{4\pi\varepsilon_0}\frac{q_1 q_2}{r^2}$$

における比例定数 k を与える定数とみなせる。

　この式から、電荷 Q が発生する電場は

$$E = \frac{1}{4\pi\varepsilon_0}\frac{Q}{r^2}$$

となり、真空の誘電率（ε_0）によって、電荷 Q がつくる電場の大きさが決定されることがわかる。あえていえば、電気の透りやすさの指標と表現したほうがよい。実際に、英語では誤解を避けるために、誘電率：dielectric constant の替わりに permittivity という用語を使う場合もある。

　それでは、なぜ、誘電しない真空に対して誘電率という用語をあえて使うのだろうか。それは、誘電率 ε の空間にクーロンの法則をあてはめると、真空の誘電率 ε_0 を、空間（あるいは物質）の誘電率 ε に置き換えた式

$$F = \frac{1}{4\pi\varepsilon}\frac{q_1 q_2}{r^2}$$

が成立するからである。

　この場合、ε はまさに誘電率である。ただし、真空には誘電現象が生じないということを認識しておく必要がある。

第2章　電位と電気力線

2.1. 電圧と電位

電場 E とは、電荷 q[C]を置いたときに $F=qE$[N]という力が働く空間である。よって、その強さを示す単位は $E=F/q$ から（力/電荷）となり[N/C] (Newton/coulomb) となることを紹介した。

実は、これを変形すると、以下のように電場の強さの単位は[V/m]となることが分かる。[V]はボルト (volt) であり、電圧 (voltage) の単位である。また、分母は距離 (distance) で単位は[m]である。

$$\frac{N}{C} = \frac{N \cdot m}{m} \frac{1}{C} = \frac{J}{C} \frac{1}{m} = \frac{V}{m} \qquad E\,[N/C] = E\,[V/m]$$

ただし、上式の変形過程で出てくる[J]はエネルギー（仕事）の単位でジュールであり J = Nm　(J: Joule)となる。さらに、V = J/C という関係も使っている。これは、電圧の定義そのものであり、1[C]の電荷を運ぶのに 1[J]という仕事を必要とするときの電圧（電位差）が 1[V]ということを意味している。

電圧は、**オームの法則** (Ohm's law) でおなじみの単位であるが、電圧のことを**電位差** (a difference in electric potentials) と習ったことを覚えているだろうか。**電位** (electric potential) は、ちょうど電場のポテンシャル（重力場の位置エネルギー）に相当する。そして、電圧というのは、電位の高低差のことである。よって電位の単位も[V]である。

例えば、水は高いところから低いところに流れるが、その高さが電位に、2 箇所の高低差が電圧（あるいは電位差）に相当する。当然、電圧[V]が大きいほど、つまり、高低差が大きいほど電場 E[V/m]は大きくなる。

それでは、なぜ、電場の強さが電圧[V]を距離[m]で割ったものになるのであろうか。いま、図 2-1 に示すような電極間の電位差が 10[V]の空間があっ

たとしよう。これら空間の電位差は等しいが、電極間の距離 d[m]が異なる。このとき、電位差が同じならば距離が短いほど、電荷が空間から受ける力は大きいはずである。(これも、水流を考えれば理解できるであろう。)

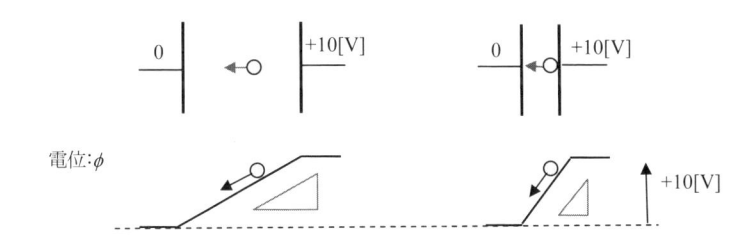

図 2-1 電極間の電位差（電圧）と距離の関係。距離が短いほど電場は強い。

したがって、電場の単位は[V/m]のように、電位差つまり電圧[V]だけでは決まらず、それを距離 d[m]で規格化する必要があるのである。ちなみに、電位差が 10[V]ならば、d=5[m]のとき、電場は E=2[V/m]、d=2[m]のとき、電場は E=5[V/m]となる。

一般には、電位は ϕ[V]という記号で表記する。電場を E [V/m]とし、電荷を q[C]とする $F = qE$ [N]という関係にあるが、電場 E [V]は電位 ϕ [V]の距離変化とみなせるので、微分を使うと

$$E = -\frac{d\phi}{dr}$$

と与えられる。右辺の単位は明らかに[V/m]である。

ここで、右辺の勾配に負の符号がつくのに注意されたい。正電荷に働く力は、電位勾配を上る方向ではなく、下る方向、つまり勾配とは逆の方向に働くからである。

さらに、3 次元空間の直交座標においては、電場ベクトルは

$$\vec{E} = -\left(\frac{\partial \phi}{\partial x}, \frac{\partial \phi}{\partial y}, \frac{\partial \phi}{\partial z}\right) \text{ [V/m]}$$

と与えられる。

電位 ϕ[V]は位置の関数なので、正式には、$\phi = \phi(x, y, z)$[V]と表記し、空間の位置(x, y, z)を指定すれば、その値が決まる。ちょうど、地図の高度と

考えればわかりやすいだろう。

また、電位ϕ[V]はベクトルではなく、スカラー量である。そして、電場ベクトルは

$$\vec{E} = -\left(\frac{\partial \phi(x,y,z)}{\partial x}, \frac{\partial \phi(x,y,z)}{\partial y}, \frac{\partial \phi(x,y,z)}{\partial z}\right) \text{ [V/m]}$$

と与えられる。

このベクトルを$\vec{E} = -\text{grad}\phi$とも表記する。grad は gradient の略で勾配という意味である。まさに電位 ϕ の勾配であり、これが電場になる。あるいは$\vec{E} = -\nabla\phi$と表記する場合もある。∇はナブラ (nabla) と読み、つぎのかたちをしたベクトルである。

$$\nabla = \left(\frac{\partial}{\partial x}, \frac{\partial}{\partial y}, \frac{\partial}{\partial z}\right)$$

このベクトル演算を、あるスカラー関数 ϕ に作用させると

$$\nabla\phi = \left(\frac{\partial}{\partial x}, \frac{\partial}{\partial y}, \frac{\partial}{\partial z}\right)\phi = \left(\frac{\partial\phi}{\partial x}, \frac{\partial\phi}{\partial y}, \frac{\partial\phi}{\partial z}\right)$$

のようにϕの勾配を与えるベクトルとなる。

演習 2-1 点電荷 q [C]がつくる電場 E [V/m]の電位ϕ[V]を求めよ。ただし、3次元空間のx軸方向に着目して、電位と距離の関係式とする。

解) 点電荷 q[C]によって生じる電場ベクトルは$\vec{E} = k\dfrac{q}{r^2}\dfrac{\vec{r}}{r}$ [V/m]となるが、直交座標では $\vec{E} = k\dfrac{q}{r^3}\vec{r} = k\dfrac{q}{r^3}\begin{pmatrix}x\\y\\z\end{pmatrix}$ から電場のx成分は$E_x = kq\dfrac{x}{r^3}$ となる。

ところで

$$\vec{E} = -\left(\frac{\partial \phi(x,y,z)}{\partial x}, \frac{\partial \phi(x,y,z)}{\partial y}, \frac{\partial \phi(x,y,z)}{\partial z}\right)$$

より

$$E_x = kq\frac{x}{r^3} = -\frac{\partial \phi(x,y,z)}{\partial x}$$

から

$$\frac{\partial \phi(x,y,z)}{\partial x} = -kq\frac{x}{r^3}$$

したがって x 軸上では

$$\frac{\partial \phi(x,0,0)}{\partial x} = -kq\frac{x}{x^3} = -\frac{kq}{x^2}$$

となる。

x に関して積分すると

$$\phi(x,0,0) = -\int \frac{kq}{x^2}dx = \frac{kq}{x} + C \quad (ただし C は定数)$$

となり、x 方向の電位 ϕ は距離に逆比例する。

ここで、電位は $x \to \infty$ で $\phi \to 0$ なので $C = 0$ となる。したがって、点電荷 q[C]から x[m]だけ離れた位置の電位 ϕ[V]は

$$\phi(x,0,0) = \frac{kq}{x}[\text{V}]$$

となる。

点電荷の周りの電場は、球対称なので、r の関数として表すと

$$\phi(r) = \frac{kq}{r} \quad [\text{V}]$$

となり、電位は距離に逆比例して小さくなる。半径方向の電位を図示すると図 2-2 のようになる。

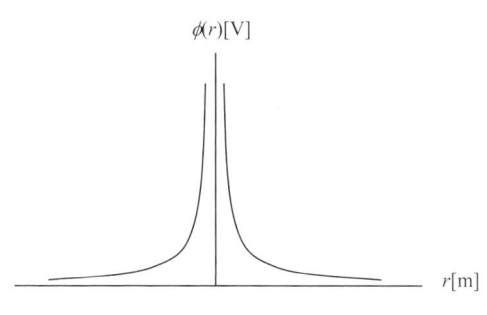

図 2-2 点電荷のまわりの電位。

2.2. 保存力場とポテンシャル

前節において、電位は重力場の位置エネルギー(ポテンシャル・エネルギー:potential energy)と同様なものという説明をした。

実は、重力場では、スカラーである位置エネルギー:$U = U(x, y, z)$の grad をとると

$$\vec{F} = -\mathrm{grad}U$$

という関係が成立する。単位は力 F が[N]、位置エネルギーU が[J]であり、$\mathrm{grad}U$ の単位は[J/m]となるが、[J/m]=[Nm/m]=[N]という関係にある。

電場において、位置の関数であり、スカラー量の電位 $\phi(x, y, z)$ [V]の grad をとると、電場ベクトル $\vec{E}$ [V/m]がえられる関係と同じである。このような関係が成立する場を**保存力場** (conservative force field) と呼んでいる。

保存力場とは、力や仕事が 2 点の位置だけで決まり、その経路には関係がない場のことである。数学的に表現すれば、点 A から点 B まで**線積分** (line integral)したときに、その経路に関係なく、積分の値が常に同じになるということを意味している。

これを重力場の位置エネルギーで確認してみよう。質量が m[kg]の物体の位置エネルギーP[J]は

$$P = mgh$$

と与えられる。ただし、g は重力加速度[m/s^2]、h は高さ[m]である。

このエネルギーは、質量 m[kg]の物体を高さ 0[m]から h[m]まで持ち上げるときの仕事に相当する。このときに要する力は $F = mg$ [N]となる。ところで

$$(仕事) = (力) \times (距離)$$
$$W = F\Delta h$$

という関係にあり、重力場では、Δh[m]は高度差になるので

$$W = F\Delta h = mg(h - 0) = mgh \quad [\mathrm{J}]$$

となる。

これを、積分で表現すると

$$W = \int F dh$$

となるが、ポテンシャル・エネルギーに対応させると

$$W = \int_0^h F dh = \int_0^h mg dh = [mgh]_0^h = mgh \quad [\text{J}]$$

となる。

ここで、高度の異なる2点A, Bを考え、質量m[kg]の物体を高度の低いA: 高度h_A[m]から高度の高いB:高度h_B[m]に移動させる作業を考える。

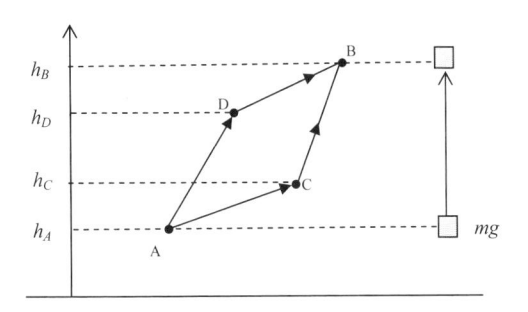

図2-3 高度の低い点Aから高度の高い点Bに至る経路は無数に考えられるが、質量mの物体をAからBまで持ち上げるのに要する仕事（エネルギー）は経路に関係なく一定となる。

ここでは、経路A→C→Bと経路A→D→Bを考えてみる。それぞれの仕事は

$$W_{A \to C \to B} = mg(h_C - h_A) + mg(h_B - h_C) = mg(h_B - h_A)$$
$$W_{A \to D \to B} = mg(h_D - h_A) + mg(h_B - h_D) = mg(h_B - h_A)$$

となって、両経路とも一致する。

どのような経路を通っても、結果は同じになることは自明であろう。

このように、重力場の位置エネルギーは、その経路に関係なく、位置のみで決まる。これが保存力場である。

電位の場合も、まったく同様の取り扱いが可能であり、電場も保存力場である。実は、ある位置の電位ϕ[V]は、電位が0[V]の場所から、その位置まで単位電荷(1[C])を移動させるのに要した仕事（エネルギー）に相当する。

例として点電荷Q[C]の電場を考える。そして、電荷の力が働かない無限

遠（この場所が電位が 0[V]とみなせる）から、距離 d [m]の位置まで、電荷 q[C]を移動させる場合の仕事 W[J]を考えてみよう。

点電荷 Q[C]がつくる電場 E[V/m]は、点電荷からの距離 r[m]の関数として

$$E(r) = k\frac{Q}{r^2} \quad [\text{V/m}]$$

と与えられる。

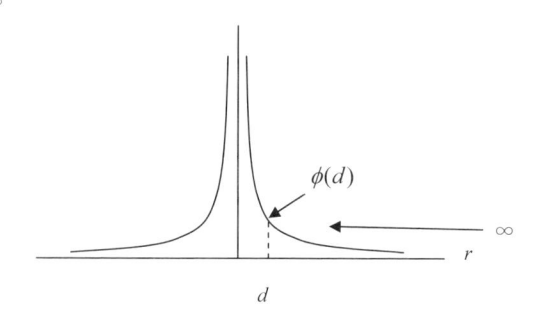

図 2-4 電位は電気的な位置エネルギーに相当し、点電荷がつくる電場の場合は、電位 $\phi(d)$ [V]は$\phi=0$[V]の無限遠から、距離 d [m]の地点まで、電荷 q[C]を移動させる仕事（エネルギー）W[J]と $W=q\phi(d)$ という関係にある。

よって、距離 r[m]の位置にある電荷 q[C]に働く力 F [N]は

$$F(r) = qE(r) = k\frac{qQ}{r^2} \quad [\text{N}]$$

となる。

ここで、図 2-4 に示すように、$\phi = 0$ [V]である無限遠（∞）から、距離 d [m]まで電荷 q[C]を移動させるのに要する仕事 W[J]は

$$W = \int_{\infty}^{d} -F(r)dr = -\int_{\infty}^{d} k\frac{qQ}{r^2}dr = \left[-k\frac{qQ}{r}\right]_{\infty}^{d} = k\frac{qQ}{d} \quad [\text{J}]$$

となる。

ここで、力 $F(r)$[N]に負の符号がついているのは、電荷を移動させるには、電荷に働く力とは逆向きの力を与えながら移動させる必要があるからである。

ここで

であるので
$$E(d) = k\frac{Q}{d^2} \quad [\text{V/m}]$$

となり
$$W = k\frac{qQ}{d} = qE(d)d \quad [\text{J}]$$

とおくと
$$E(d) = \frac{\phi(d)}{d} \quad [\text{V/m}]$$

$$W = q\phi(d) \quad [\text{J}]$$

となって、$\phi(d)$ が電位[V]となる。

　以上の導出から、電場と電位の単位についても解析できる。例えば $E(d) = \dfrac{\phi(d)}{d}$ から電場の単位が[V/m]となることがわかる。また、$W = q\phi(d)$ という関係から[J] = [CV]となり、本章の冒頭で紹介した[V] = [J/C]という関係がえられることもわかる。

　$W = q\phi(d)$[J]において $q = 1$[C]とすると $W = \phi(d)$[J]となるので、電位と仕事が一致する。つまり、前述したように、ある点での電位 $\phi(d)$[V]は 1[C]の電荷を無限遠（$\phi = 0$ [V]）から点 d[m]まで移動させるのに要する仕事とみなすこともできるのである。

　また $W = \int_{\infty}^{d} -F(r)dr$ および $W = q\phi(d)$ から

$$q\phi(d) = \int_{\infty}^{d} -F(r)dr$$

となり
$$\phi(d) = \int_{\infty}^{d} -E(r)dr = \int_{\infty}^{d} -1 \cdot E(r)dr$$

という積分表示による電場と電位の関係がえられる。この式からも、電位 $\phi(d)$[V]が 1[C]の電荷を移動させるのに要する仕事となることがわかる。

　さらに、任意の 2 点 A, B における電位は

$$\phi(\text{A}) = \int_{\infty}^{\text{A}} -E(r)dr \quad \text{および} \quad \phi(\text{B}) = \int_{\infty}^{\text{B}} -E(r)dr$$

と与えられるので、電位差は

$$\phi(B) - \phi(A) = \int_A^B -E(r)dr$$

となる。

つまり、2点間 A, B の電位差[V]は、1[C]の電荷を点 A から B まで移動させるのに必要なエネルギーに相当する。

演習 2-2 点電荷 Q[C]がつくる電場において、電荷 q[C]を距離 r_1[m]から r_2[m]に移動させるのに要する仕事（エネルギー）を電位 $\phi(r)$[V]を用いて示せ。

解）
$$W = \int_{r_1}^{r_2} -F(r)dr = -\int_{r_1}^{r_2} k\frac{qQ}{r^2}dr = \left[-k\frac{qQ}{r}\right]_{r_1}^{r_2} = k\frac{qQ}{r_2} - k\frac{qQ}{r_1}$$
$$= qE(r_2)r_2 - qE(r_1)r_1 = q\{\phi(r_2) - \phi(r_1)\} \quad [\text{J}]$$

このようにこの電位差を電荷 q[C]が移動するのに要するエネルギー W[J]は

$$W = q\{\phi(r_2) - \phi(r_1)\} \quad [\text{J}]$$

となる。したがって電荷が 1[C]のときは

$$W = \phi(r_2) - \phi(r_1) \quad [\text{J}]$$

となり、電位差がエネルギーに対応することがわかる。

演習 2-3 2次元平面において、座標$(a,0)$に電荷 q_1[C]、座標$(0,b)$に電荷 q_2[C]があるとき原点$(0,0)$における電位 ϕ[V]を求めよ。ただし、座標の単位は[m]とする。

解） 電荷 q_1[C]が原点につくる電場の電位は $\phi_1 = k\dfrac{q_1}{a}$[V]となる。なぜなら、この 2 点間の距離が a[m]となるからである。同様にして、電荷 q_2[C]が原点につくる電場の電位は $\phi_2 = k\dfrac{q_2}{b}$[V]となる。したがって、原点の電位は

$$\phi = \phi_1 + \phi_2 = k\frac{q_1}{a} + k\frac{q_2}{b} \quad [\text{V}]$$

となる。

この演習のように、電位はスカラーなので、ベクトルとは異なり、その

点での電位の和を単純に代数的に求めればよいことになる。これが、電磁気学において、電位を利用することの利点である。

演習 2-4 原点から x 軸方向に 2[m]だけ離れた位置に 4×10^{-9}[C]の電荷が、y 軸方向に 1[m]だけ離れた位置に、3×10^{-9}[C]の電荷があるとき、原点の電位 ϕ[V]を求めよ。ただし、クーロンの法則の比例定数 k は $k = 9.0\times10^9$ [Nm^{2}C^{-2}] とする。

解)

電荷 4×10^{-9} [C]が原点につくる電場の電位は $\phi_1 = k\dfrac{4\times10^{-9}}{2} = 2\times10^{-9}k$ [V] となり、電荷 3×10^{-9} [C]が原点につくる電場の電位は
$\phi_2 = k\dfrac{3\times10^{-9}}{1} = 3\times10^{-9}k$ [V]となる。したがって、原点の電位は

$$\phi = \phi_1 + \phi_2 = 2\times10^{-9}k + 3\times10^{-9}k = 5\times10^{-9}k$$
$$= 5\times10^{-9}\times9.0\times10^9 = 45 \ [\text{V}]$$

と与えられる。

2.3. 等電位線（面）

電位は**電気のポテンシャル・エネルギー** (electric potential energy) であり、たとえていえば、地図の高度のようなものである。ただし、高度は正の値しかとらないが、電位は負の値もとる。また、電圧、すなわち電位差は 2 点間の電位の差であり、地図でいえば高度差となる。

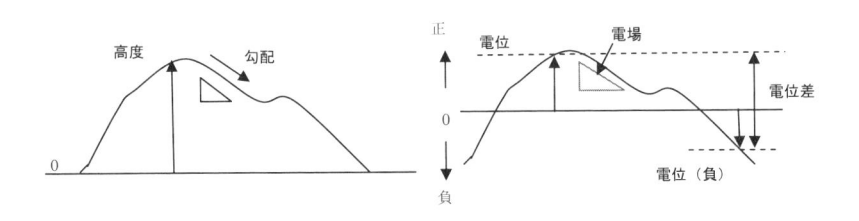

図 2-5 地図における高低と電場のアナロジー。

ここで、電場ベクトル $\vec{E}$[V/m]は、電位の勾配 $\vec{E} = -\mathrm{grad}\phi$ である。成分表示では

$$\vec{E} = -\left(\frac{\partial \phi(x,y,z)}{\partial x}, \frac{\partial \phi(x,y,z)}{\partial y}, \frac{\partial \phi(x,y,z)}{\partial z}\right) \text{ [V/m]}$$

となる。

地図とのアナロジーでは、電場は、坂の勾配に相当する。よって、急勾配ほど電場は強くなる。地図に**等高線** (contour line) があるように、電場にも**等電位線** (equipotential line; isoelectric line) がある。等電位の 2 点 A, B を考えてみよう。このとき

$$\phi(A) = \phi(B) \text{ [V]}$$

なので

$$\phi(B) - \phi(A) = \int_A^B -E(r)dr = 0 \text{ [V]}$$

となり、$E(r) = 0$[V/m]となる。つまり、等電位線上では電場 E[V/m]が 0 となる。あるいは等電位線上に電荷を置いた際に、その線に沿った方向（曲線の場合には接線方向）にはクーロン力が働かないということを意味している。

つまり、電場ベクトルの等電位線方向の成分は 0[V/m]となり、電場と等電位線が直交することを示している。

演習 2-5 2 次元平面において、電位が $\phi(x,y) = 2x + 3y$ [V]と与えられるときに、電場ベクトルと等電位線を求めよ。

解） 電場ベクトル $\vec{E}$[V/m]は

$$\vec{E} = -\mathrm{grad}\phi(x,y) = -\left(\frac{\partial \phi(x,y)}{\partial x}, \frac{\partial \phi(x,y)}{\partial y}\right) = (-2, -3)$$

等電位線は、その電位を A[V]とすると　$\phi(x,y) = 2x + 3y = A$　となる。

いま求めた電場を z 軸を電位としてプロットすると図 2-6 のようになる。

第 2 章　電位と電気力線

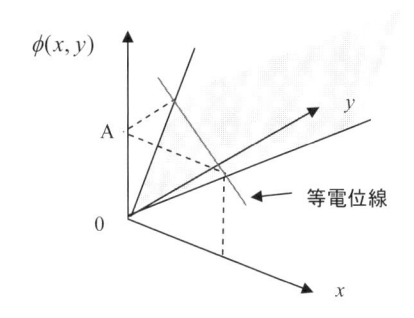

図 2-6　電位が $\phi(x, y) = 2x + 3y$ という関数で与えられる電場の様子。

この図に示した等電位線は、$\phi(x, y) =$ A に対応しており、3 次元空間で表示されているが、実際の等電位線は、2 次元平面の直線であり、$\phi(x, y) = 2x + 3y =$ A すなわち $y = -\dfrac{2}{3}x + \dfrac{A}{3}$ という直線となる。

ところで、電場ベクトル $\vec{E} = (-2, -3)$ に平行な直線は $y = \dfrac{3}{2}x$ となるが、2 直線の傾きは $-\dfrac{2}{3} \times \dfrac{3}{2} = -1$ となり、等電位線を表す直線と直交することがわかる。

演習 2-6　2 次元平面において、電位が $\phi(x, y) = e^{-(x^2+y^2)}$ [V] と与えられるとき、電場ベクトルと等電位線を求めよ。また、点 $(x, y) = (1, 1)$ および $(x, y) = (2, 5)$ における電場ベクトルおよび等電位線を求めよ。ただし、座標の単位は [m] とする。

解）　電場ベクトル $\vec{E}$ [V/m] は

$$\vec{E}(x, y) = -\mathrm{grad}\,\phi(x,y) = -\left(\dfrac{\partial \phi(x, y)}{\partial x}, \dfrac{\partial \phi(x, y)}{\partial y}\right)$$

となるが

$$\dfrac{\partial \phi(x, y)}{\partial x} = -2xe^{-(x^2+y^2)} \quad \dfrac{\partial \phi(x, y)}{\partial y} = -2ye^{-(x^2+y^2)}$$

より

$$\vec{E}(x, y) = (2xe^{-(x^2+y^2)},\ 2ye^{-(x^2+y^2)})$$

45

となる。
　等電位線は、電位を A[V]とすると
$$\phi(x,y) = e^{-(x^2+y^2)} = A$$
となり
$$x^2 + y^2 = -\ln A$$
となる。ここで $A = e^{-(x^2+y^2)} < 1$ なので $-\ln A > 0$ となるが、これを r^2 と置くと $x^2 + y^2 = r^2$ となり、等電位線は半径 $r = \sqrt{-\ln A}$ [m]の円となる。
　つぎに $(x, y) = (1, 1)$ における電場は $\vec{E}(1,1) = (2e^{-2}, 2e^{-2})$ となり、等電位線は $x^2 + y^2 = 2$ となり、半径 $\sqrt{2}$ [m]の円となる。
　$(x, y) = (2, 5)$ における電場は $\vec{E}(2,5) = (4e^{-29}, 10e^{-29})$ となり、等電位線は $x^2 + y^2 = 29$ となり、半径 $\sqrt{29}$ [m]の円となる。

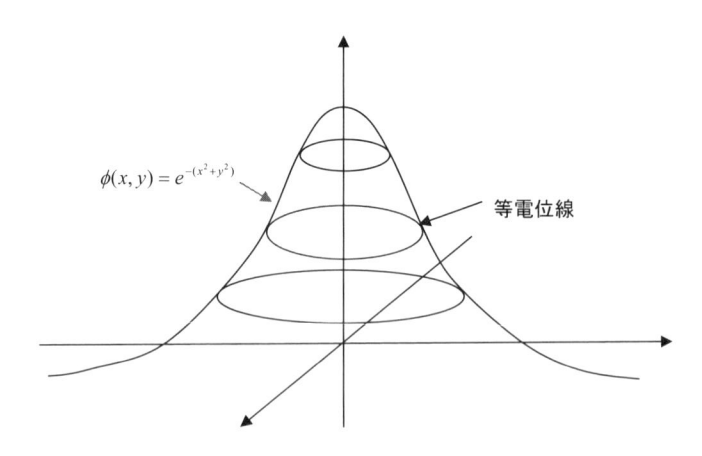

図 2-7　電位が $\phi(x,y) = e^{-(x^2+y^2)}$ で与えられる電場の様子。

　ここで、それぞれの電場ベクトルと等電位線の関係を調べてみる。
　まず、$x^2 + y^2 = 2$ の $(x, y) = (1, 1)$ における接線は $x + y = 2$ であり $y = -x + 2$ となる。この点での電場ベクトルは $\vec{E}(1,1) = (2e^{-2}, 2e^{-2}) = 2e^{-2}(1,1)$ であり、これに平行な直線は $y = x$ となる。よって、2直線の傾きは 1 と -1 となり、これら直線は直交する。すなわち電場と等電位線は直交することがわかる。
　つぎに、等電位線 $x^2 + y^2 = 29$ 上の $(x, y) = (2, 5)$ における接線は

46

$2x+5y=29$ であり $y=-\dfrac{2}{5}x+\dfrac{29}{5}$ となる。

この点での電場ベクトルは $\vec{E}(2,5)=(4e^{-29},10e^{-29})=2e^{-29}(2,5)$ であり、これに平行な直線は $y=\dfrac{5}{2}x$ となる。これら直線は直交するので、電場と等電位線は直交することが確認できる。

ところで、いま扱ったように、正式には、電場はベクトルである。したがって

$$\phi(\mathrm{A})=\int_{\infty}^{\mathrm{A}}-E(r)dr\quad [\mathrm{V}]$$

という関係も、ベクトル表示する必要がある。ここで、仕事と力ベクトルの関係を思い出すと

$$dW=\vec{F}\cdot d\vec{r}\quad [\mathrm{J}]$$

のように、力ベクトルと変位ベクトルの**内積** (inner product) となる。

これを電場に適用すれば

$$dW=q\vec{E}\cdot d\vec{r}$$

となり

$$\phi(\mathrm{A})=\int_{\infty}^{\mathrm{A}}-\vec{E}\cdot d\vec{r}$$

となる。また、2 点間の電位差は

$$\phi(\mathrm{B})-\phi(\mathrm{A})=\int_{\mathrm{A}}^{\mathrm{B}}-\vec{E}\cdot d\vec{r}$$

と与えられる。

ここで 2 点間に電位差がない場合には

$$\phi(\mathrm{B})-\phi(\mathrm{A})=\int_{\mathrm{A}}^{\mathrm{B}}-\vec{E}\cdot d\vec{r}=0$$

より

$$\vec{E}\cdot d\vec{r}=0$$

となって、電場ベクトル $\vec{E}$ と変位ベクトル $d\vec{r}$（等電位線に沿ったベクトル）の内積がゼロとなるので、電場と等電位線が直交することがわかる。

地図に**等高線図** (contour map) があるように、電場においても**等電位線図**

(equi-potential map) を描くことができる。

図 2-8 に等電位線図の例を示す。等電位線図の一点鎖線に沿った電位分布は、図 2-8 の右図に示したようになる。ところで、重力場において、ある地点からボールを落としたとすると、勾配の最も急な坂に沿って落ちていくはずである。緩やかな坂に沿っては降りていかない。

電場の場合もまったく同様で、電荷を電場の中のある位置に置いたら、もっとも急勾配の方向に力は働くはずである。それは、等電位線に対して、垂直方向となる。

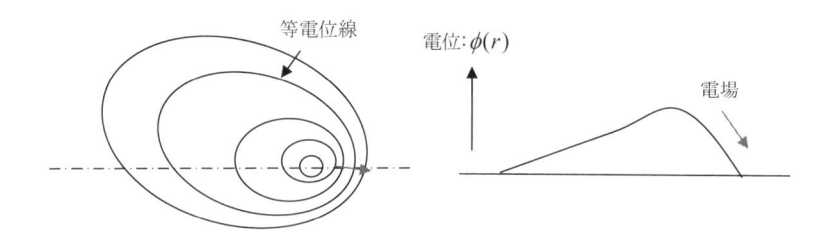

図 2-8 電場の等電位線図と、左図の一点鎖線に対応した電位分布。

2.4. 電気力線

目にはみえない電場の存在を視覚でわかる表示方法として、ファラデーは**電気力線** (line of electric force) という手法を編み出した。電気力線とは、電気力（クーロン力）が方向を示す線であり、仮想的な線である。

電場に正電荷をおいたときに、クーロン力は、電気力線の方向（曲線の場合には、電気力線の接線方向）に働く。負電荷は、その逆となる。もっとも簡単な例として、空間に正の点電荷$+q$[C]が1個ある場合の電気力線を描くと図 2-9 のようになる。

この空間に正電荷を置くと、矢印の方向にクーロン力（電気力）が働く。ちなみに、同心円（3次元空間では球面）上では電位が等しく、等電位線（面）となる。

すでに示したように、電場と等電位線は常に直交するので、電気力線と等電位線は直交する。

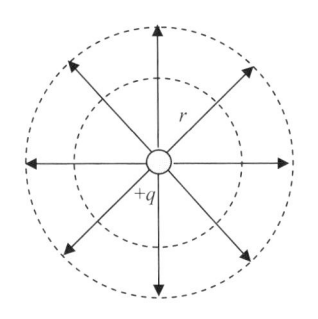

図 2-9　正電荷による電場と電気力線。

ただし、この図では、電場の強さがわからない。そこで、それを電気力線の本数で表すという手法が考案された。例えば、点電荷 q[C]による電場の強さ E[V/m]は距離 r[m]の関数として

$$E = \frac{q}{4\pi\varepsilon r^2} \quad [\text{V/m}]$$

と与えられる。

ここでεは、この空間の誘電率である。これを変形すると

$$E = \frac{q/\varepsilon}{4\pi r^2}$$

となる。ここで、電場 E[V/m]の強さとして、表面積 $4\pi r^2$[m^2]あたり q/ε 本の電気力線が通っていると考える。こうすれば、単位面積あたりの電気力線の数によって電場の強さが表現できることになる。あるいは、電荷 q[C]は q/ε 本の電気力線を発生していると考えることもできる。

それでは、空間に 2 個の電荷があるときの電気力線を考えてみよう。簡単のために図 2-10 に示した 2 次元平面で考える。電荷+Q[C]と−Q[C]が、それぞれ座標の x 軸上の点 $(+a, 0)$ [m]と $(-a, 0)$ [m]にあるとする。ここで、もうひとつの電荷+q[C]を考える。この電荷が y 軸上の点 $(0, +b)$ [m]に位置したとする。

すると、座標$(0, +b)$[m]の電荷+q[C]に働くクーロン力 F[N]は、電荷+Q[C]から受ける力ベクトル

49

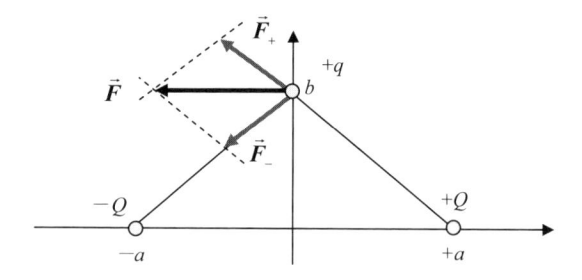

図 2-10 2 個の正負の電荷がある場合の電場。

$$\vec{F}_+ = -\frac{kqQ}{(a^2+b^2)\sqrt{a^2+b^2}}\begin{pmatrix} a \\ -b \end{pmatrix} \text{ [N]}$$

と電荷$-Q$から受ける力ベクトル

$$\vec{F}_- = \frac{kqQ}{(a^2+b^2)\sqrt{a^2+b^2}}\begin{pmatrix} -a \\ -b \end{pmatrix} \text{ [N]}$$

の合成であり

$$\vec{F} = -\frac{kqQ}{(a^2+b^2)\sqrt{a^2+b^2}}\begin{pmatrix} a \\ -b \end{pmatrix} + \frac{kqQ}{(a^2+b^2)\sqrt{a^2+b^2}}\begin{pmatrix} -a \\ -b \end{pmatrix}$$

$$= \frac{kqQ}{(a^2+b^2)\sqrt{a^2+b^2}}\begin{pmatrix} -2a \\ 0 \end{pmatrix} = \frac{2akqQ}{(a^2+b^2)\sqrt{a^2+b^2}}\begin{pmatrix} -1 \\ 0 \end{pmatrix} \text{ [N]}$$

と与えられる。

y 成分が 0 であるので、力の向きは、x 軸に平行で、負の方向となる。また、電場ベクトル $\vec{E}$ [V/m]は

$$\vec{E} = \frac{2akQ}{(a^2+b^2)\sqrt{a^2+b^2}}\begin{pmatrix} -1 \\ 0 \end{pmatrix} \text{ [V/m]}$$

となる。同様の計算を、すべての空間で行えば、クーロン力、すなわち電場の方向と強さを求めることができるので、電気力線を描くことはできる。

演習 2-7　真空中に置かれた電荷$+Q$[C]と$-Q$[C]が、それぞれ座標の x 軸上の点（$+a,0$）と（$-a,0$）にあるとき、任意の位置における電場 $\vec{E}(x,y)$ [V/m]と電位 $\phi(x,y)$ [V]を求めよ。ただし、座標の単位は[m]とする。

解） 図 2-11 に示すように、任意の点 $p(x, y)$ に 1[C]の電荷を置いた場合を考えてみる。

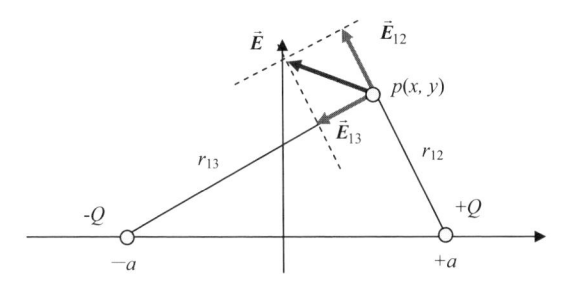

図 2-11　正負の電荷対による電場。

点 $p(x, y)$ における電場ベクトル $\vec{E}$ [V/m]は、$(+a, 0)$ に位置する電荷$+Q$[C]がつくる電場ベクトル $\vec{E}_{12}$[V/m]と $(-a, 0)$ に位置する電荷$-Q$[C]がつくる電場ベクトル $\vec{E}_{13}$[V/m]の和となる。したがって

$$\vec{E} = \vec{E}_{12} + \vec{E}_{13}$$

ここで

$$\vec{E}_{12} = -\frac{Q}{4\pi\varepsilon_0}\frac{\vec{r}_{12}}{r_{12}^3} \qquad \vec{E}_{13} = \frac{Q}{4\pi\varepsilon_0}\frac{\vec{r}_{13}}{r_{13}^3}$$

と与えられる。

つぎに、位置ベクトルの合成から

$$\vec{r}_{12} = \begin{pmatrix} a \\ 0 \end{pmatrix} - \begin{pmatrix} x \\ y \end{pmatrix} = \begin{pmatrix} a-x \\ -y \end{pmatrix} \qquad \vec{r}_{13} = \begin{pmatrix} -a \\ 0 \end{pmatrix} - \begin{pmatrix} x \\ y \end{pmatrix} = \begin{pmatrix} -a-x \\ -y \end{pmatrix}$$

となる。したがって、電場ベクトルは

$$\vec{E} = -\frac{Q}{4\pi\varepsilon_0}\frac{\vec{r}_{12}}{r_{12}^3} + \frac{Q}{4\pi\varepsilon_0}\frac{\vec{r}_{13}}{r_{13}^3} = \frac{Q}{4\pi\varepsilon_0}\left\{-\frac{1}{r_{12}^3}\begin{pmatrix} a-x \\ -y \end{pmatrix} + \frac{1}{r_{13}^3}\begin{pmatrix} -a-x \\ -y \end{pmatrix}\right\}$$

ただし

$$r_{12} = \sqrt{(a-x)^2 + y^2} = \sqrt{(x-a)^2 + y^2} \quad [\text{m}]$$

$$r_{13} = \sqrt{(-a-x)^2 + y^2} = \sqrt{(x+a)^2 + y^2} \quad [\text{m}]$$

である。

したがって電場ベクトル $\vec{E} = \begin{pmatrix} E_x \\ E_y \end{pmatrix}$ [V/m]とすると、x 成分と y 成分は

$$E_x = \frac{Q}{4\pi\varepsilon_0}\left\{\frac{x-a}{[(x-a)^2+y^2]^{\frac{3}{2}}} - \frac{x+a}{[(x+a)^2+y^2]^{\frac{3}{2}}}\right\} \text{ [V/m]}$$

$$E_y = \frac{Q}{4\pi\varepsilon_0}\left\{\frac{y}{[(x-a)^2+y^2]^{\frac{3}{2}}} - \frac{y}{[(x+a)^2+y^2]^{\frac{3}{2}}}\right\} \text{ [V/m]}$$

となる。

つぎに電位を求めよう。まず、($+a,0$) に位置する電荷$+Q$[C]が点 $p(x,y)$ につくる電位 $\phi_1(x,y)$[V]は

$$\phi_1(x,y) = \frac{1}{4\pi\varepsilon_0}\frac{Q}{r_{12}}$$

つぎに、($-a,0$) に位置する電荷$-Q$[C]が点 $p(x,y)$ につくる電位 $\phi_2(x,y)$[V]は

$$\phi_2(x,y) = -\frac{1}{4\pi\varepsilon_0}\frac{Q}{r_{13}}$$

したがって、点 $p(x,y)$ の電位 $\phi(x,y)$ は

$$\phi(x,y) = \phi_1(x,y) + \phi_2(x,y) = \frac{1}{4\pi\varepsilon_0}\frac{Q}{r_{12}} - \frac{1}{4\pi\varepsilon_0}\frac{Q}{r_{13}} = \frac{Q}{4\pi\varepsilon_0}\left(\frac{1}{r_{12}} - \frac{1}{r_{13}}\right)$$

となる。

$$r_{12} = \sqrt{(x-a)^2+y^2} \qquad r_{13} = \sqrt{(x+a)^2+y^2}$$

であるので

$$\phi(x,y) = \frac{Q}{4\pi\varepsilon_0}\left(\frac{1}{\sqrt{(x-a)^2+y^2}} - \frac{1}{\sqrt{(x+a)^2+y^2}}\right)$$

となる。単位は[V]である。

いまの演習で扱ったのは、正負の同じ大きさの電荷が両極にあるという意味で、**電気双極子** (electric dipole) と呼ばれている。

ここで、電気双極子の等電位線について少し考えてみよう。一般に等電位線は

$$\phi(x,y) = \frac{Q}{4\pi\varepsilon_0}\left(\frac{1}{\sqrt{(x-a)^2+y^2}} - \frac{1}{\sqrt{(x+a)^2+y^2}}\right) = \phi$$

によって与えられる。ただし、ϕ[V]は等電位で定数となる。

この式に $x=0$ を代入すると

$$\phi(0,y) = \frac{Q}{4\pi\varepsilon_0}\left(\frac{1}{\sqrt{a^2+y^2}} - \frac{1}{\sqrt{a^2+y^2}}\right) = 0 \quad [\text{V}]$$

となり、$x=0$ すなわち y 軸上では電位は常に 0[V] となる。この線上の点は、正負の電荷から等距離にあるので、電位が 0[V] となることは容易にわかる。

その他の、等電位線は

$$\frac{1}{\sqrt{(x-a)^2+y^2}} - \frac{1}{\sqrt{(x+a)^2+y^2}} = \phi$$

という曲線群となる。

演習 2-8 真空中に置かれた電荷 $+Q$[C] と $-Q$[C] が、それぞれ直交座標の x 軸上の点 $(+a,0)$ [m] と $(-a,0)$ [m] にあるとき、$x=a$[m] および $x=-a$[m] の線上における電位 $\phi(x,y)$[V] を求めよ。

解) 任意の位置 (x,y) の電位は

$$\phi(x,y) = \frac{Q}{4\pi\varepsilon_0}\left(\frac{1}{\sqrt{(x-a)^2+y^2}} - \frac{1}{\sqrt{(x+a)^2+y^2}}\right) \quad [\text{V}]$$

と与えられるので、$x=a$ 上の電位は y の関数として

$$\phi(a,y) = \frac{Q}{4\pi\varepsilon_0}\left(\frac{1}{|y|} - \frac{1}{\sqrt{4a^2+y^2}}\right) \quad [\text{V}]$$

$x=-a$ 上の電位は y の関数として

$$\phi(-a, y) = \frac{Q}{4\pi\varepsilon_0}\left(\frac{1}{\sqrt{4a^2+y^2}} - \frac{1}{|y|}\right) \text{ [V]}$$

となる。

　一般に、電気双極子を扱う場合に、極座標を使うと便利な場合が多い。ここでは、簡単のために $r \gg a$ の位置での電位を極座標（r, θ）で表してみよう。

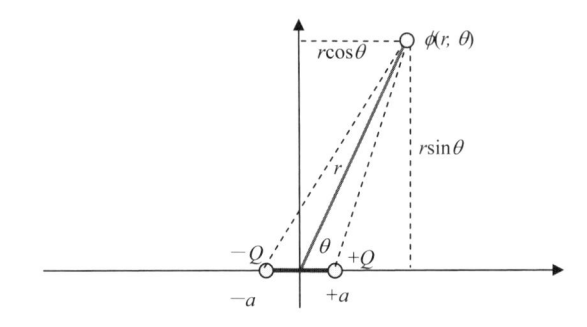

図 2-12　電気双極子の磁位の直交座標と極座標。

　真空中に置かれた電気双極子がつくる位置 (x, y) における電位は

$$\phi(x, y) = \frac{Q}{4\pi\varepsilon_0}\left(\frac{1}{\sqrt{(x-a)^2+y^2}} - \frac{1}{\sqrt{(x+a)^2+y^2}}\right)$$

と与えられる。ここで、$x = r\cos\theta$, $y = r\sin\theta$ と置くと

$$\phi(r, \theta) = \frac{Q}{4\pi\varepsilon_0}\left(\frac{1}{\sqrt{(r\cos\theta-a)^2+r^2\sin^2\theta}} - \frac{1}{\sqrt{(r\cos\theta+a)^2+r^2\sin^2\theta}}\right)$$

となる。ここで

$$\frac{1}{\sqrt{(r\cos\theta-a)^2+r^2\sin^2\theta}} = \frac{1}{\sqrt{(a^2+r^2\cos^2\theta-2ar\cos\theta+r^2\sin^2\theta}}$$

$r \gg a$ なので、a^2 の項を無視すると

$$\frac{1}{\sqrt{(a-r\cos\theta)^2+r^2\sin^2\theta}} = \frac{1}{\sqrt{r^2-2ar\cos\theta}}$$

となる。同様にして

$$\frac{1}{\sqrt{(r\cos\theta+a)^2+r^2\sin^2\theta}} = \frac{1}{\sqrt{r^2+2ar\cos\theta}}$$

すると、つぎに

$$\frac{1}{\sqrt{r^2-2ar\cos\theta}} = \frac{1}{r\sqrt{1-2\frac{a}{r}\cos\theta}} = \frac{1}{r}\left(1-2\frac{a}{r}\cos\theta\right)^{-\frac{1}{2}}$$

と変形できる。

$r \gg a$ なので、$\frac{a}{r} \ll 1$ となり、$x \ll 1$ のときに成立する近似式である

$$(1+x)^n \cong 1+nx$$

を使うと

$$\left(1-2\frac{a}{r}\cos\theta\right)^{-\frac{1}{2}} \cong 1+\frac{a}{r}\cos\theta$$

より

$$\frac{1}{\sqrt{r^2-2ar\cos\theta}} = \frac{1}{r}\left(1+\frac{a}{r}\cos\theta\right)$$

となる。同様にして

$$\frac{1}{\sqrt{r^2+2ar\cos\theta}} \cong \frac{1}{r}\left(1-\frac{a}{r}\cos\theta\right)$$

したがって

$$\frac{1}{\sqrt{(r\cos\theta-a)^2+r^2\sin^2\theta}} - \frac{1}{\sqrt{(r\cos\theta+a)^2+r^2\sin^2\theta}}$$

$$\cong \frac{1}{r}\left(1+\frac{a}{r}\cos\theta\right) - \frac{1}{r}\left(1-\frac{a}{r}\cos\theta\right) = \frac{2a}{r^2}\cos\theta$$

結局

$$\phi(r,\theta) = \frac{Qa}{2\pi\varepsilon_0 r^2}\cos\theta$$

と簡単な式で与えられる。

これは電気双極子の電位を与える式としてよく使われる。

演習 2-9 真空中に置かれた電荷$+Q$[C]と$-Q$[C]が、それぞれ座標のx軸上の点$(+a, 0)$と$(-a, 0)$にあるとき、$r \gg a$として、極座標(r, θ)で表現したときの、電場ベクトル$\vec{E}$[V/m]のr方向とθ方向の成分を求めよ。

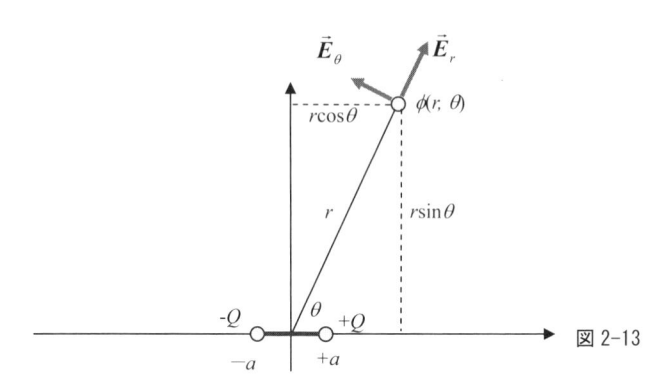

図 2-13

解） 極座標で電位は

$$\phi(r,\theta) = \frac{Qa}{2\pi\varepsilon_0 r^2}\cos\theta$$

と与えられるので、極座標における電場は

$$\vec{E} = -\mathrm{grad}\phi(r,\theta)$$

となる。2次元の極座標における gradは、補遺1を参照すると

$$\mathrm{grad}\phi(r,\theta) = \frac{\partial \phi(r,\theta)}{\partial r}\vec{e}_r + \frac{1}{r}\frac{\partial \phi(r,\theta)}{\partial \theta}\vec{e}_\theta$$

と与えられる。

したがって、電位のr成分とθ成分は

$$E_r = -\frac{\partial \phi(r,\theta)}{\partial r} = \frac{Qa}{\pi\varepsilon_0 r^3}\cos\theta$$

$$E_\theta = -\frac{1}{r}\frac{\partial \phi(r,\theta)}{\partial \theta} = \frac{Qa}{2\pi\varepsilon_0 r^3}\sin\theta$$

となる。

2.5. 電位と保存力場

電場が保存力場であることはすでに紹介した。ここでは、保存力場を一般化しておこう。

電位 $\phi(\mathrm{A})$ とは、電位が 0 の地点から、位置 A まで 1[C]の電荷を移動するのに必要なエネルギーに相当する。

よって、位置 A と位置 B の電位差は、1[C]の電荷を A から B まで移動するのに要するエネルギーとなる。

したがって

$$\phi(\mathrm{B}) - \phi(\mathrm{A}) = \int_{\mathrm{A}}^{\mathrm{B}} dW$$

ここで、電場 E 内で電荷 q を微小距離 dr だけ移動させるのに要する仕事 dW は

$$dW = Fdr = qEdr$$

いまの場合、$q = 1$[C] であり、さらに電荷を移動させるためには、電場から電荷が受ける力に抗して電荷を移動させる必要があるため

$$dW = -Fdr = -1 \cdot Edr = -Edr$$

が仕事の要素となる。したがって

$$\phi(\mathrm{B}) - \phi(\mathrm{A}) = -\int_{\mathrm{A}}^{\mathrm{B}} E(r)dr$$

となる。

ここで、$E(r)$ は位置の関数としての電場である。

電場は保存力場であるため、電位差は、その経路に依存せずに、常に一定となる。つまり、図 2-14 に示すように、点 A から点 B へと電荷を移動させるのに要する仕事は、経路に関係なく一定ということになる。

ただし、電場はベクトルであり、電気力もベクトルである。よって、本来の仕事は

$$dW = \vec{F} \cdot d\vec{r} = q\vec{E} \cdot d\vec{r}$$

のように、力ベクトル（ここでは電場ベクトルと等価）と位置ベクトルとの内積になる。そして、仕事は常にスカラーである。これは、電位がスカラーであることにも対応している。

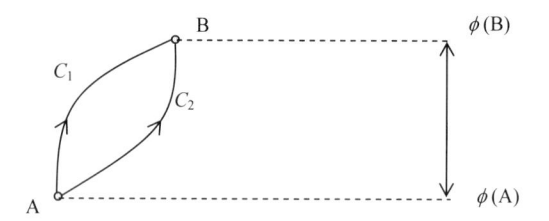

図 2-14 電場において、電荷を点 A から点 B に移動するのに要する仕事は、経路に依存せず、両者の電位差に比例する。

よって
$$\phi(B) - \phi(A) = -\int_A^B \vec{E} \cdot d\vec{r}$$
というベクトル表示が必要となる。

ここで、図 2-14 に示したように、点 A から点 B への移動経路として C_1 と C_2 を考えると
$$\phi(B) - \phi(A) = -\int_{C_1} \vec{E} \cdot d\vec{r} = -\int_{C_2} \vec{E} \cdot d\vec{r}$$
となる。

つぎに、経路 C_1 を通って、電荷 1[C]を点 A から点 B に移動したのち、経路 C_2 を通って点 A まで戻ってくることを考える。このときの仕事は
$$W_{A \to B \to A} = \phi(B) - \phi(A) + \{\phi(A) - \phi(B)\} = 0$$
となり、0 となる。経路 C_1 と経路 C_2 は任意なので、これは任意の閉回路に対して成立する性質となる。したがって、電場では常に
$$\oint \vec{E} \cdot d\vec{r} = 0$$
という関係が成立する。

これが、ベクトルが保存力場であることの一般表示となる。

あるいは
$$\oint E_t dr = 0$$
と書くこともできる。

ただし、図 2-15 に示すように E_t は閉回路に沿った電場の**接線成分**

(tangential component) である。

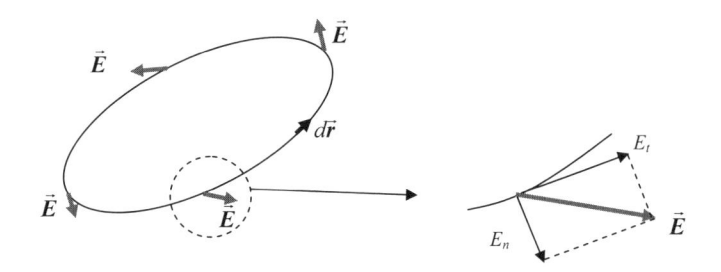

図 2-15 電場 E をある閉曲線に沿って、その接線成分 E_t を周回積分すると、その値は 0 となる。これが保存力場の一般的な性質である。

第 3 章　ガウスの法則

3.1. 電束密度

　前章において、電場の強さを電気力線の本数で表すというファラデーの手法を紹介した。例えば、誘電率 ε の空間に置かれた点電荷 Q[C]による電場の強さは

$$E = \frac{Q}{4\pi\varepsilon r^2} = \frac{(Q/\varepsilon)}{4\pi r^2} \quad [\text{V/m}]$$

となり、点電荷から r[m]だけ離れた球面では、表面積 $4\pi r^2$[m^2]あたり Q/ε 本の電気力線が通っているとみなせる。これにより、単位面積あたりの電気力線の数によって電場の強さが表現できることになる。

　あるいは、電荷 Q[C]は Q/ε 本の電気力線を発生していると考えることもできる。これは、目にみえない電場の強さをイメージするのに有用である。

　ただし、Q/ε 本というように電荷を誘電率 ε で除したものを本数とした場合、ε が異なると（すなわち空間が異なると）電気力線の本数が変化するということになる。空間によって、電気力線の本数が変わるというのは少し違和感がある。界面で本数が増えたり減ったりするというイメージは考えにくいからである。

　そこで

$$D = \varepsilon E$$

という物理量を導入する。

　すると

$$D = \frac{Q}{4\pi r^2} \quad [\text{C/m}^2]$$

となって、電荷 Q[C]がそのまま本数に対応するうえ、空間の種類（ε）によ

らず、常に電気力線と同じものが空間で変化しないことになる。この D を
電束密度 (electric flux density) と呼んでおり、電場の強さを、面積 $4\pi r^2 [\text{m}^2]$ あたり**電束** Φ_e (electric flux) が Q 本通っているというイメージで表現できる。こちらは、電荷 $Q[\text{C}]$ がそのまま電束の本数となるので、便利である。

電場がベクトルであるので、電束密度もベクトルとなり、正式には

$$\vec{D} = \varepsilon \vec{E} \quad [\text{C/m}^2]$$

となる。

単位も電場 E は $[\text{V/m}]$ であったが、D は $[\text{C/m}^2]$ となり、電荷 $[\text{C}]$ を面積 $[\text{m}^2]$ で除したものとなり、単位面積あたりの電荷の強さというイメージとぴったりくる。

しかし、$\varepsilon [\text{F/m}]$ は単なる比例定数である。よって、$D[\text{C/m}^2]$ という物理量を導入することに、あまり意味がないようにも思われる。

その意義については、あらためて紹介するが、ひとつの例として、空間の誘電率が変化している場合を想定すればよい。この場合には、$D[\text{C/m}^2]$ と $E[\text{V/m}]$ は単純には 1 対 1 に対応しない。あるいは、ある空間に、誘電率の異なる物質を置いた場合、$E[\text{V/m}]$ は変化するが、$D[\text{C/m}^2]$ は変化しない。これが $D[\text{C/m}^2]$ を導入する意義である。その効用については第 6 章において、詳しく説明する。

3.2. ガウスの法則

3.2.1. 点電荷とガウスの法則

ここで、点電荷がつくる電場について復習してみよう。誘電率が ε の空間に置かれた点電荷 $Q[\text{C}]$ からの距離 $r[\text{m}]$ の地点での電場の強さは

$$E = \frac{Q}{4\pi\varepsilon r^2} \quad [\text{V/m}]$$

と与えられる。

距離が $r_1[\text{m}]$ と $r_2[\text{m}]$ の球面の電場を、それぞれ $E_1[\text{V/m}]$ と $E_2[\text{V/m}]$ とすると

$$E_1 = \frac{Q}{4\pi\varepsilon r_1^2} \qquad E_2 = \frac{Q}{4\pi\varepsilon r_2^2}$$

となる。

これを変形すると

$$4\pi r_1^2 E_1 = \frac{Q}{\varepsilon} \qquad 4\pi r_2^2 E_2 = \frac{Q}{\varepsilon}$$

となる。

これら式は、点電荷 Q[C]から r[m]だけ離れた球面上の電場 E に面積 $4\pi r^2$ をかければ Q/ε、すなわち電気力線の本数となることを示している。

電束密度で表現すれば

$$4\pi r_1^2 D_1 = Q \qquad 4\pi r_2^2 D_2 = Q$$

となり、点電荷 Q[C]から r[m]だけ離れた球面上の電束密度 D[C/m^2]に、面積 $4\pi r^2$[m^2]をかければ Q[C]になるともいえる。

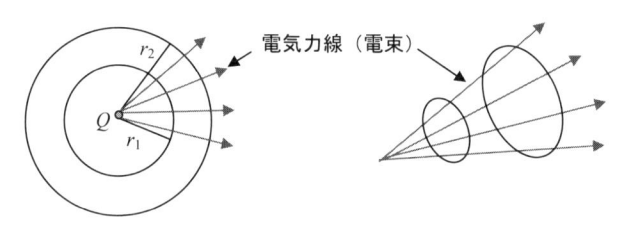

図3-1 正の点電荷から発せられる電気力線（電束）と電束密度。

これらの関係は、点電荷から決まった本数の電気力線（あるいは電束）が出ていて、その本数が変わらないと考えると理解できる。決まった本数の電気力線が通る面積が増えれば、それだけ電場の強さが減っていくからである。

これは、電束密度でまとめた

$$D_1 = \frac{Q}{4\pi r_1^2} \ [\text{C/m}^2] \qquad D_2 = \frac{Q}{4\pi r_2^2} \ [\text{C/m}^2]$$

という式からも明らかであろう。

3.2.2. 任意の閉曲面におけるガウスの法則

前節の説明がガウスの法則の基本であるが、そうはいっても、まだ、しっくりこないかもしれないので、もう少し説明を加えよう。

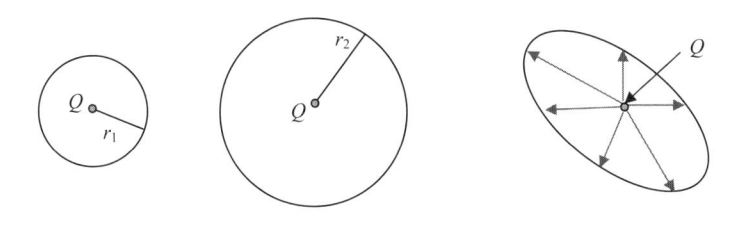

第 3 章　ガウスの法則

図 3-2　ガウスの法則：閉じた空間内に電荷 Q がある場合、その表面で電場 E を積算すると Q/ε となる。あるいは、その表面で電束密度 D に面積をかけると Q となる。

　図 3-2 のように、ある閉曲面内に点電荷 Q[C]があったとしよう。この電荷からは、Q/ε 本の電気力線、あるいは Q 本の電束が発せられている。

　ガウスの法則がいわんとしていることは、この電気力線（したがって電束）の本数は増えも減りもしない。そして、ある閉曲面において、その電気力線の和を求めると Q/ε になるというものである。

　例えば、点電荷から距離 r_1[m]と r_2[m]にある電場の大きさは $E_1 = \dfrac{Q}{4\pi\varepsilon r_1^2}$ [V/m]と $E_2 = \dfrac{Q}{4\pi\varepsilon r_2^2}$ [V/m]となって、距離が増えるにしたがって電場は小さくなっていく。

　しかし、この距離にある球面の面積は、逆に $4\pi r_1^2$[m^2]から $4\pi r_2^2$[m^2]へと増えていくので、球面全体で積算すれば、どちらの面でも、電気力線の本数は、同じ Q/ε になる。これがガウスの法則の基本的な考えである。

　ただし、ガウスの法則では一歩進んで、閉曲面を球面だけに限定せず、どんなかたちをした面であっても、それが閉じていれば、この関係が成り立つとしているのである。

　あるいは、ある体積の中に電荷 Q[C]があれば、その表面の電場を積算すれば Q[C]になることを示している。

　問題は、球ではない面上の電場の積算をいかに行うかである。点電荷から、放射状に出ている電気力線は、必ず、球面と直交する。このため、そのまま積算してよいのであるが、任意の曲面の場合には、それができない。

　傾いた面に対する電場効果を考えるときには、図 3-3 に示した光の作用とのアナロジーを考えるとわかりやすい。

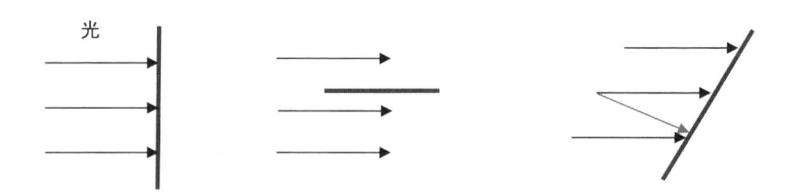

図 3-3 光の照射と面の傾き。同じ光であっても、面の傾きによって、その効果は異なる。照射効果は、光が面に垂直にあたる場合は 100%、平行にあたる場合は 0%となる。

　光がある面に対して垂直に照射された場合には、照射効果は光の強さそのものとなる。一方、光がある面に平行に照射された場合には、照射効果はない。つまり照射していないのと同じである。そして、光が、ある面に対して角度をもって照射された場合には、その垂直成分のみが照射効果を与えることになる。

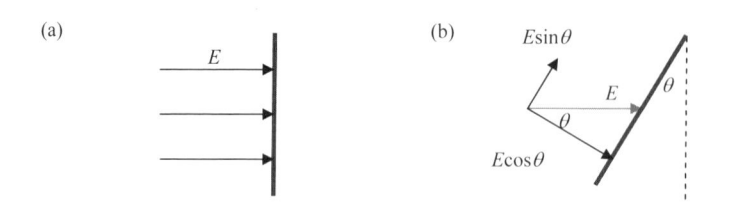

図 3-4 電気力線（電束）に面が垂直の場合(a)と、傾いている場合(b)の実効的な電場の強さ：面に対する垂直成分。

　これを電場に置き換えてみよう。図 3-4(a)の場合には、光の場合と同様に、E[V/m]をそのまま電場の強さとしてよいことになる。一方、図 3-4(b)のように、面が θ だけ傾いている場合は、電気力線の垂直成分である $E\cos\theta$[V/m]が、この面に対する電場の実効成分ということになる。E の面に垂直な成分 (normal component) ということで E_n とも表記する。

$$E_n = E\cos\theta \quad [\text{V/m}]$$

したがって、任意の曲面の電場を足し合わせるときは、E[V/m]ではなく、その面に対する鉛直成分の E_n[V/m]を足す必要がある。

第3章 ガウスの法則

　ただし、任意の曲面では、場所によって傾き θ が異なるので、積算するときには、それを考慮しなければならない。さらに、面の法線方向の単位ベクトルを $\vec{n}$ とすると、E[V/m]の垂直成分は

$$E_n = \vec{E} \cdot \vec{n} \quad [\text{V/m}]$$

とも与えられる。

　このように、任意の曲面における電場の成分としては E_n を採用すればよい。つぎの問題は、それをいかに積算するかである。E_n すなわち $\vec{n}$ は面内で一定ではなく、場所によって変化している。

　もちろん、曲面をある数式で表現できれば法線ベクトル $\vec{n}$ を位置の関数として表現できるので、$E_n = \vec{E} \cdot \vec{n}$ を位置の関数として求めることはできる。問題は積算方法である。

　まず、局所的な電場の強さは、それが当たる面の面積 ΔS[m^2] をかけて

$$\vec{E} \cdot \vec{n} \Delta S$$

と与えられる。これが、面積 ΔS[m^2] にあたる実効的な電場の強さである。ここで、対象とする閉曲面を n 個のパーツに分けたとしよう。つまり、図3-5に示すように、$\Delta S_1, \Delta S_2, ..., \Delta S_n$[m^2]の小部分に分割する。

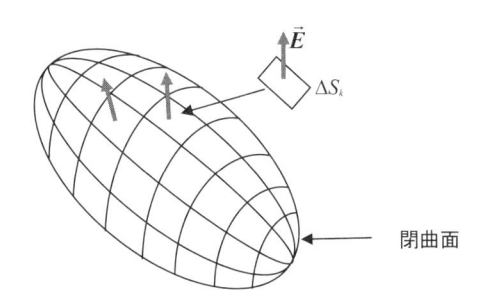

図 3-5 任意の曲面を n 個のパーツに分割する。

　すると、この閉曲面全体にあたる電場（電気力線）の総量は

$$\sum_{k=1}^{n} \vec{E}_k \cdot \vec{n} \Delta S_k$$

という和で表すことができる。

ここで、分割数があらい状態では、正確な和はえられないが、分割数 n を増やしていくと、次第に正しい値に近づいていくはずである。
　そして、分割数 n を限りなく大きくした極限では、正確な電場の総量がえられる。つまり

$$\lim_{n\to\infty}\sum_{k=1}^{n}\vec{E}_k\cdot\vec{n}\Delta S_k$$

となる。これは、まさに積分であり、積分記号を使って

$$\int \vec{E}\cdot\vec{n}dS$$

と表記できる。これが実効的に任意の閉曲面にあたる電場の強さの総量を与えることになる。これを**面積分** (surface integral) と呼んでいる。
　ところで、面積分は面全体にわたる積分であるから、直交座標では、少なくとも 2 個の変数に関する積分となる。よって、この点を強調して、面積分では

$$\iint_S \vec{E}\cdot\vec{n}dS$$

のように **2 重積分**（double integral）の記号を使って表記するのが通例である。さらに、積分範囲の閉曲面を S（記号は C でも D でもよいが、S がどういう面であるかを明記する必要はある）として積分記号に付すのが通例である。
　したがって、点電荷 Q[C]を含む任意の閉曲面においては

$$\iint_S \vec{E}\cdot\vec{n}dS = \iint_S E_n dS = \frac{Q}{\varepsilon}$$

という関係がえられることになる。
　また、面積分の計算は、それぞれのケースで工夫が必要になるが、直交座標に変換して、x 成分と y 成分の 2 重積分

$$\iint_S E_n t dxdy$$

として計算するのが一般的である。ただし、t は dS を $dxdy$ に置き換えるときの変換係数である。

第3章　ガウスの法則

> **演習 3-1** 点電荷 Q[C] から r[m] の距離にある球面にガウスの法則 $\iint_S E_n dS = \dfrac{Q}{\varepsilon}$ を適用せよ。

解） 球面上では $E_n = E$ [V/m] と一定であるので、積分の外に出せる。したがって

$$\iint_S E_n dS = E \iint_S dS = \dfrac{Q}{\varepsilon}$$

ここで、半径 r[m] の球面の表面積は

$$\iint_S dS = 4\pi r^2 \ [\mathrm{m^2}]$$

となるので

$$4\pi r^2 E = \dfrac{Q}{\varepsilon}$$

となる。

　一般の場合には、ガウスの法則にあらわれる面積分は計算が複雑になる場合が多いが、対称性の高い閉空間や、電場が一定となる場合には、比較的簡単に計算できる。

3.2.3. ガウスの法則の一般化
　ガウスの法則は、閉空間内に電荷が複数ある場合にも適用でき

$$\iint_S E_n dS = \dfrac{Q_1 + Q_2}{\varepsilon} \qquad \iint_S E_n dS = \dfrac{Q_1 + Q_2 + Q_3}{\varepsilon}$$

のように電荷の数を増やせばよいだけである。
　例えば、ある閉曲面で囲まれた空間の中に、電荷 1[C] が 10 個ある場合と、電荷 5[C] が 2 個ある場合の電場の強さは同じになる。つまり、閉じた空間内の電荷の総和が同じならば、その表面につくられる電場の総和も同じになるのである。
　これをさらに拡張してみよう。例えば、われわれは点電荷として 1[C] という値を扱っているが、第 1 章でみたように、これは電子が 6.25×10^{18} 個集

まったときの電荷の大きさである。とても点電荷などといえる代物ではない。

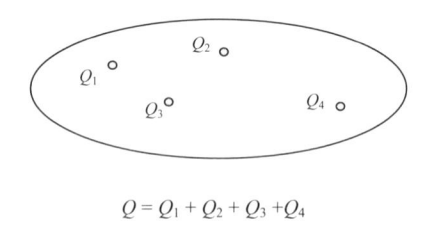

$$Q = Q_1 + Q_2 + Q_3 + Q_4$$

図 3-6　閉じた空間内の電荷は積算が可能である。

そこで、1[C]や 5[C]などという点電荷を考えるかわりに、ある閉じた空間の電荷密度というものを考えるのである。イメージとしては電子の濃度と思ってもらえばよい。

これを ρ とすると、その単位は[C/m^3]となる。まさに単位体積 1[m^3]あたりの電荷量 Q[C]である。これに体積をかければ、この空間に存在する電荷の総和となる。つまり

$$Q = \rho V \quad [C]$$

と与えられる。ただし、実際の空間では、電荷密度が一様ということはなく、場所によって異なるであろう。その場合は電荷密度が位置の関数 $\rho = \rho(x, y, z)$ となり、全体積にわたって積分すれば、それが総電荷量 Q[C]となる。すなわち

$$\iint_S \vec{E} \cdot \vec{n} dS = \frac{1}{\varepsilon} \iiint_V \rho dV$$

これが、ガウスの法則の一般形となる。ただし、V は閉空間であり、S はその表面となる。また、右辺の 3 重積分は、直交座標(x, y, z)で示せば

$$\iiint_V \rho dV = \iiint_V \rho(x, y, z) dxdydz$$

となる。

3.2.4. ガウスの法則の応用

無限に広い平板に、面密度 ρ [C/m^2]で電荷が一様に分布しているものとし、この平板がつくる電場を考えてみる。

まず、無限平板では、ガウスの法則など使えないように思われるが、無限に広いと規定しているのにはそれなりの理由がある。それは、無限平板の場合、すべての電気力線（電束）が平板の垂直方向を向いているという点である。

平板が無限でないと、必ず端部があり、そこでは、電気力線が曲がるので、水平成分が発生し、それを考慮する必要がある。それを回避しているのである。

それでは、無限平板では、なぜ、電気力線の垂直成分しかないのであろうか。それは、図3-7を見れば明らかであろう。

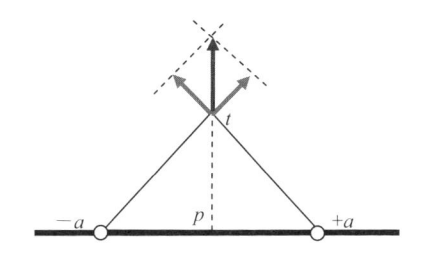

図 3-7 電荷密度が一様な無限平板のクーロン力ベクトルと電場。

平板上の点 p を考える。電荷密度が一様であるから、この点から、左右に a[m]だけ離れた場所にある電荷は等しいはずである。ここで p 上の一点 t を考える。この点における電場は図のようになり、水平方向の電場は打ち消しあうので、垂直成分のみが残る。これは、距離 a[m]の地点に限らず、平板上には同様の対称な 2 点の組み合わせが必ず存在するので、結局、電場は垂直成分しか残らないことになる。

いよいよ電場の計算である。いま、われわれが考えているのは、無限平板であるが、電荷密度は一様であり、電場はすべて平板に対して垂直方向を向いている。無限とはいえ、すべて一様であるので、電場も一様である。

そこで、無限平板から図 3-8 に示したような底面の面積が $S[\text{m}^2]$ の円柱を切り出してみる。

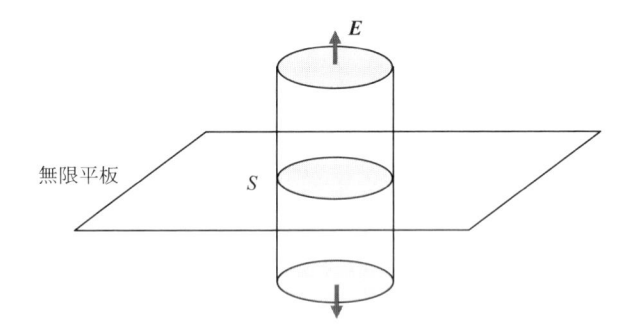

図 3-8 無限平板から面積 S の円板を含む円柱を切り出し、この閉空間にガウスの法則を適用する。

すると、閉空間内（円柱の半分部分）の電荷は $Q = \rho S\,[C]$ となるので

$$\iint_S \vec{E}\cdot\vec{n}\,dS = \frac{\rho S}{\varepsilon}$$

となる。

ここで、電場は平板に対して垂直成分しかなく、その大きさは一定なので E とおくと

$$\iint_S \vec{E}\cdot\vec{n}\,dS = \iint_S E\,dS = E\iint_S dS = \frac{\rho S}{\varepsilon}$$

となる。

ここで、電場が作用している面の面積は

$$\iint_S dS = 2S$$

であるから

$$2SE = \frac{\rho S}{\varepsilon}$$

となり、電場の強さは

$$E = \frac{\rho}{2\varepsilon}\ \ [\text{V/m}]$$

となる。ただし、平板の上側では電場の強さは $E = \dfrac{\rho}{2\varepsilon}$、下側では $E = -\dfrac{\rho}{2\varepsilon}$ となって符号が異なる。

このようにガウスの法則を利用すると、比較的簡単に電場を求めることができる。いまは、無限の平板を仮定しているが、有限の大きさの平板に電荷が均一に分布している場合のよい近似となっている。

演習 3-2 真空中に置かれた一様な電荷密度 σ [C/m] を有する無限の長さの線のまわりの電場を求めよ。

解）

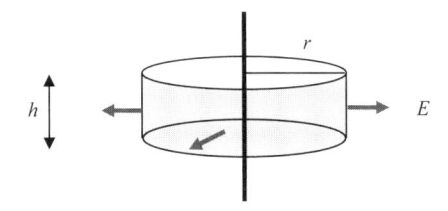

図 3-9

無限の線なので、電場は線に対して垂直な円周方向に放射される。そこで、図 3-9 のような高さ h[m]で半径が r[m]の円筒を考える。

まず、この円筒内の電荷は σh [C] となる。よって、ガウスの法則を円筒に適用すると

$$\iint_S \vec{E} \cdot \vec{n} dS = \dfrac{\sigma h}{\varepsilon_0}$$

となる。

ここで、電場は線に対して垂直成分しかなく、その大きさは一定なので E[V/m]とおくと

$$\iint_S E dS = E \iint_S dS = \dfrac{\sigma h}{\varepsilon_0}$$

となる。

つぎに、電場が作用している側面の面積は

$$\iint_S dS = 2\pi rh \ \ [\text{m}^2]$$

であるから

$$2\pi r h E = \frac{\sigma h}{\varepsilon_0}$$

となり、電場の強さは

$$E = \frac{\sigma}{2\pi r \varepsilon_0} \quad [\text{V/m}]$$

と与えられる。

演習 3-3 無限の広さを有する平板が 2 枚、間隔 d[m]で真空中に並べられており、上の平板には電荷密度$+\sigma$ [C/m^2]、下の平板には、電荷密度$-\sigma$ [C/m^2]が一様に分布している。まわりの空間の電場を求めよ。

解）

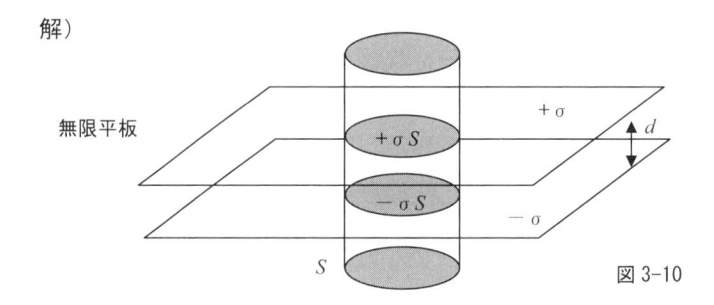

図 3-10

図 3-10 のように、2 枚の平板を貫通し底面の面積が S[m^2]の円筒を考える。まず、無限平板なので、電場はすべて、平板に垂直となる。さらに、この閉空間内の電荷は $\sigma S - \sigma S = 0$ となるので、両端面の電場は 0 となる。

このような解でよいのだろうか。実は、2 枚の平板の間では事情が異なる。そこで、上の電荷密度 $+\sigma$ [C/m^2]の平板がつくる電場と、下の電荷密度 $-\sigma$ [C/m^2]の平板がつくる電場をそれぞれ求めたうえで、その合成を考えてみる。

まず、下の平板がないものとして、上の平板がつくる電場を計算すると、2.4 節の冒頭で示したように、平板の上側には $E = \dfrac{\sigma}{2\varepsilon_0}$ [V/m]の電場が、下側には $E = -\dfrac{\sigma}{2\varepsilon_0}$ [V/m]の電場ができる。同様にして、下の平板の上側には

$E = -\dfrac{\sigma}{2\varepsilon_0}$ [V/m]の電場が、下側には $E = \dfrac{\sigma}{2\varepsilon_0}$ [V/m]の電場が形成される。これを図示すると図 3-11 のようになる。

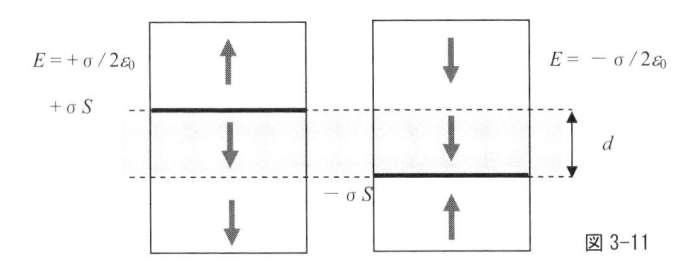

図 3-11

したがって、上の平板の上側では、2 枚の平板による電場の大きさが同じで方向が逆であるため電場は 0 となり、先ほど求めた値と一致する。下の平板の下側も同様に互いに打ち消しあって 0 となる。

ただし、2 枚の平板の間の空間では、図 3-11 のように電場の向きがそろうため

$$E = -\dfrac{\sigma}{2\varepsilon_0} - \dfrac{\sigma}{2\varepsilon_0} = -\dfrac{\sigma}{\varepsilon_0} \ [\text{V/m}]$$

となって、下向きの電場が形成されることになる。

演習 3-4　真空中に置かれた半径 a[m]の球のなかに電荷が密度 ρ [C/m^3]で均一に分布している。この球の内部と外の電場を求めよ。

解)　まず、半径 r[m]の球を考え、その内部の電荷と球面での電場をガウスの法則を利用して計算する。$r < a$[m] と $r > a$[m]に場合わけして考える必要がある。

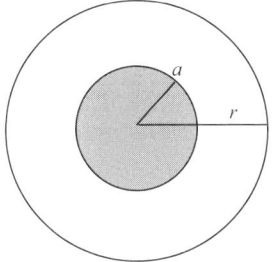

図 3-12

まず最初に、閉空間として、$r < a$[m]の半径 r [m]の球を考える。電荷密度が ρ [C/m^3]と一定であるので、この中の電荷は

$$\frac{4\pi r^3}{3}\rho \quad [\text{C}]$$

となり体積に比例（r^3に比例）して電荷は大きくなる。

よって、この球面の電場は、ガウスの法則により

$$\iint_S E dS = E \iint_S dS = \frac{4\pi r^3}{3}\frac{\rho}{\varepsilon_0}$$

となる。

$$4\pi r^2 E = \frac{4\pi r^3}{3}\frac{\rho}{\varepsilon_0}$$

より

$$E(r) = \frac{r}{3}\frac{\rho}{\varepsilon_0} \quad [\text{V/m}]$$

となり、半径 a の球の内部では、r[m]に比例して E[V/m]が増えていくことになる。

つぎに、閉空間として、$r>a$[m]の半径 r[m]の球を考える。半径 a[m]の球が、この空間の中に含まれるので、中の電荷は

$$\frac{4\pi a^3}{3}\rho \quad [\text{C}]$$

となる。

よって、この球面の電場は、ガウスの法則により

$$\iint_S E dS = E \iint_S dS = \frac{4\pi a^3}{3}\frac{\rho}{\varepsilon_0}$$

となる。

$$4\pi r^2 E = \frac{4\pi a^3}{3}\frac{\rho}{\varepsilon_0}$$

より

$$E(r) = \frac{a^3}{3r^2}\frac{\rho}{\varepsilon_0}$$

となり、r^2 に逆比例して減少していく。

ちなみに、境界となる $r = a$ における両者の値を計算すると

$$E(r) = \frac{r}{3}\frac{\rho}{\varepsilon_0} \quad \text{の場合} \quad E(a) = \frac{a}{3}\frac{\rho}{\varepsilon_0}$$

$$E(r) = \frac{a^3}{3r^2}\frac{\rho}{\varepsilon_0} \quad \text{の場合} \quad E(a) = \frac{a^3}{3a^2}\frac{\rho}{\varepsilon_0} = \frac{a}{3}\frac{\rho}{\varepsilon_0}$$

となって、一致することがわかる。

演習 3-5 真空中に置かれた半径 a[m]の無限に長い円柱がある。この内部に密度 σ[C/m³]で電荷が分布しているとき、このまわりの電場を求めよ。

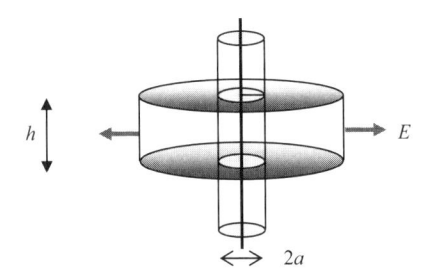

図 3-13

解) 無限の円柱なので、電場は円柱の中心軸に対して垂直な円周方向に放射される。つぎに、ガウスの法則を適用するために、図 3-13 のような高さ h[m]で半径が r[m]の円筒を考える。

まず、$r < a$[m]のとき、この円筒内の電荷は $\pi r^2 h \sigma$ [C] となる。よって、ガウスの法則を円筒に適用すると

$$\iint_S \vec{E} \cdot \vec{n} dS = \frac{\pi r^2 h \sigma}{\varepsilon_0}$$

となる。

ここで、電場は円筒の長軸に対して垂直成分しかなく、その大きさは一定なので E とおくと

$$\iint_S E dS = E \iint_S dS = \frac{\pi r^2 h \sigma}{\varepsilon_0}$$

となる。

つぎに、電場が作用している側面の面積は

であるから

$$\iint_S dS = 2\pi rh$$

となり、電場の強さは

$$2\pi rhE = \frac{\pi r^2 h\sigma}{\varepsilon_0}$$

$$E = \frac{\sigma}{2\varepsilon_0} r \ [\text{V/m}]$$

となる。

つぎに $r \geq a$ [m]のとき、この円柱内の電荷は$\pi a^2 h\sigma$ [C] と一定となる。したがって

$$2\pi rhE = \frac{\pi a^2 h\sigma}{\varepsilon_0}$$

より、電場の強さは

$$E = \frac{\sigma}{2\varepsilon_0} \frac{a^2}{r} \ [\text{V/m}]$$

となる。

3.3. ガウスの法則——微分形

実は、ガウスの法則は微分形でも表現することができ、結果から示すと

$$\text{div}\vec{D} = \rho \quad \text{あるいは} \quad \text{div}\vec{E} = \frac{\rho}{\varepsilon_0}$$

となる。div は divergence の略で**微分演算子** (differential operator) の一種である。divergence は発散という意味の英語であり、ものが拡がっていくというイメージである。

$\text{div}\vec{D} = \rho$ [C/m^3]は、電束密度ベクトル $\vec{D}$ [C/m^2]に div という演算処理を施すと、電荷密度 ρ になるという式である。成分で書くと

$$\vec{D} = \begin{pmatrix} D_x \\ D_y \\ D_z \end{pmatrix} \quad [\text{C/m}^2]$$

に div を作用させると

$$\mathrm{div}\,\vec{D} = \begin{pmatrix} \dfrac{\partial}{\partial x} & \dfrac{\partial}{\partial y} & \dfrac{\partial}{\partial z} \end{pmatrix} \begin{pmatrix} D_x \\ D_y \\ D_z \end{pmatrix} = \dfrac{\partial D_x}{\partial x} + \dfrac{\partial D_y}{\partial y} + \dfrac{\partial D_z}{\partial z} \quad [\text{C/m}^3]$$

となる。

　それでは、この結果をもとに、div という演算子の意味を考えてみよう。その第 1 項は、ベクトル $\vec{D}$ の x 成分 D_x の x 方向の変化量である。同様にして、第 2 項と第 3 項は、ベクトル $\vec{D}$ の y 成分 (D_y) および z 成分 (D_z) の y 方向と z 方向の変化量となっている。そして、これら変化量をすべて足し合わせたものが div となる。

　この演算子の働きを理解するために、まずベクトル $\vec{D}$ の成分がすべて定数の場合を考える。すると

$$\mathrm{div}\,\vec{D} = \dfrac{\partial D_x}{\partial x} + \dfrac{\partial D_y}{\partial y} + \dfrac{\partial D_z}{\partial z} = 0$$

となって、定数ベクトルの発散は 0 ということになる。このように、電束ベクトルが定数ということは、イメージとしては図 3-14 のようになる。

$$\vec{D} = \begin{pmatrix} 3 \\ 0 \\ 0 \end{pmatrix} \qquad \mathrm{div}\,\vec{D} = 0$$

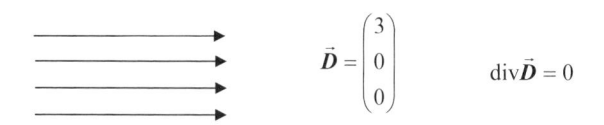

図 3-14　電束ベクトルが定数ベクトルである場合の例。

　定数ベクトルであれば、拡散して広がってゆくということがないから、「発散がない」ということになる。つまり図のように、ある一定の方向を向いて、変化がないということを示している。

　それでは、次に

$$\vec{D} = \begin{pmatrix} kx \\ b \\ c \end{pmatrix}$$

という電束ベクトルを考える。x 成分だけが x の関数で、y 成分および z 成分が定数のベクトルを考えてみよう。これは、x 方向に移動すると、x 成分が比例定数 k で増加していくベクトルに対応する。この場合の div は

$$\text{div}\,\vec{D} = \frac{\partial(kx)}{\partial x} + \frac{\partial b}{\partial y} + \frac{\partial c}{\partial z} = k$$

となり、発散は k となる。これは、x 方向に単位距離 1 だけ移動すると、その成分が k だけ大きくなるということを示しており、確かに x 方向の無限遠では発散するということになる。

演習 3-6 つぎのベクトルの発散を求めよ。

$$\vec{D} = \begin{pmatrix} 2x + y \\ x + y^2 + z \\ 3z + 4 \end{pmatrix} \; [\text{C/m}^2]$$

解）

$$\text{div}\,\vec{D} = \frac{\partial(2x+y)}{\partial x} + \frac{\partial(x+y^2+z)}{\partial y} + \frac{\partial(3z+4)}{\partial z} = 2 + 2y + 3 = 2y + 5 \; [\text{C/m}^3]$$

となる。

演習 3-7 位置ベクトル $\vec{r} = (x, y, z)$ の発散を求めよ。

解）

$$\text{div}\,\vec{r} = \frac{\partial(x)}{\partial x} + \frac{\partial(y)}{\partial y} + \frac{\partial(z)}{\partial z} = 1 + 1 + 1 = 3$$

となる。

ところで、電磁気学（ガウスの法則）においては、div は「発散」という意味よりは、次に示すように「湧き出し源」あるいは電荷源の存在を示す

ものと考えたほうが、その意味が明確になる。その説明をしよう。

いま、図 3-15 のような x 方向に流れる流体を考える。この流体の変化を解析する目的で、流体の流れる方向に垂直で、1 辺の長さが dy および dz の断面を考える。ある点 x において、この断面積に流入する単位断面積あたりの流量を $A_x(x)$ とすると、その総流量は $A_x(x)dydz$ となる。

つぎに、この点から dx だけ離れた点 $x+dx$ で、同じ大きさの断面 $dydz$ から、単位断面積あたりの流れ出る量を $A_x(x+dx)$ とする。

すると、この間の x 方向での流量の変化は

$$\Delta A_x = A_x(x+dx)dydz - A_x(x)dydz$$

となる。これを変形すると

$$\Delta A_x = \bigl(A_x(x+dx) - A_x(x)\bigr)dydz = \frac{A_x(x+dx) - A_x(x)}{dx}dxdydz$$

となるが、偏微分を使って書くと

$$\Delta A_x = \frac{\partial A_x}{\partial x}dxdydz$$

となる。

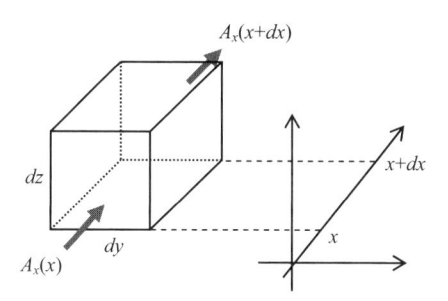

図 3-15 体積要素 $dxdydz$ への断面 $dxdy$ を通しての流入と流出。

同様にして、y 方向および z 方向での流量の変化は

$$\Delta A_y = \frac{\partial A_y}{\partial y}dxdydz \qquad \Delta A_z = \frac{\partial A_z}{\partial z}dxdydz$$

と与えられる。

ここで、あらためて図 3-16 に示したように、流体の流れている空間に、

$dxdydz$ の大きさからなる箱を考えてみよう。

　この箱の、それぞれ xyz 方向の負の方向から流入する流体の量と、それぞれの正の方向から流出する流体の量の、総量変化は

$$\Delta A = \left(\frac{\partial A_x}{\partial x} + \frac{\partial A_y}{\partial y} + \frac{\partial A_z}{\partial z} \right) dxdydz$$

と与えられることになる。ここで、$dxdydz$ の箱の大きさとして、単位長さ1の立方体を考えると

$$\Delta A = \frac{\partial A_x}{\partial x} + \frac{\partial A_y}{\partial y} + \frac{\partial A_z}{\partial z} = \operatorname{div} \vec{A}$$

となる。これは、まさにベクトル $\vec{A}$ のダイバージェンスである。つまり、$\operatorname{div} \vec{A}$ は、ある流体のある点における単位体積あたりの流体の総量変化を示すものである。ここで、この箱の中に、もし流体の湧き出し源がなければ

$$\operatorname{div} \vec{A} = 0$$

となる。この式は、この流体の量が保存されるという意味になる。図 3-16 で考えれば、x, y, z の3つの方向から、この箱に流入する流体の総和と、この箱から流出する流体の総和が等しいということを意味している。

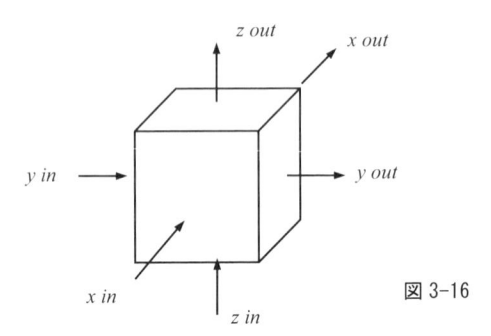

図 3-16

つぎに、$\operatorname{div} \vec{A}$ がゼロではなく

$$\operatorname{div} \vec{A} = a$$

のように、a という値を示すとしよう。この場合、この箱の中に a だけ流体を湧き出す何か（湧き出し源）が存在するということになる。これを電磁気学にあてはめれば、箱の中に電荷源が存在するということを示しているのである。

したがって、ガウスの法則の微分形である
$$\mathrm{div}\vec{D} = \rho$$
は、考えている閉空間に電荷がなければ$\mathrm{div}\vec{D}=0$となり、電荷源があれば$\mathrm{div}\vec{D}=\rho$ということを示しているのである。考えてみれば、ごく当たり前の法則である。イメージを描けば図3-17のようになる。

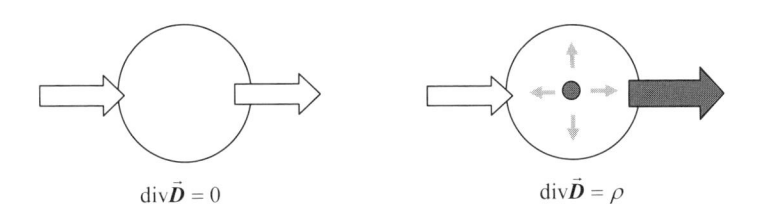

図3-17 電束ベクトルのdivのイメージ。

ちなみに$\mathrm{div}\vec{D}=\rho$はナブラベクトル（∇）を使って
$$\nabla \cdot \vec{D} = \rho$$
とも表記される。成分表示すれば、ナブラベクトルは
$$\nabla = \begin{pmatrix} \partial/\partial x \\ \partial/\partial y \\ \partial/\partial z \end{pmatrix}$$
であったので、電束ベクトルとの内積をとると
$$\nabla \cdot \vec{D} = \begin{pmatrix} \dfrac{\partial}{\partial x} & \dfrac{\partial}{\partial y} & \dfrac{\partial}{\partial z} \end{pmatrix} \begin{pmatrix} D_x \\ D_y \\ D_z \end{pmatrix} = \frac{\partial D_x}{\partial x} + \frac{\partial D_y}{\partial y} + \frac{\partial D_z}{\partial z}$$
となって、確かにdivと同じ働きをすることがわかる。

演習3-8 点電荷Q[C]がつくる電束ベクトルのdivを求めよ。

解） 電束ベクトルは$\vec{D} = \dfrac{Q}{4\pi r^3}\vec{r} = \dfrac{Q}{4\pi}\begin{pmatrix} x/r^3 \\ y/r^3 \\ z/r^3 \end{pmatrix}$ [C/m^2]と与えられる。

ただし $r = \sqrt{x^2+y^2+z^2} = (x^2+y^2+z^2)^{\frac{1}{2}}$ [m]である。
ここで
$$\frac{\partial}{\partial x}\left(\frac{x}{r^3}\right) = \frac{\partial}{\partial x}\left(\frac{x}{(x^2+y^2+z^2)^{\frac{3}{2}}}\right) = \frac{\partial}{\partial x}\left(x(x^2+y^2+z^2)^{-\frac{3}{2}}\right)$$
$$= (x^2+y^2+z^2)^{-\frac{3}{2}} - 3x^2(x^2+y^2+z^2)^{-\frac{5}{2}} = \frac{1}{r^3} - \frac{3x^2}{r^5}$$
となり、同様にして
$$\frac{\partial}{\partial x}\left(\frac{y}{r^3}\right) = \frac{1}{r^3} - \frac{3y^2}{r^5} \qquad \frac{\partial}{\partial x}\left(\frac{z}{r^3}\right) = \frac{1}{r^3} - \frac{3z^2}{r^5}$$
となり
$$\mathrm{div}\vec{D} = \frac{Q}{4\pi}\left(\frac{\partial}{\partial x} \quad \frac{\partial}{\partial y} \quad \frac{\partial}{\partial z}\right)\begin{pmatrix}x/r^3\\y/r^3\\z/r^3\end{pmatrix} = \frac{Q}{4\pi}\left\{\frac{\partial}{\partial x}\left(\frac{x}{r^3}\right) + \frac{\partial}{\partial x}\left(\frac{y}{r^3}\right) + \frac{\partial}{\partial x}\left(\frac{z}{r^3}\right)\right\}$$
$$= \frac{Q}{4\pi}\left\{\frac{3}{r^3} - \frac{3(x^2+y^2+z^2)}{r^5}\right\} = \frac{Q}{4\pi}\left\{\frac{3}{r^3} - \frac{3r^2}{r^5}\right\} = 0$$
よって電束のベクトルの div は 0 となる。

ところで、演習 3-8 の解は明らかにおかしい。点電荷 Q という電荷源が中心にあるのであるから、その div が 0 となるのは矛盾である。にもかかわらず、div が 0 になるのは、点電荷 Q のある $r = 0$ が無限大となる特異点であるため、微分不可能という数学的問題に起因する。

いままで、あえて取り上げてこなかったが、もともとクーロンの法則には、この無限大の問題が潜んでいる。クーロンの法則は
$$F = k\frac{q_1 q_2}{r^2}$$
というかたちをしており、$r = 0$ ではクーロン力は無限大になる。これに対処するには、デルタ関数の導入もあるが、ここでは、より現実的な手法を紹介しておく。

中心に点電荷ではなく、有限の大きさを持った球を考えるのである。いま、半径 a の球があり、この中の電荷密度を σ [C/m^3] とし、トータルの電荷が Q[C] とする。

$$\frac{4\pi a^3}{3}\rho = Q$$

こうすれば、有限の大きさの電荷源ができる。すると、半径 a[m]の球の内部では、電場は

$$E(r) = \frac{r}{3}\frac{\rho}{\varepsilon_0} \quad [\text{V/m}]$$

となり、$r > a$ の半径 r の球では

$$E(r) = \frac{a^3}{3r^2}\frac{\rho}{\varepsilon_0}$$

となる。

実際には、ベクトルなので、それぞれ

$$\vec{E} = \frac{r}{3}\frac{\rho}{\varepsilon_0}\frac{\vec{r}}{r} \quad \text{および} \quad \vec{E} = \frac{a^3}{3r^2}\frac{\rho}{\varepsilon_0}\frac{\vec{r}}{r}$$

となり、電束ベクトルは

$$\vec{D} = \frac{\rho}{3}\vec{r} \quad \text{および} \quad \vec{D} = \frac{a^3 \rho}{3r^3}\vec{r}$$

となる。

成分を示せば

$$\vec{D} = \frac{\rho}{3}\begin{pmatrix} x \\ y \\ z \end{pmatrix} \quad \text{および} \quad \vec{D} = \frac{a^3 \rho}{3}\begin{pmatrix} x/r^3 \\ y/r^3 \\ z/r^3 \end{pmatrix}$$

このとき、$r>a$ に対応した空間では $\text{div}\vec{D} = 0$ となる。

つぎに、電荷源に対応した $r<a$ では

$$\text{div}\vec{D} = \frac{\rho}{3}\begin{pmatrix} \frac{\partial}{\partial x} & \frac{\partial}{\partial y} & \frac{\partial}{\partial z} \end{pmatrix}\begin{pmatrix} x \\ y \\ z \end{pmatrix} = \rho$$

となる。

ところで、積分で表現したガウスの法則では $r = 0$ で無限大になる問題は顕在化しなかった。これは、なぜだろうか。実は、積分の場合、**広義積分** (improper integral) と呼ばれる手法があり、**特異点** (singular point) が積分範

囲に含まれる場合でも、有限の値がえられる場合がある。たとえば

$$\int_0^1 \frac{1}{\sqrt[3]{x^2}} dx$$

という積分を考えてみよう。明らかに x=0 で被積分関数は無限大になるので、特異点である。この場合

$$\int_a^1 \frac{1}{\sqrt[3]{x^2}} dx$$

のように、特異点を x=a とおいて計算し、その後、a→＋0 の極限をとる。すると

$$\int_a^1 \frac{1}{\sqrt[3]{x^2}} dx = \left[3x^{\frac{1}{3}} \right]_a^1 = (3 - 3\sqrt[3]{a})$$

となり

$$\lim_{a \to +0} (3 - 3\sqrt[3]{a}) = 3$$

となって値がえられる。これが広義積分である。この手法で、特異点の問題は回避できるのである。

3.4. 電荷密度

ガウスの法則

$$\mathrm{div}\vec{E} = \frac{\rho}{\varepsilon}$$

に電場ベクトル

$$\vec{E} = -\mathrm{grad}\phi(x,y,z) = -\left(\frac{\partial \phi(x,y,z)}{\partial x}, \frac{\partial \phi(x,y,z)}{\partial y}, \frac{\partial \phi(x,y,z)}{\partial z} \right)$$

を代入する。すると

$$\mathrm{div}\vec{E} = -\frac{\partial}{\partial x}\left(\frac{\partial \phi(x,y,z)}{\partial x} \right) - \frac{\partial}{\partial y}\left(\frac{\partial \phi(x,y,z)}{\partial y} \right) - \frac{\partial}{\partial z}\left(\frac{\partial \phi(x,y,z)}{\partial z} \right)$$

$$= -\left\{ \frac{\partial^2 \phi(x,y,z)}{\partial x^2} + \frac{\partial^2 \phi(x,y,z)}{\partial y^2} + \frac{\partial^2 \phi(x,y,z)}{\partial z^2} \right\}$$

となるので
$$\frac{\partial^2 \phi(x,y,z)}{\partial x^2} + \frac{\partial^2 \phi(x,y,z)}{\partial y^2} + \frac{\partial^2 \phi(x,y,z)}{\partial z^2} = -\frac{\rho}{\varepsilon}$$
という関係がえられる。つまり、電位の分布がわかれば、その空間の電荷密度を計算することができるのである。この式を**ポアッソンの方程式**（Poisson's equation）と呼んでいる。

特に、右辺の値が 0 となる
$$\frac{\partial^2 \phi(x,y,z)}{\partial x^2} + \frac{\partial^2 \phi(x,y,z)}{\partial y^2} + \frac{\partial^2 \phi(x,y,z)}{\partial z^2} = 0$$
を**ラプラス方程式**（Laplace's equation）と呼び、この関係を満足する関数を**調和関数**（harmonic function）と呼んでいる。

ちなみに、ポアッソン方程式はナブラベクトル（∇）を使って
$$\nabla \cdot \nabla \phi = -\frac{\rho}{\varepsilon}$$
とも表記される。成分表示すれば、ナブラベクトルは
$$\nabla = \begin{pmatrix} \partial/\partial x \\ \partial/\partial y \\ \partial/\partial z \end{pmatrix}$$
であったので、その内積をとると
$$\nabla \cdot \nabla = \begin{pmatrix} \dfrac{\partial}{\partial x} & \dfrac{\partial}{\partial y} & \dfrac{\partial}{\partial z} \end{pmatrix} \begin{pmatrix} \partial/\partial x \\ \partial/\partial y \\ \partial/\partial z \end{pmatrix} = \frac{\partial^2}{\partial x^2} + \frac{\partial^2}{\partial y^2} + \frac{\partial^2}{\partial z^2}$$
となり
$$\nabla \cdot \nabla \phi = \left(\frac{\partial^2}{\partial x^2} + \frac{\partial^2}{\partial y^2} + \frac{\partial^2}{\partial z^2} \right) \phi = \frac{\partial^2 \phi}{\partial x^2} + \frac{\partial^2 \phi}{\partial y^2} + \frac{\partial^2 \phi}{\partial z^2}$$
となる。

さらに、ナブラベクトルの内積は
$$\nabla \cdot \nabla = \nabla^2 = \Delta$$
とも表記し、ラプラス演算子（Laplace operator）と呼んでいる。すなわち
$$\nabla \cdot \nabla \phi = -\frac{\rho}{\varepsilon} \qquad \nabla^2 \phi = -\frac{\rho}{\varepsilon} \qquad \Delta \phi = -\frac{\rho}{\varepsilon}$$

はすべて、同じ式である。

演習 3-9 真空中の 2 次元平面において、電位が $\phi(x, y) = e^{-(x^2+y^2)}$ [V]と与えられるとき、点$(x, y) = (1, 2)$[m]における電荷密度を求めよ。ただし、真空の誘電率を$\varepsilon_0 = 8.854 \times 10^{-12}$ [F/m]とする。

解） $\dfrac{\partial \phi(x, y)}{\partial x} = -2xe^{-(x^2+y^2)}$　　　$\dfrac{\partial \phi(x, y)}{\partial y} = -2ye^{-(x^2+y^2)}$

$\dfrac{\partial^2 \phi(x, y)}{\partial x^2} = -2e^{-(x^2+y^2)} + 4x^2 e^{-(x^2+y^2)}$　　　$\dfrac{\partial^2 \phi(x, y)}{\partial y^2} = -2e^{-(x^2+y^2)} + 4y^2 e^{-(x^2+y^2)}$

ここで、電荷密度をρ [C/m^2]とすると

$$\dfrac{\partial^2 \phi(x, y)}{\partial x^2} + \dfrac{\partial^2 \phi(x, y)}{\partial y^2} = -\dfrac{\rho}{\varepsilon_0}$$

から

$$-4e^{-(x^2+y^2)} + 4(x^2 + y^2)e^{-(x^2+y^2)} = -\dfrac{\rho(x, y)}{\varepsilon_0}$$

となる。ここで$(x, y) = (1, 2)$においては

$$-4e^{-5} + 20e^{-5} = 16e^{-5} = -\dfrac{\rho(1, 2)}{\varepsilon_0}$$

したがって

$$\rho(1, 2) = -16e^{-5} \times \varepsilon_0 = -16e^{-5} \times 8.854 \times 10^{-12} \quad [\text{C/m}^2]$$

演習 3-10 真空の 3 次元平面において、電位が $\phi(x, y, z) = \dfrac{5}{x+y+z}$ [V]と与えられるとき、点$(x, y, z) = (1, 2, 0)$ [m]における電荷密度を求めよ。ただし、真空の誘電率を$\varepsilon_0 = 8.854 \times 10^{-12}$ [F/m]とする。

解）　電位の 2 階偏導関数を求めると

$\dfrac{\partial \phi(x, y, z)}{\partial x} = \dfrac{-5}{(x+y+z)^2} = -5(x+y+z)^{-2}$　から　$\dfrac{\partial^2 \phi(x, y, z)}{\partial x^2} = 10(x+y+z)^{-3}$

同様にして

$$\frac{\partial \phi(x,y,z)}{\partial y} = \frac{-5}{(x+y+z)^2} \quad \frac{\partial^2 \phi(x,y,z)}{\partial y^2} = 10(x+y+z)^{-3}$$

$$\frac{\partial \phi(x,y,z)}{\partial z} = \frac{-5}{(x+y+z)^2} \quad \frac{\partial^2 \phi(x,y,z)}{\partial z^2} = 10(x+y+z)^{-3}$$

となる。

よって

$$30(x+y+z)^{-3} = -\frac{\rho(x,y,z)}{\varepsilon_0}$$

点$(x, y, z) = (1, 2, 0)$においては

$$30(1+2+0)^{-3} = \frac{30}{27} = \frac{10}{9} \cong 1.11 = -\frac{\rho(1,2,0)}{\varepsilon_0}$$

となるので、この点における電荷密度は

$$\rho(1,2,0) = -1.11 \times 8.854 \times 10^{-12} \cong -9.83 \times 10^{-12} [\text{C/m}^2]$$

と与えられる。

3.5. ガウスの発散定理

電場におけるガウスの法則として

$$\iint_S \vec{E} \cdot \vec{n} dS = \frac{1}{\varepsilon_0} \iiint_V \rho dV$$

という式を示した。

右辺の体積分は、閉曲面 S で囲まれた領域 V を考え、この領域の中の電荷密度ρ[C/m^3]を全体積にわたって積算したものであり、この領域の総電荷Q[C]を与える。これが、左辺の閉曲面 S から出ている電場ベクトルの法線成分を足したものに等しいというものである。

ところで

$$\text{div}\vec{E} = \frac{\rho}{\varepsilon_0}$$

という関係にあるので、次式が成立する。

$$\iint_S \vec{E} \cdot \vec{n} dS = \iiint_V \text{div} \vec{E} dV$$

これが、より一般化されたガウスの法則である。

実は、この関係は、電場ベクトルに限らず、一般のベクトル場において成立するものであり、**ガウスの発散定理** (Gauss' divergence theorem) と呼ばれている。

あるベクトル場があって、閉曲面 S で囲まれた領域 V を考える。このとき、体積 V から流出するベクトル成分は、この表面から流出する量に等しいというものである。

ある領域から、なんらかの物理量が流出したら、それは、その表面から出ていく量に等しいというもので、少し考えれば当たり前の定理ではある。

演習 3-11 原点に中心のある半径 r の球を考える。この領域において、ベクトル $\vec{A} = (x, y, z)$ を考えるとき、ガウスの発散定理が成立することを証明せよ。

解） 次式が成立することを確かめればよい。

$$\iiint_V \text{div} \vec{A} dV = \iint_S \vec{A} \cdot \vec{n} dS$$

まず

$$\text{div} \vec{A} = \frac{\partial x}{\partial x} + \frac{\partial y}{\partial y} + \frac{\partial z}{\partial z} = 3$$

と定数となるので

$$\iiint_V \text{div} \vec{A} dV = 3 \iiint_V dV = 3 \cdot \frac{4\pi r^3}{3} = 4\pi r^3$$

つぎに、球面上の座標 (x, y, z) における単位法線ベクトルは

$$\vec{n} = \frac{1}{\sqrt{x^2 + y^2 + z^2}} \begin{pmatrix} x \\ y \\ z \end{pmatrix}$$

となるので

$$\vec{A}\cdot\vec{n} = \frac{1}{\sqrt{x^2+y^2+z^2}}(x\ y\ z)\begin{pmatrix}x\\y\\z\end{pmatrix} = \frac{x^2+y^2+z^2}{\sqrt{x^2+y^2+z^2}} = \sqrt{x^2+y^2+z^2} = r$$

$$\iint_S \vec{A}\cdot\vec{n}dS = \iint_S rdS = r\iint_S dS = r\cdot 4\pi r^2 = 4\pi r^3$$

となり

$$\iiint_V \mathrm{div}\vec{A}dV = \iint_S \vec{A}\cdot\vec{n}dS$$

が成立することが確かめられる。

第 4 章　導体

4.1.　導体とはなにか

　第 1 章で金属 (metal) の構造について説明した。金属内では、＋に帯電した格子 (lattice) が整然と並んでおり、その周りを自由に移動できる－に帯電した電子が取り囲んでいる。
　この金属内を自由に動ける**自由電子** (free electrons) の存在が、金属の特徴を決めていることも説明した。金属が光を反射したり、熱や電気をよく伝えるのは、自由電子のおかげである。
　このように、自由電子の存在によって、電流を運ぶことのできる物質を電気伝導体 (electric conductor) あるいは、単に、**導体** (conductor) と呼んでいる。
　一方、物質の中には、自由電子がほとんど存在せず、電流の流れない物質があり、**絶縁体** (insulator) あるいは**誘電体** (dielectric) と呼ばれている。
　電気抵抗が導体と絶縁体の中間に位置する**半導体** (semiconductor) もある。ただし、導体、半導体、絶縁体の定義として電気抵抗の範囲が国際規格などで指定されているわけではない。一応の目安として、導体の抵抗率は 10^{-6} [Ωcm]程度、絶縁体の抵抗率は 10^{14} [Ωcm]程度とし、半導体の抵抗率は 10^{-3} から 10^{6} [Ωcm]の範囲とされている。
　これら物質を電場に置いたとき、それぞれ異なる応答を示すが、本章では、まず、導体に電場を加えるとどうなるかを考えてみる。

4.2.　導体と電場

　導体に図 4-1 のように電場を加えた場合を考えてみよう。

第4章　導体

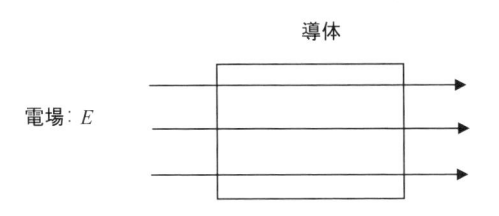

図 4-1　導体に電場を印加したらどうなるだろうか。

電場 E(V/m)が存在する空間に、電荷 q[C]を持ってくると
$$F = qE \quad [N]$$
の大きさのクーロン力が働く。

もちろん、電場もクーロン力もベクトルであり、正式には
$$\vec{F} = q\vec{E} \quad [N]$$
となる。

以上を前提に、導体に電場を印加した場合の変化を考えてみる。導体の中には、自由に移動できる電子（負の電荷）が存在する。したがって、電場を印加すると、自由電子には、上記の式にしたがった大きさと方向のクーロン力 $\vec{F}$ が働く。

自由電子は自由に動くことができるので、図 4-2 に示すように、クーロン力に引かれてただちに移動し、導体の端部に到達する。ここで、電子は導体の外に出ることができないので端部に留まることになる。

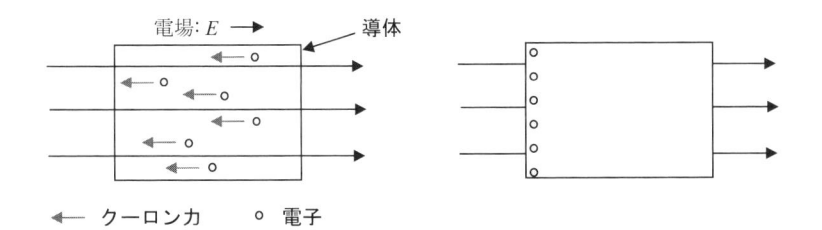

図 4-2　金属などの導体に電場を印加すると、自由電子がクーロン力を受けて電場とは逆方向の端部に移動する。その結果、電場の正方向の端部には負の電荷が生じる

このとき、導体内には電場は存在しない。なぜなら、電場があれば、電荷が移動するからである。よって、電場を加えた直後を除いて、導体内には、電場が存在することができない。これが導体の基本的な特徴である。

　つぎに電子の移動によって、導体内部の電場はなくなるが、電場とは逆方向に電子は移動し、端部に貯まる。ところで、金属には－に帯電した自由電子が存在するが、**負電荷** (negative charge) と **正電荷** (positive charge) の数は等しく、金属全体では**電気的な中性** (electrically neutral) を保っている。もし、電場によって電子が端部に集まったとすると、正電荷が逆の端部に集合するはずである。ただし、これは、正の電荷が存在するというよりも、電子が移動した結果、（負の電荷がなくなって電気的な中性がくずれた結果）正に帯電したという表現が正しい。結果として、図 4-3 に図示したように、金属の両端には電荷が生じることになる。このように、導体に**静電場** (electrostatic field) を与えると、両端部に正と負の電荷が生じる。この現象を**静電誘導** (electrostatic induction) と呼んでいる。

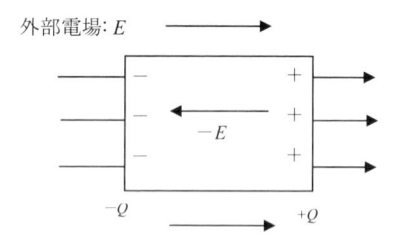

図 4-3　クーロン力によって自由電子が端部に移動すると、
　　　　その逆側には正の電荷が形成される。

　よって、導体の内部には正の電荷から負の電荷に向かう電場が存在することになる。実は、この導体内部の電場は外部電場と大きさが同じで、向きが逆となり、結果として導体内部の電場がゼロになっているのである。

　外部電場を与えるだけでなく、例えば、導体のそばに正電荷を近づけると、図 4-4 に示すように、正電荷に近い側に負の電荷が誘導され、逆側には正電荷が誘導される。さらに、その近傍に別の導体があれば、その導体にも静電誘導が生じる。

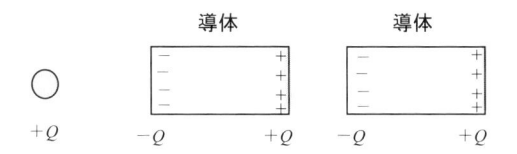

図 4-4　導体のそばに+Q[C]の電荷を置くと、電荷に近い表面には−Q[C]の電荷が、電荷から離れた端面には+Q[C]の電荷が誘導される。さらに、そのそばに導体があると、この導体も静電誘導により、端部に電荷が集まる。

つぎに導体内の電位 ϕ [V]についても見ておこう。電場 $\vec{E}$ [V/m]と、電位 $\phi(x,y,z)$ [V]との間にはつぎの関係がある。

$$\vec{E} = -\mathrm{grad}\phi = -\begin{pmatrix} \partial\phi/\partial x \\ \partial\phi/\partial y \\ \partial\phi/\partial z \end{pmatrix} \text{ [V/m]}$$

導体内の電場は 0 であるから

$$\vec{E} = \begin{pmatrix} 0 \\ 0 \\ 0 \end{pmatrix} \text{ [V/m]}$$

より

$$\frac{\partial\phi(x,y,z)}{\partial x} = 0 \quad \frac{\partial\phi(x,y,z)}{\partial y} = 0 \quad \frac{\partial\phi(x,y,z)}{\partial z} = 0$$

となり、導体内の電位 ϕ [V]はどの方向でも変化せずに、定数ということになる。つまり、導体の中の電位は常に一定ということを示している。

これも、考えれば当たり前のことである。もし、金属などの導体内に電位差があったら電子の移動（電流）が生じるはずである。導体に電流を流すときも、両端に電圧（電位差）を与えて、電流を流す。電池 1.5[V]という表記は、電池につなぐと、両端に電位差 1.5 [V]が生じるという意味である。これによって、電流が生じ、その結果、電気製品は動作する。

つまり、導体内に電位差があれば、電位差がなくなるまで電荷の移動（電流）が生じ、最後は電位差が解消され等電位となるはずである。

そして、電位差がないのであれば、導体の電位が等しいはずである。言い換えれば、導体の表面は必ず**等電位面** (equipotential surface) となるので

ある。これが導体の特徴である。

　それでは、導体に電荷を与えた場合はどうなるであろうか。電荷を与えるとは、金属に何らかの方法で電荷を注入することである。例えば、金属に電子を注入することを考える。なにもなければ、金属では陽子 (+) と電子 (−) の数が等しく、電気的に中性を保っている。しかし、そこに−に帯電した電子を注入すれば、金属は、負に帯電するはずである。

　このとき、電子が導体の中心部に偏在したとしよう。すると、中心部とその周辺には電位差が生じることになる。すると、電子には力が働く。このとき、電子は、この電位差を解消するように移動するはずである。なぜなら、電位差がある限り、電子には

$$F = -qE = -q\frac{V}{d} \text{ [N]}$$

というクーロン力が働くからである。

　つまり、導体では、その内部に電位差が発生する状況は定常状態としては、考えられないのである。結局、図 4-5 に示すように、電荷は導体の表面のみに分布することになる。

　さらに、同じ符号の電荷には反発力が働くので、表面に分布した電荷は、互いに反発し、等距離を保つはずである。したがって、表面の電荷密度は必ず等しくなる。

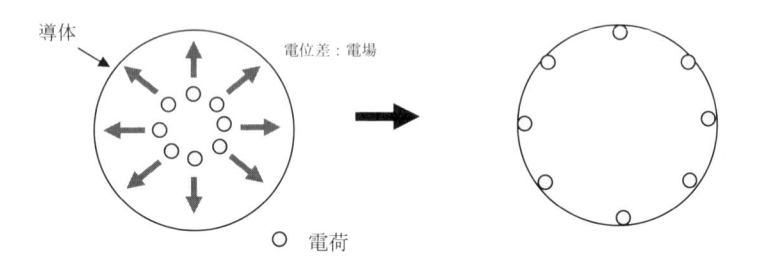

図 4-5　導体内の電荷分布に不均一があると、電位差 V が生じ、その結果、電場 $E=V/d$ が発生し、電荷 q にはクーロン力 $F=qE$ が働く。導体内の電荷は自由に移動できるので、電位差がある限り、電荷は移動し続ける。結局、電位差が解消されるまで電荷は移動することになる。そして、余分な電荷は導体の表面に移動する。さらに、同符号の電荷には反発力が働くので、結局、電荷密度は一定となる。

第4章 導体

導体の特徴をまとめると、以下のようになる。

1. 導体内の電場は0である
2. 導体内の電位は一定である
3. 導体の電荷は表面にのみ存在する
4. 導体の表面は等電位面となる

したがって、広い平板導体に電荷を注入した場合の電場および等電位線は図4-6のようになる。

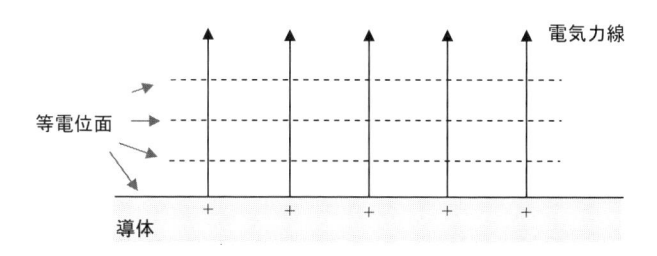

図4-6 平板導体に電荷を与えた場合の電気力線と等電位面。

演習4-1 真空中に置かれた半径r[m]の球状導体の表面に面密度σ[C/m^2]の電荷が分布しているとき、電場の大きさを求めよ。

解) まず、導体の表面は等電位面であるので、電場は、この面に直交する。そのうえで、ガウスの法則を利用する。

まず導体球の総電荷Q[C]は

$$Q = 4\pi r^2 \sigma$$

となる。また、この球面上では$E_n = E$ [V/m]と一定であるので、ガウスの法則を適用すると

$$\iint_S E_n ds = E \iint_S ds = \frac{Q}{\varepsilon_0}$$

ここで、半径r[m]の球面の表面積は

$$\iint_S ds = 4\pi r^2 \ [\text{m}^2]$$

となるので
$$4\pi r^2 E = \frac{4\pi r^2 \sigma}{\varepsilon_0}$$
より、導体の電場は
$$E = \frac{\sigma}{\varepsilon_0} \quad [\text{V/m}]$$
と与えられる。

このように、導体の内部に電場は存在しないが、電荷を与えられた金属球の表面には電荷が集まり、電場が生じる。

実は、球だけではなく、導体の表面に面密度 σ [C/m^2]の電荷が分布しているときは、その表面の電場は常に
$$E = \frac{\sigma}{\varepsilon_0} \quad [\text{V/m}]$$
となる。

すでに考察したように、導体に与えた電荷は、その表面にのみ存在し、しかも電荷密度 σ [C/m^2]は一定となる。つまり、図4-7に示すように、どんな形状の場合にも、その表面の電荷は等間隔に分布し、ちょうど、表面の接平面が等電位面となる。そして、電場は、この接平面に直交する。

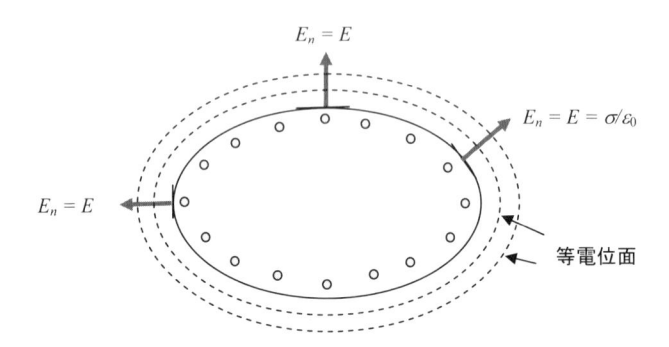

図4-7 導体表面は等電位となる。導体の外部の空間の等電位面は導体表面に対する接平面と平行となる。電場は等電位面に直交するので、表面に対して常に垂直となり、全表面で $E=\sigma/\varepsilon_0$ と同じ値をとる。

よって、導体表面の電場は、その形状に関係なく、常に一定となる。逆に、電場の大きさが場所によって異なるということは、表面電荷密度が異なることになり、電荷が互いに反発して均等に分布するという性質に矛盾することになる。

演習 4-2 真空中に置かれた半径 a[m]の金属球に電荷 $+Q$[C]を与えたとき、金属球を含んだ空間の電場 E [V/m]および電位 ϕ [V]を求めよ。

解） まず、電場は球対称となり、中心からの距離 r[m]のみの関数 $E(r)$[V/m]となる。

つぎに、導体に電荷を与えたとき、その電荷は表面のみに均一に分布する。さらに、導体内に電場は存在しない。

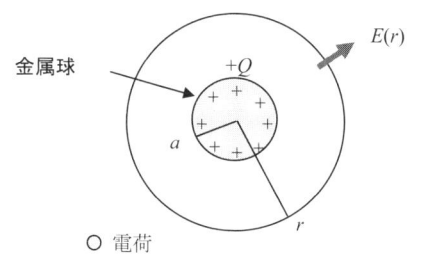

図 4-8

したがって、$r < a$ のとき、電場は存在せずに $E(r) = 0$ [V/m]となる。

つぎに、$r \geq a$ のとき、半径 r[m]の球にガウスの法則を適用する。すると

$$\iint_S E_n ds = E \iint_S ds = 4\pi r^2 E = \frac{Q}{\varepsilon_0}$$

から

$$E(r) = \frac{1}{4\pi r^2}\frac{Q}{\varepsilon_0} \text{ [V/m]}$$

となる。

よって、電場 $E(r)$ [V/m]と距離 r[m]との関係をプロットすると図 4-9 のようになる。

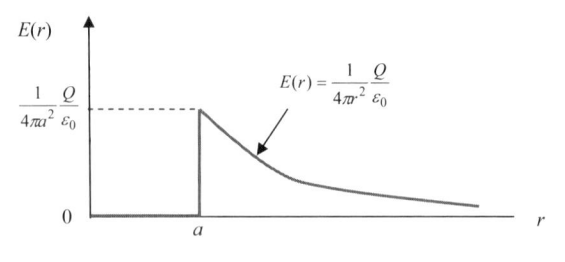

図 4-9　電場の距離依存性。

つぎに電位 $\phi(r)$ [V]を求めてみよう。電場が距離 r[m]の関数として与えられているとき、電位は、1[C]の電荷を、無限遠 (E=0[V/m], ϕ=0[V]) からこの位置まで移動するのに要する仕事（エネルギー）に相当する。したがって

$r < a$ のとき、電場は $E(r) = 0$ [V/m]となるので、距離 a[m]まで 1[C]の電荷を移動させる仕事が電位となり、

$$\phi(r) = \int_\infty^a - E(r)dr = -\frac{Q}{4\pi\varepsilon_0}\int_\infty^a \frac{1}{r^2}dr = \frac{Q}{4\pi\varepsilon_0}\left[\frac{1}{r}\right]_\infty^a = \frac{Q}{4\pi\varepsilon_0}\frac{1}{a} [V]$$

と与えられる。このように、導体では、その電位は一定となる。

$r \geq a$ のときは

$$\phi(r) = \int_\infty^r - E(r)dr = \frac{Q}{4\pi\varepsilon_0}\frac{1}{r} [V]$$

となる。

そして、電位 $\phi(r)$ [V]の距離依存性のグラフは図 4-10 のようになる。

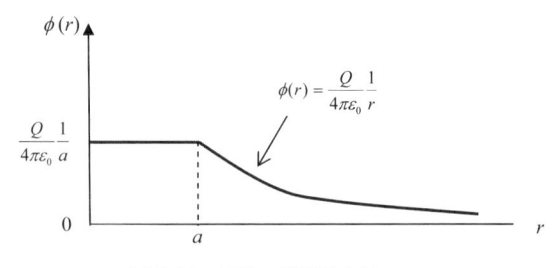

図 4-10　電位の距離依存性。

以上のように、電場に置いた導体では、導体内の電場は 0 で、電位は一

定、さらに、電荷は表面に均一に分布するという基本特性を理解していれば、定量的な解析が可能となる。

> **演習 4-3** 真空中に置かれた、半径が a[m]の無限長さの導体円柱の表面に電荷が密度 σ[C/m^2]で分布しているとき、そのまわりの電場と電位を求めよ。

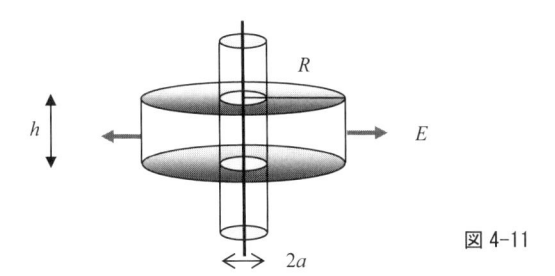

図 4-11

解） 無限の円柱なので、電場は円柱の中心線に垂直な円周方向に放射される。つぎに、ガウスの法則を適用するために、図 4-11 のような高さ h[m]で半径が R[m]の円筒を考える。

まず、$r < a$ のとき、導体内の電場は $E(r) = 0$ となる。

つぎに $a \leq r \leq R$ のとき、円柱内の電荷は $2\pi a h \sigma$ [C] となる。よって、ガウスの法則を円柱に適用すると

$$\iint_S \vec{E} \cdot \vec{n} ds = \frac{2\pi a h \sigma}{\varepsilon_0}$$

となる。

ここで、電場は円柱に対して垂直成分しかなく、その大きさは一定なので E とおくと

$$\iint_S E dS = E \iint_S dS = \frac{2\pi a h \sigma}{\varepsilon_0}$$

となる。

つぎに、電場が作用している側面の面積は

$$\iint_S dS = 2\pi r h \, [\text{m}^2]$$

99

であるから
$$2\pi rhE = \frac{2\pi ah\sigma}{\varepsilon_0}$$
となり、電場の強さは
$$E(r) = \frac{a}{\varepsilon_0}\frac{\sigma}{r} \quad [\text{V/m}]$$
となる。

つぎに電位を求めてみよう。まず、$a \leq r \leq R$の範囲で考える。$r=R[m]$の点の電位を$\phi(R)$ [V]と置くと
$$\phi(r) = \phi(R) + \int_R^r -E(r)dr = \phi(R) - \frac{a\sigma}{\varepsilon_0}\int_R^r \frac{dr}{r} = \phi(R) - \frac{a\sigma}{\varepsilon_0}\left[\ln r\right]_R^r$$
$$= \phi(R) - \frac{a\sigma}{\varepsilon_0}\ln\frac{r}{R} \quad [\text{V}]$$
あるいは$r=a[m]$の点の電位$\phi(a)$ [V]を基準にとると
$$\phi(R) = \phi(a) + \frac{a\sigma}{\varepsilon_0}\ln\frac{a}{R} \quad [\text{V}]$$
となる。

ここで、無限円柱の場合の無限遠における電位を考えてみる。無限遠の電位は$R \to \infty$の極限である。したがって
$$\phi(\infty) = \lim_{R\to\infty}\phi(R) = \phi(a) + \frac{a\sigma}{\varepsilon_0}\ln\frac{a}{R} \quad [\text{V}]$$
$$R \to \infty \quad \text{のとき} \quad \ln\frac{a}{R} \to \ln 0 = -\infty$$
となるので、無限遠での電位は負の∞に発散することになる。

このような奇妙な結果となるのは、長さが無限の円柱を仮定しているためである。このとき、電気力線はどこまでも届くので、結局、電位は$-\infty$となるのである。

有限の長さの導体円柱では、円柱を囲む閉曲面を考えれば、その内部の電荷は有限となるので、無限遠では、電場が$E=0[\text{V/m}]$となり、電位も$\phi=0[\text{V}]$となる。

演習 4-4 半径 a[m]の金属球に電荷+Q[C]を与えたとする。そのまわりを外径が c[m]で、内径が b[m]の中空の金属球が取り囲んでいるとする。この際、すべての空間が真空として、電場および電位を求めよ。

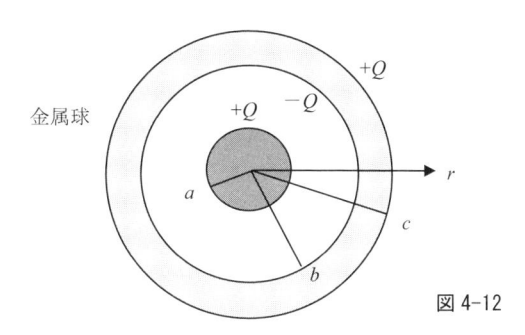

図 4-12

解） まず、どのような状態にあるかを整理してみよう。電荷+Q[C]は内部の金属球にのみ与えられている。この電荷は、金属表面に均一に分布する。そして、この電荷により電場が形成されることになる。すると、外の中空金属球は電場に置かれることになり、静電誘導により球の内側表面には$-Q$[C]の電荷が、外側表面には+Q[C]の電荷が誘導される。ただし、金属内部の電場は 0 となる。

以上を踏まえて、電場 $E(r)$ [V/m]を求める。

$0 \leq r < a$ のとき、金属内部なので
$$E(r) = 0 \text{ [V/m]}$$

$a \leq r < b$ のとき、半径 r[m]の閉空間にガウスの法則を適用すると
$$4\pi r^2 E(r) = \frac{Q}{\varepsilon_0}$$

から
$$E(r) = \frac{1}{4\pi r^2}\frac{Q}{\varepsilon_0} \text{ [V/m]}$$

となる。

$b \leq r < c$ のとき、金属球内部なので
$$E(r) = 0 \text{ [V/m]}$$

$r \geq c$ のとき、半径 r[m]の閉空間にガウスの法則を適用すると
$$4\pi r^2 E(r) = \frac{Q}{\varepsilon_0}$$
から
$$E(r) = \frac{1}{4\pi r^2} \frac{Q}{\varepsilon_0} \text{[V/m]}$$
となる。

したがって電場の距離依存性は図 4-13 のようになる。

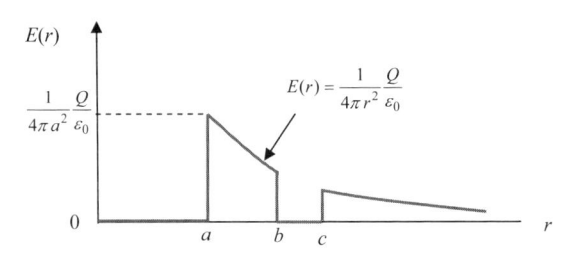

図 4-13　電場の距離依存性。

つぎに、図 4-13 を参照しながら電位 $\phi(r)$[V]を求めてみよう。基本的な考え方は、電場が距離 r[m]の関数として与えられているとき、電位は、1[C]の電荷を、無限遠（E=0[V/m], ϕ=0[V]）からこの位置まで移動するのに要する仕事（エネルギー）に相当するということである。

$r \geq c$ のとき
$$\phi(r) = \int_\infty^r -E(r)\,dr = \frac{Q}{4\pi\varepsilon_0}\frac{1}{r}\text{[V]}$$
となる。

つぎに $b \leq r < c$ のとき、電場がないので $r = c$ [m]の電位に等しい。よって
$$\phi(c) = \int_\infty^c -E(r)\,dr = \frac{Q}{4\pi\varepsilon_0}\frac{1}{c}\text{[V]}$$

$a \leq r < b$ では、1[C]の電荷を b[m]から r[m]まで移動するのに要する仕事（エネルギー）が $\phi(c)$ に加算される。したがって

$$\phi(r) = \phi(c) + \int_b^r -E(r)dr = \frac{Q}{4\pi\varepsilon_0}\frac{1}{c} + \left[\frac{Q}{4\pi\varepsilon_0}\frac{1}{r}\right]_b^r = \frac{Q}{4\pi\varepsilon_0}\left(\frac{1}{r} + \frac{1}{c} - \frac{1}{b}\right)$$

となる。

つぎに $r < a$ のとき、電場がないので $r = a$ の電位に等しい。よって

$$\phi(r) = \frac{Q}{4\pi\varepsilon_0}\left(\frac{1}{a} + \frac{1}{c} - \frac{1}{b}\right) [\text{V}]$$

となる。

演習 4-5 半径 a[m]の金属球に電荷 $+Q$[C]を与え、そのまわりを外径が c[m]で、内径が b[m]の中空の金属球に電荷 $-Q$[C]を与える。この際、金属以外の空間が真空として、電場および電位を求めよ。

解） $0 \leq r < a$ のとき、金属球内部なので
$$E(r) = 0 \,[\text{V/m}]$$
$a \leq r < b$ のとき、半径 r[m]の閉空間にガウスの法則を適用すると
$$4\pi r^2 E(r) = \frac{Q}{\varepsilon_0}$$
から
$$E(r) = \frac{1}{4\pi r^2}\frac{Q}{\varepsilon_0} [\text{V/m}]$$
となる。

$b \leq r < c$ のとき、金属球内部なので
$$E(r) = 0 \,[\text{V/m}]$$
$r \geq c$ のとき、半径 r[m]の閉空間にガウスの法則を適用すると
$$4\pi r^2 E(r) = \frac{Q}{\varepsilon_0} - \frac{Q}{\varepsilon_0} = 0$$
から
$$E(r) = 0 \,[\text{V/m}]$$
となる。

よって電場のグラフは図 4-14 のようになる。

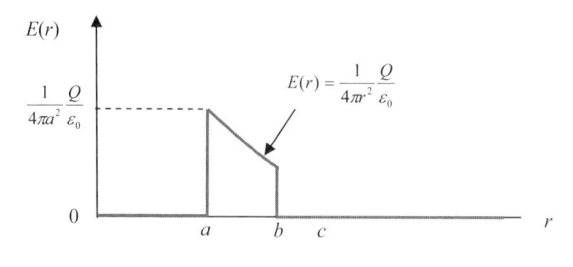

図 4-14 電場の距離依存性。

図 4-14 の電場のグラフを参照しながら電位 $\phi(r)$ [V] を計算すると
$r > b$ のとき
$$\phi(r) = 0 \text{ [V]}$$
となる。

$a \leq r < b$ では、1[C] の電荷を b[m] から r[m] まで移動するのに要する仕事（エネルギー）が $\phi(r)$ [V] となる。したがって

$$\phi(r) = \int_b^r - E(r)dr = \left[\frac{Q}{4\pi\varepsilon_0}\frac{1}{r}\right]_b^r = \frac{Q}{4\pi\varepsilon_0}\left(\frac{1}{r} - \frac{1}{b}\right) \text{[V]}$$

となる。

つぎに $r < a$ のとき、電場がないので $r = a$[m] の電位に等しい。
よって

$$\phi(r) = \frac{Q}{4\pi\varepsilon_0}\left(\frac{1}{a} - \frac{1}{b}\right) \text{[V]}$$

となる。

演習 4-6 半径 a[m] の金属球に電荷 $+Q$[C] を与え、そのまわりを外径が c[m] で、内径が b[m] の中空の金属球に電荷 $-2Q$[C] を与える。この際、金属以外の空間が真空として、電場および電位を求めよ。

解） $0 \leq r < a$ のとき、金属球内部なので
$$E(r) = 0 \text{ [V/m]}$$
$a \leq r < b$ のとき、半径 r[m] の閉空間にガウスの法則を適用すると

$$4\pi r^2 E(r) = \frac{Q}{\varepsilon_0}$$

から

$$E(r) = \frac{1}{4\pi r^2}\frac{Q}{\varepsilon_0}\,[\text{V/m}]$$

となる。

$b \leq r < c$ のとき、金属球内部なので

$$E(r) = 0\,[\text{V/m}]$$

$r \geq c$ のとき、半径 r[m]の閉空間にガウスの法則を適用すると

$$4\pi r^2 E(r) = \frac{Q}{\varepsilon_0} - \frac{2Q}{\varepsilon_0} = -\frac{Q}{\varepsilon_0}$$

から

$$E(r) = -\frac{1}{4\pi r^2}\frac{Q}{\varepsilon_0}\,[\text{V/m}]$$

となる。

したがって、電場のグラフは図 4-15 のようになる。

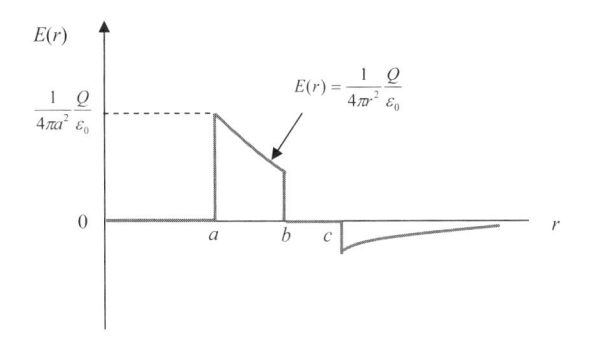

図 4-15 電場の距離依存性。

つぎに、図 4-15 の電場のグラフを参考にしながら電位 $\phi(r)$ [V]を計算すると、$r \geq c$ のとき

$$\phi(r) = \int_\infty^r -E(r)dr = -\frac{Q}{4\pi\varepsilon_0}\frac{1}{r}\,[\text{V}]$$

となる。

つぎに$b \leq r < c$のとき、電場がないので$r = c$[m]の電位に等しい。よって

$$\phi(c) = \int_\infty^c - E(r)dr = -\frac{Q}{4\pi\varepsilon_0}\frac{1}{c}[\text{V}]$$

$a \leq r < b$では、1[C]の電荷をb[m]からr[m]まで移動するのに要する仕事（エネルギー）が$\phi(c)$[V]に加算される。したがって

$$\phi(r) = \phi(c) + \int_b^r - E(r)dr = -\frac{Q}{4\pi\varepsilon_0}\frac{1}{c} + \left[\frac{Q}{4\pi\varepsilon_0}\frac{1}{r}\right]_b^r = \frac{Q}{4\pi\varepsilon_0}\left(\frac{1}{r} - \frac{1}{c} - \frac{1}{b}\right)[\text{V}]$$

となる。

つぎに$r < a$のとき、電場がないので$r = a$[m]の電位に等しい。よって

$$\phi(r) = \frac{Q}{4\pi\varepsilon_0}\left(\frac{1}{a} - \frac{1}{c} - \frac{1}{b}\right)[\text{V}]$$

となる。

電位$\phi(r)$[V]の変化をグラフにすると図4-16のようになる。

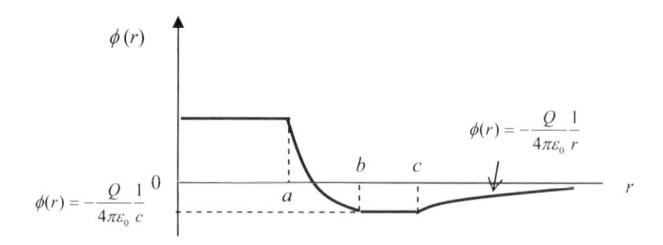

図4-16 電位の距離依存性。

電位は正だけでなく、負の値もとる。さらに、金属内の電位は常に一定である。また、金属内球から、外部の中空金属球の間の空間で、電位が正から負に変化している。

演習 4-7 外径がa[m]で、内径がb[m]の中空の金属球に電荷$+Q$[C]を与える。このときの電場を求めよ。ただし、金属球内に電荷は存在しないものとして、空間はすべて真空とする。

第4章　導体

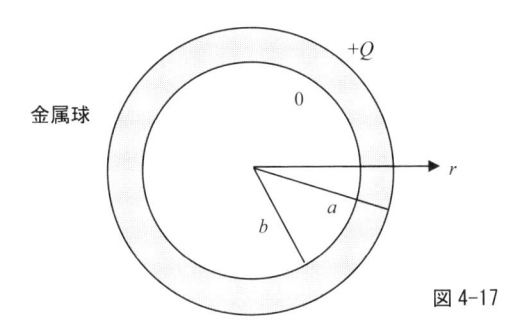

図4-17

解）　この金属球を含む半径 $r \geq a$ の閉空間を考える。この空間にガウスの法則を適用すると

$$4\pi r^2 E(r) = \frac{Q}{\varepsilon_0}$$

から

$$E(r) = \frac{1}{4\pi r^2}\frac{Q}{\varepsilon_0} \text{ [V/m]}$$

となる。

つぎに $b \leq r < a$ では金属内なので、電場は0となる。

さらに、$0 \leq r < b$ の真空では、電荷がないので、電場はここでも0となる。したがって、$0 \leq r \leq a$ では、電場は0となる。

結局、電場の距離依存性は図4-18のようになる。

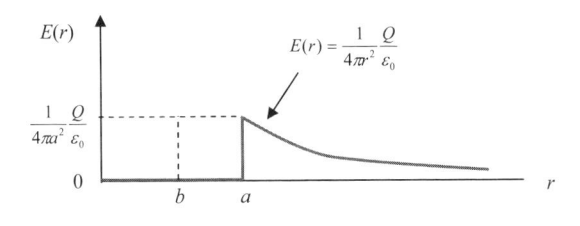

図4-18　電場の距離依存性。

この結果を少し考えてみよう。中空の金属球では、どんなに強い電荷 $+Q$[C]を与えても、その電荷は外壁に集まることになる。したがって、内部

の空間の電場は 0 となる。

別な見方をすれば、金属に囲まれた空間には、外部の電場が侵入できないことを示している。この現象を**静電遮蔽** (electrostatic shielding) と呼んでいる。静電シールドと呼ぶこともある。

雷が落ちても、金属ボディで囲まれた車の中にいる限り安全といわれるのは、この静電シールドのおかげである。

最後に接地についても説明しておこう。接地とは、文字通り、地球に接続することである。一般には**アース** (earth) と呼ぶことが多い。実は、地球にも導電性があり、電気が流れる。つまり、導体なのである。もちろん、銅などに比べると、電気抵抗は高い（抵抗率で 1Ωcm 程度）ものの、巨大な導体球とみなすことができるのである。

金属平板を地球とつないだとき、ひとつのつながった導体となるので、地球と平板の電位は等しくなる。もし電位が異なり、電位差が生じると、電流が流れて、電位差を解消するからである。

地球は、巨大なので、少々表面に電荷があったとしても、その電荷密度は地球の全表面積で割れば、ほぼ 0 とみなすことができる。よって、金属を地球と接続させれば、その電位は、基準電位の 0 とすることができる。これがアースである。電化製品をアースしておけば、静電気などが貯まっても、それを地球に逃がすことができ、製品を保護することができる。

コラム：地球の電荷

地球に存在するすべての物質は、100 個程度の元素からできている。これら元素では、原子核に陽子の数に対応した正の電荷があり、そのまわりを陽子と同じ数の負に帯電した電子が周回している。（正確には周回という表現は正しくないが）。

このとき、正の電荷の数と、負の電荷の数は等しく、元素は基本的には電気的に中性である。これを敷衍すれば、地球全体において、正の電荷と負の電荷の数は等しく、したがって、地球は電気的に中性ということになる。

ところで、地球上では、いろいろな自然現象や人為的な操作によって、正あるいは負の電荷を取り出すことができる。静電気はまさに、自然に電荷が遊離する現象であり、雷などもその一例である。あるいは、人為的な方法としては、ファンデグラフという装置を使って、電荷を取り出すことも可能であり、イオン化という方法もある。

> ただし、それらは、いずれも局所的な現象であり、地球全体で考えれば、正負の電荷は常に等しく、したがって、その平均電位は 0 となるはずである。これが基準電位である。

演習 4-8 半径 a[m]の金属球に電荷+Q[C]を与えたとする。そのまわりを外径が c[m]で、内径が b[m]の中空の金属球が取り囲んでいるとする。この際、外側の中空の金属球が接地されているとして、空間の電場を求めよ。ただし、すべての空間は真空とする。

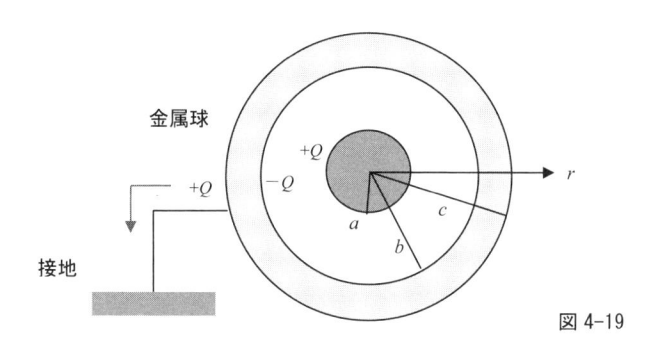

図 4-19

解） まず、どのような状態にあるかを整理してみよう。外側の球体をアースした以外は、演習 4-5 と同じ状態である。

このとき、内球の表面には+Q[C]の電荷がある。そして、静電誘導により、外球の内側表面には$-Q$[C]の、外側表面には+Q[C]の電荷が生じる。しかし、外側の中空金属球の接地を行うと、外側の+Q[C]の電荷は地球に逃げてしまい 0[C]となる。つまり、外側の金属の表面から電場は出ないことになる。

以上を踏まえて、電場 $E(r)$[V/m]を求めると

$0 \leq r < a$ のとき、金属球内部なので

$$E(r) = 0 \text{ [V/m]}$$

$a \leq r < b$ のとき、半径 r[m]の閉空間にガウスの法則を適用すると

$$4\pi r^2 E(r) = \frac{Q}{\varepsilon_0}$$

から

$$E(r) = \frac{1}{4\pi r^2}\frac{Q}{\varepsilon_0} \quad [\text{V/m}]$$

となる。

$b \leq r < c$ のとき、金属球内部なので

$$E(r) = 0 \, [\text{V/m}]$$

$r \geq c$ のときも接地しているため

$$E(r) = 0 \, [\text{V/m}]$$

となる。

したがって電場の距離依存性は図 4-20 のようになる。

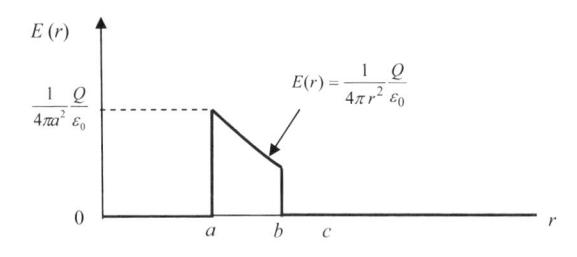

図 4-20　電場の距離依存性。

静電誘導によって電荷が端部に移動した導体に対して接地する前と後の違いを模式的に示すと図 4-21 のようになる。

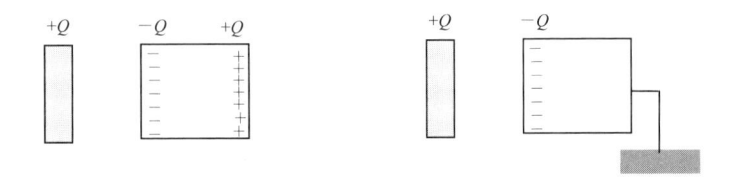

図 4-21　静電誘導により端部に $-Q$ と $+Q$ の電荷が誘導された導体を接地すると、$+Q$ の電荷が地球に流れて、電荷はなくなる。

図 4-21 を見ると、接地（アース）によって、あたかも正の電荷が地球に

流れたような印象を与えるが、実際には地球の電子が金属内に流入して、正の電荷が中和された結果、電荷が消えたというのが正確である。

実は、正の電荷そのものが動く現象は、電解液中の正イオンの移動など特殊な場合に限定され、多くの場合、電荷の変化は電子の移動によって生じる。また、電子があるべき位置から抜けて、その結果＋に帯電した箇所を**正孔** (positive hole; electron hole) または**ホール** (hole) と呼ぶ。正孔が移動するということもあるが、この場合も実際に動いているのは電子である。

4.3. 鏡像法

4.3.1. 点電荷と平板導体

点電荷 Q[C]のまわりの電場は

$$E(r) = \frac{1}{4\pi r^2} \frac{Q}{\varepsilon_0} \quad [\text{V/m}]$$

となることを、すでに紹介した。

それでは、この電荷のそばに平板導体があった場合は、どうなるであろうか。まず、点電荷のつくる電場によって、導体には、静電誘導が生じる。このとき、すでに紹介したように、電荷は表面にのみ分布する。また、導体表面は等電位面となり、電場は、この面に直交する。

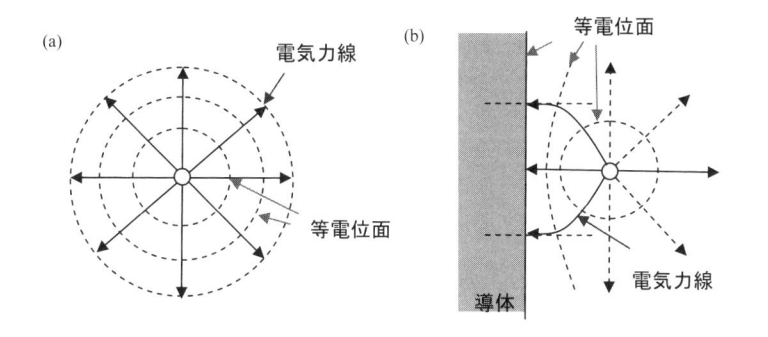

図 4-22 (a) 正の点電荷がつくる電場（電気力線）と等電位面; (b) この点電荷の近傍に平板導体を置いたときの電場（電気力線）と等電位面の変化。

このことを踏まえてふたたび、点電荷と平板導体との相互作用を考えて

みよう。

　図 4-22(a)には、点電荷がつくる電場に対応した電気力線と等電位面を示し、図 4-22(b)には平板導体を点電荷の近傍に置いた場合に、電気力線と等電位面がどう変化するかを示している。

　平板導体は点電荷によって静電誘導される。ただし、平板表面の各点が経験する電場は、点電荷からの距離によって、場所ごとに異なる。これでは、計算がとても複雑になるような気がするが、実はそうではない。導体内では、内部には電場が存在せず、電荷は表面にのみ存在する。

　さらに、導体表面は等電位面となるので、電荷からの電気力線は平板と直交する。また、導体の特徴として、その電位は一定となる。以上の制約条件によって電場の解析は簡単になる。

　ただし、一般の解析では、導体を接地（アース）した状態を考える。これは、実際の電気応用においては、一般的な方法であり、この結果、導体の電位は 0 となる。

　さて、ここで、第 2 章で扱った電気双極子の電気力線と電位の計算を思い出してほしい（図 4-23 参照）。この場合、正と負の電荷から等距離の面上では、電気力線がこの面に直交し、電位 ϕ[V]は

$$\phi = \frac{1}{4\pi\varepsilon_0}\frac{Q}{r} + \frac{1}{4\pi\varepsilon_0}\frac{(-Q)}{r} = 0$$

のように 0[V]となった。

　電位が 0[V]で、電気力線が直交するという状態は、いま見たように、接地（アース）された平板導体の場合とまったく同じである。もちろん、接地しなければ、その電位は 0[V]とはならないので、導体をアースすることが条件にはなる。

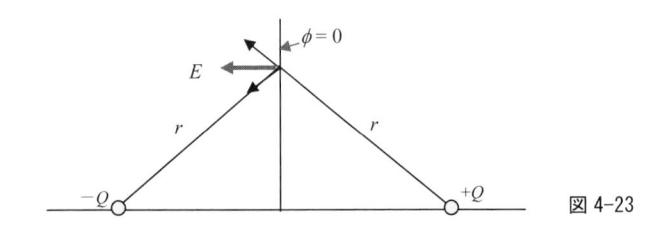

図 4-23

第4章 導体

　そして、図 4-24 に示すように、接地した平板導体の近傍に点電荷を置いたとき、電荷と平板表面からの距離と、等距離で反対側の位置に大きさが同じで符号の異なる電荷を置いた場合と、電場は同じになるのである。
　したがって、接地した平板導体の近傍に電荷を置いた場合には、ちょうど、導体表面が鏡となって、その反対側に**鏡像** (mirror image) として、符号の異なる電荷を置いた場合と同じ電場ができるのである。

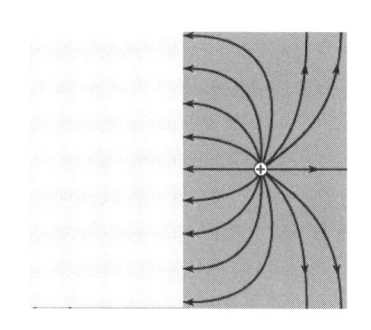

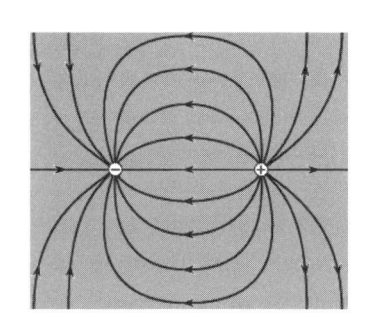

図 4-24　点電荷の近傍に平板導体を置いたときにできる電場は、鏡像の位置に負の電荷を置いたときにできる電場と同じになる。この原理を利用して電場を求めることを鏡像法と呼んでいる。

　このように、点電荷の近傍に、平板導体を置いたときにできる電場は、鏡像の位置に符号の異なる点電荷を置いたのと同じになる。これを利用して、電場の解析をする手法を**鏡像法** (method of images) と呼んでいる。
　さらに、この平板導体が電荷に及ぼすクーロン力についても考察しておこう。電気力線が同じなのであるから、結局、電荷$+Q$[C]が導体から受ける力は、平板導体の反対側に符号の異なる電荷$-Q$[C]を置いたときに働くクーロン力と同じになる。したがって、平板導体から、距離 r[m]の位置においた電荷 Q[C]が導体から受ける力は

$$F = -\frac{Q^2}{4\pi\varepsilon_0 (2r)^2} \ [\text{N}]$$

という引力となる。
　当然のことながら、正ではなく、負電荷$-Q$[C]を置いたときも、平板導体から、まったく同じ大きさのクーロン引力を受けることになる。

演習 4-9 点電荷$+Q$[C]から距離r[m]だけ離れた位置に、無限に広い平板導体を置いたときに、この点電荷が平板から受ける力を求めよ。ただし、平板は接地されているものとする。さらに、平板導体表面の電場と電荷密度を求めよ。

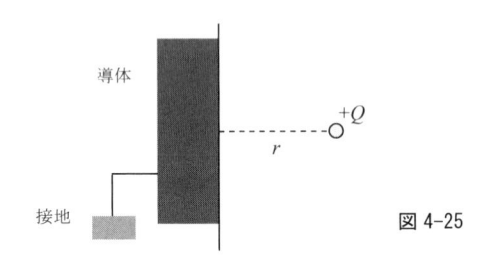

図 4-25

解） 点電荷が受ける力は、距離$2r$[m]だけ離れた位置にある点電荷$-Q$[C]から受ける力と等しい。したがって

$$F = \frac{1}{4\pi\varepsilon_0}\frac{-Q^2}{(2r)^2} = -\frac{Q^2}{16\pi\varepsilon_0 r^2} \quad [\text{N}]$$

となる。

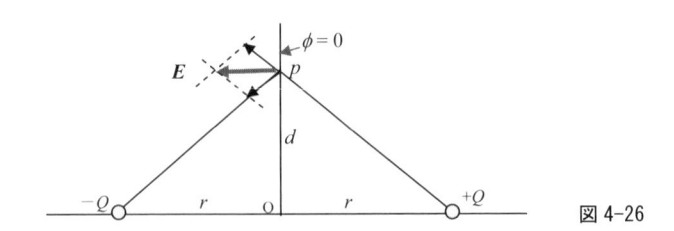

図 4-26

つぎに、導体表面の電場は、点電荷$+Q$[C]と$-Q$[C]から等距離の面の電場となる。

ここで、図 4-26 のように、2 個の点電荷の中点 O から、距離d[m]だけ離れた点pに 1[C]の電荷を置いた場合の電場を考えてみる。

点電荷$+Q$[C]が、点pにつくる電場$\vec{E}_{12}$[V/m]は

$$\vec{E}_{12} = -\frac{1}{4\pi\varepsilon_0}\frac{Q}{\{\sqrt{r^2+d^2}\}^3}\begin{pmatrix}r\\-d\end{pmatrix} \text{ [V/m]}$$

となり、点電荷$-Q$[C]が、点 p につくる電場 $\vec{E}_{13}$ [V/m]は

$$\vec{E}_{13} = \frac{1}{4\pi\varepsilon_0}\frac{Q}{\{\sqrt{r^2+d^2}\}^3}\begin{pmatrix}-r\\-d\end{pmatrix} \text{ [V/m]}$$

となる。したがって

$$\vec{E} = \vec{E}_{12} + \vec{E}_{13} = \frac{1}{4\pi\varepsilon_0}\frac{Q}{\{\sqrt{r^2+d^2}\}^3}\begin{pmatrix}-2r\\0\end{pmatrix} \text{ [V/m]}$$

と与えられる。

よって、電場の大きさは

$$E = \frac{1}{2\pi\varepsilon_0}\frac{Qr}{\{\sqrt{r^2+d^2}\}^3} \text{ [V/m]}$$

で、その向きは x 軸に平行な負の方向となる。すなわち、平板導体の表面に直交することになる。

また、この式からわかるように（当然ではあるが）中心からの距離が離れるにしたがって、平板導体の電場の大きさは小さくなっていく。

つぎに、導体表面の電荷密度 σ [C/m^2]は、電場の大きさがわかると

$$E = \frac{\sigma}{\varepsilon_0} \text{ [V/m]}$$

より

$$\sigma = \varepsilon_0 E = \frac{1}{2\pi}\frac{Qr}{\{\sqrt{r^2+d^2}\}^3} \text{ [C/m}^2\text{]}$$

と与えられる。

この結果からわかるように、電荷密度も距離 d [m]とともに減っていくことになる。

4.3.2. 点電荷と導体球

平板導体の応用として、接地された導体球のそばに点電荷を置いたときの電場も、鏡像法を利用することで求めることができる。

まず、どのような状況を考えているかを図 4-27 で確認してみよう。

図 4-27

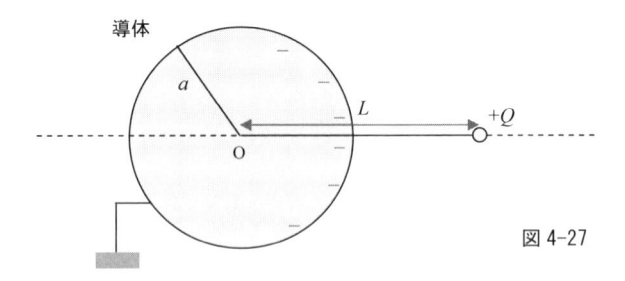

　半径が a[m]の導体球の中心 O から距離 L[m]だけ離れた位置に点電荷 $+Q$[C]が存在するものとする。
　このとき、導体球は点電荷によって静電誘導され、表面に負の電荷が生じる。ただし、電荷は表面のみに分布する。さらに、導体球は接地されているので、導体の電位は$\phi = 0$[V]となる。また、点電荷から発生した電気力線は、導体球の表面と直交することになる。
　そこで、図 4-28 に示したように、導体球の中心と電荷$+Q$[C]の結ぶ線上に、電荷$-Q'$[C]を置いたと仮定する。(この架空の電荷は、導体内にあり中心 O から距離 d[m]の位置とする。)
　このとき、導体球の表面が電位 0 となるように、距離 d[m]と電荷$-Q'$[C]が求められれば、それによって形成される電場が求めるものとなる。

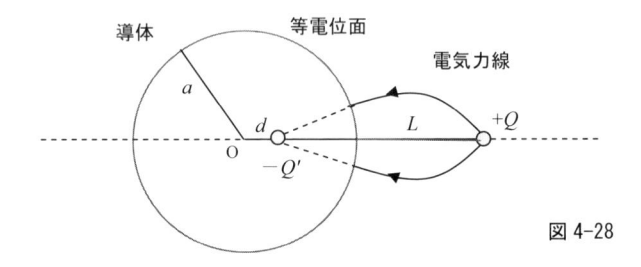

図 4-28

　以上をヒントにして、どの位置に、どれくらいの電荷を置けばよいかを考えよう。それぞれの位置関係を図 4-29 のように設定する。

図 4-29

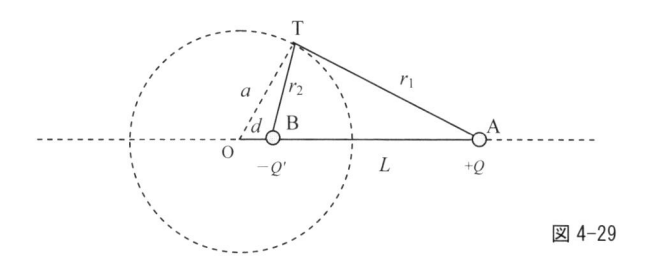

球面上（ここでは半径 a[m]の円上）の点 T において、電位が 0[V]となることから

$$\phi = \frac{1}{4\pi\varepsilon_0}\frac{Q}{r_1} + \frac{1}{4\pi\varepsilon_0}\frac{(-Q')}{r_2} = 0 \quad [\text{V}]$$

という式がえられる。

したがって

$$Q' = \frac{r_2}{r_1}Q \quad [\text{C}]$$

という関係がえられる。

この関係は、T がこの円上のどの位置にあっても成立する関係であり、r_2/r_1 は一定でなければならない。

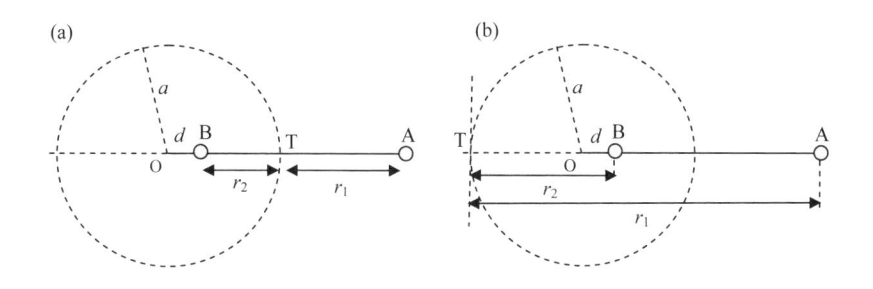

図 4-30

T が円上の、どの位置にあっても電位 0 になるということを踏まえて、ここでは、AB 線上に T がある場合を考える。まず、図 4-30(a)に示すように、

Tが線分ABの内側に位置する場合 ($L = OA$)

$$\frac{r_2}{r_1} = \frac{a-d}{L-a}$$

となる。つぎに、図4-30(b)に示すように、Tが線分ABの外の場合

$$\frac{r_2}{r_1} = \frac{a+d}{L+a}$$

となる。したがって

$$\frac{a+d}{L+a} = \frac{a-d}{L-a}$$

という関係がえられ、d[m]は

$$d = \frac{a^2}{L}$$

と与えられる。その結果

$$\frac{r_2}{r_1} = \frac{a}{L}$$

となる。

結局、導体球において、鏡像法を用いる際には、円の中心から距離 $d = \frac{a^2}{L}$[m]の位置に電荷 $-\frac{a}{L}Q$[C]を鏡像電荷として置けばよいことがわかる。

演習 4-10 接地された半径 a[m]の導体球の中心から $2a$[m]だけ離れた位置に電荷+Q[C]を置いたときに、この電荷が導体球から受ける力を求めよ。ただし、大気の誘電率はε_0としてよい。

解） 鏡像法を用いる。

この場合、円の中心から距離$d = \frac{a^2}{2a} = \frac{a}{2}$[m]の位置に電荷 $-\frac{a}{2a}Q = -\frac{Q}{2}$[C]を鏡像電荷として置いた場合の電場と同じになる。

したがってクーロン力は

$$F = \frac{Q\left(-\dfrac{Q}{2}\right)}{4\pi\varepsilon_0\left(a+\dfrac{a}{2}\right)^2} = -\frac{Q^2}{18\pi\varepsilon_0 a^2} \ [\text{N}]$$

となる。

演習 4-11 大気中に置かれ、接地された半径 1[m]の導体球の中心から 2[m]だけ離れた位置に電荷+2[C]を置いたときに、この電荷が導体球から受ける力を求めよ。ただし、大気の誘電率は真空の ε_0 を代用し $\varepsilon_0 = 8.854 \times 10^{-12}$ [F/m]とする。

解） 鏡像法を用いると、円の中心から距離 $d = 0.5$[m]の位置に電荷 -1[C]を鏡像電荷として置いた場合の電場と同じになる。

したがってクーロン力は

$$F = \frac{(+2)(-1)}{4\pi\varepsilon_0(1.5)^2} = -\frac{1}{4.5 \times 3.14 \times 8.854 \times 10^{-12}}$$

$$\cong -\frac{100}{125.1} \times 10^{10} \cong -8.0 \times 10^9 \ [\text{N}]$$

となる。

演習 4-12 大気中に置かれ、接地された半径 a [m]の導体球の中心(0, 0)から L [m]だけ離れた位置(L, 0)に電荷+Q [C]を置いたとき、この導体球の座標(0, a)における電場の大きさを求めよ。ただし、大気の誘電率を ε_0[F/m]で代用する。

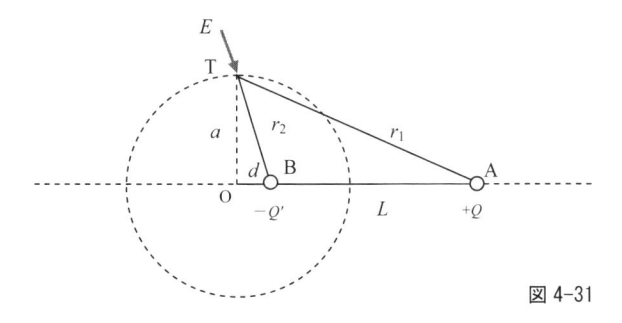

図 4-31

解） 鏡像法を用いると、円の中心から距離 $d = \dfrac{a^2}{L}$ [m]の位置に電荷 $-Q' = -\dfrac{a}{L}Q$ [C]を鏡像電荷として置いた場合の電場と同じになる。

ここで、点 T(0, a)における電場を $\vec{E}$ [V/m]とおくと、この電場は、電荷 +Q[C]による電場 $\vec{E}_{12}$ [V/m]と $-(a/L)Q$ による電場 $\vec{E}_{13}$ [V/m]の和となる。それぞれ

$$\vec{E}_{12} = -\frac{1}{4\pi\varepsilon_0} \frac{Q}{r_1^3} \begin{pmatrix} L \\ -a \end{pmatrix} \qquad \vec{E}_{13} = \frac{1}{4\pi\varepsilon_0} \frac{aQ}{r_2^3 L} \begin{pmatrix} d \\ -a \end{pmatrix}$$

と与えられるので $\vec{E}$ の x 成分 E_x は

$$E_x = -\frac{Q}{4\pi\varepsilon_0} \frac{L}{r_1^3} + \frac{Q}{4\pi\varepsilon_0} \frac{ad}{r_2^3 L} = \frac{Q}{4\pi\varepsilon_0} \left(\frac{ad}{(a^2+L^2)^{\frac{3}{2}} L} - \frac{L}{(a^2+d^2)^{\frac{3}{2}}} \right) \text{ [V/m]}$$

また y 成分は

$$E_y = \frac{Q}{4\pi\varepsilon_0} \frac{a}{r_1^3} - \frac{Q}{4\pi\varepsilon_0} \frac{a^2}{r_2^3 L} = \frac{aQ}{4\pi\varepsilon_0} \left(\frac{1}{(a^2+L^2)^{\frac{3}{2}}} - \frac{a}{(a^2+d^2)^{\frac{3}{2}} L} \right) \text{ [V/m]}$$

と与えられる。

第5章　コンデンサ

　電気的に中性な導体に正あるいは負の電荷を与えると、それを蓄えることができる。この導体の基本特性を利用して、電気を貯蔵する装置が**コンデンサ** (condenser; capacitor) である。工業的な応用に供するためには、限られた空間に、できるだけ多くの電荷を蓄える必要があり、そのための工夫もされている。例えば、一般の蓄電用のコンデンサでは、導体板を2枚つかって電荷を貯めている。

　その構造については、また後ほど紹介するが、ここでは、コンデンサの基本となる単一の導体に蓄えられる電荷について考察し、その後、複数の導体に蓄えられる電荷について考察する。

5.1. 電気容量

　電気的に中性な導体に電荷+Q[C]を与えると、表面に+Q[C]の電荷が蓄えられる。ただし、内部の電場は0[V/m]であり、電位ϕ[V]は金属内で等しい。

　与える電荷の量を+2Q[C]に増加すると、表面に蓄えられる電荷の量も+2Q[C]となり、2倍となる。

　ここで、真空中に置かれた半径a[m]の導体球に電荷+Q[C]を与えた場合を考える（図 5-1）。電荷は表面のみに均一に分布し、導体内に電場は存在しない。

　このとき$r < a$では、電場は存在せず$E(r) = 0$ [V/m]となる。つぎに$r \geq a$では、半径r [m]の球にガウスの法則を適用すると

$$\iint_S E_n dS = E \iint_S dS = 4\pi r^2 E = \frac{Q}{\varepsilon_0}$$

から

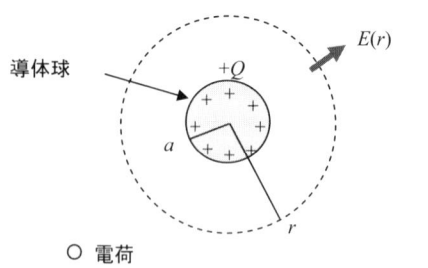

図 5-1

$$E(r) = \frac{1}{4\pi r^2}\frac{Q}{\varepsilon_0} \quad [\text{V/m}]$$

となる。
　よって、電場 $E(r)$ と距離 r との関係は以下のようになる。

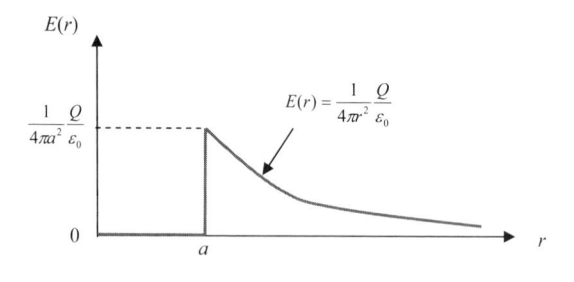

図 5-2　電場の距離依存性。

　つぎに導体表面の電位は、1[C]の電荷を、無限遠（$E = 0[\text{V/m}]$, $\phi = 0[\text{V}]$）からこの位置 $x = a[\text{m}]$ まで移動するのに要する仕事（エネルギー）に相当するので

$$\phi = \int_\infty^a -E(r)\,dr = -\frac{Q}{4\pi\varepsilon_0}\int_\infty^a \frac{1}{r^2}\,dr = \frac{Q}{4\pi\varepsilon_0}\left[\frac{1}{r}\right]_\infty^a = \frac{Q}{4\pi\varepsilon_0}\frac{1}{a} \quad [\text{V}]$$

となる。また、導体内の電位は一定であり、常にこの値をとる。電位の分布を図 5-3 に示す。

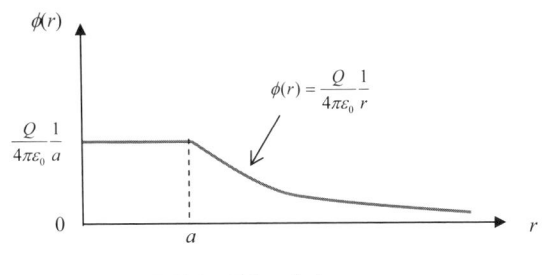

図 5-3　電位の分布。

つぎに、同じ導体に、電荷+2Q[C]を与えると、導体表面には+2Q[C]の電荷が蓄えられ、電位は

$$\phi = \frac{1}{4\pi\varepsilon_0}\frac{2Q}{a} \quad [V]$$

となり、導体の電位は 2 倍になる。このように、電位は電荷に比例することがわかる。比例定数を k とすると

$$\phi = kQ \quad [V]$$

となる。

あるいは

$$Q = C\phi \, [V] \qquad ただし C = \frac{1}{k}$$

と表記してもよい。

つまり、この場合は、電荷は電位に比例するという関係式となっている。この比例定数 C のことを**電気容量** (capacitance) あるいは静電容量と呼んでいる。ある電位を与えたときに、どれくらいの電気（電荷）が蓄えられるかを示す指標といえる。

電気容量の単位は、上式からわかるように[C/V]となり、表記は F(farad)、日本語ではファラッドと呼ぶ。マイケル・ファラデーにちなんで命名された単位である。

一般に、[F]はコンデンサの容量を示す単位として定着しており、高校物理でもすでに学習している。1[F]の電気容量とは、1[V]の電圧を与えたときに、1[C]の電荷が貯まるということを示している。こんな大きな電気容量の

コンデンサは実在しないので、通常はμF (microfarad; マイクロファラッド)、つまり、[F]の$1/10^6$の大きさの単位が使われる。

> **演習 5-1** 真空中に置かれた半径 a [m]の導体球の電気容量を求めよ。ただし、真空の誘電率をε_0[F/m]とする。

解） 半径a[m]の導体球に、電荷Q[C]を与えたときの電位ϕ[V]は

$$\phi = \frac{Q}{4\pi\varepsilon_0}\frac{1}{a}$$

となる。したがって

$$Q = 4\pi\varepsilon_0 a\phi$$

となり、電気容量は

$$C = 4\pi\varepsilon_0 a \quad [\mathrm{F}]$$

と与えられる。

この結果からわかるように、電気容量は導体球の半径 a[m]に比例して大きくなる。これは、導体球が大きいほど、同じ電位で貯められる電荷の量が大きくなることを示している。導体の場合、電荷はその表面に集まるので、半径に依存して大きくなることは定性的に理解できるであろう。

また、$C = 4\pi\varepsilon_0 a$という関係から、誘電率ε_0の単位が [F/m] となることもわかる。

> **演習 5-2** 真空中に置かれた半径 1 [m]の導体球の電気容量を求めよ。ただし、真空の誘電率は$\varepsilon_0 = 8.854\times10^{-12}$ [F/m]とする。

解） 半径 a [m] の導体球の電気容量は

$$C = 4\pi\varepsilon_0 a \quad [\mathrm{F}]$$

と与えられるので、半径 1 [m]では

$$C = 4\times 3.14\times 8.85\times 10^{-12} \cong 1.11\times 10^{-10} \ [\mathrm{F}]$$

となる。

ちなみに、10^{-9} [F] という単位もよく使われ、1 [pF] と表記し、picofarad、日本語ではピコファラッドと呼ぶ。ピコは 10^{-9} という大きさである。

> **演習 5-3** 地球の半径を R = 6400 [km]とするとき、地球の電気容量を求めよ。ただし、大気の誘電率は真空の誘電率 ε_0 = 8.854×10^{-12} [F/m]と等しいものとしてよい。

解） 半径 R [m] の導体球の電気容量は
$$C = 4\pi\varepsilon_0 R \quad [\text{F}]$$
と与えられるので、半径 6400 [km] = 6400000 [m] = 6.4×10^6 [m]の導体では
$$C = 4 \times 3.14 \times 8.85 \times 10^{-12} \times 6.4 \times 10^6 \cong 7.11 \times 10^{-4} \quad [\text{F}]$$
となる。

このように、巨大な地球でさえ、その電気容量は、1[F]の 1/1000 程度にすぎない。[F]という単位がどれだけ大きいかがよくわかるであろう。

5.2. コンデンサ

5.2.1 コンデンサの特性

前節で示したように、導体には電荷を蓄えることができる。いい換えれば、蓄電器として作用することになる。ただし、塊状の導体では、表面にのみ電荷が蓄えられるので、体積を大きくしても表面積分しか蓄電器として機能しない。よって、蓄電という観点では、効率はあまりよくない。

さらに、表面に集まった電荷の符号は同じなので、互いにクーロン反発力が働き、電荷密度を高くすることが難しい。したがって、実用的な蓄電システムとしては機能しない。

これに対し、2枚の平板導体を用いて、この平板にそれぞれ正負の電荷を帯電させると、互いの引力によって、高密度の電荷を保存できる。これが**コンデンサ** (condenser) である。コンデンサのことを**キャパシタ** (capacitor) あるいは蓄電器と呼ぶこともある。

それでは、図 5-1 に示すような、無限の広さを有する平板導体を 2 枚、真空中において、間隔 d[m]で並べた場合を考えてみよう。ここで、上の平板には電荷密度+σ [C/m²]、 下の平板には、電荷密度－σ [C/m²]が一様に分布しているものとする。このように平行した導体平板 2 枚からなるコンデンサを**平行平板コンデンサ** (parallel plate condenser) と呼んでいる。

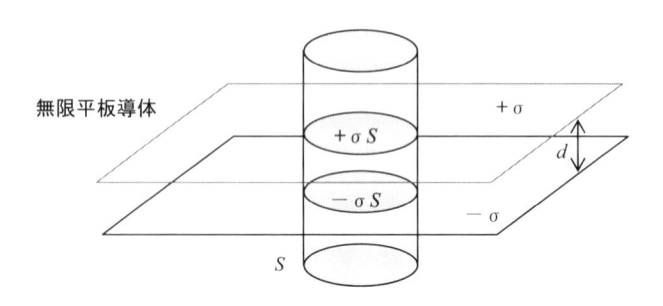

図 5-4　平行平板コンデンサ。

ガウスの法則を適用するため、図 5-4 に示すように、2 枚の平板を貫通し底面の面積が S [m²]の円筒を考える。まず、無限平板なので、電場はすべて、平板に垂直となる。さらに、上の平板の電荷は$+Q = +\sigma S$ [C]となり、下の平板の電荷は$-Q = -\sigma S$ [C]となる。

ここで、上の電荷密度 ＋σ [C/m²] の平板がつくる電場と、下の電荷密度 －σ [C/m²]の平板がつくる電場をそれぞれ求めて、それを合成する。

まず、下の平板がないものとして、上の平板がつくる電場を計算すると、平板の上側には$E = \dfrac{\sigma}{2\varepsilon_0}$ [V/m]の電場が、下側には$E = -\dfrac{\sigma}{2\varepsilon_0}$ [V/m]の電場ができる。同様にして、下の平板の上側には $E = -\dfrac{\sigma}{2\varepsilon_0}$ [V/m]の電場が、下側には$E = \dfrac{\sigma}{2\varepsilon_0}$ [V/m]の電場が形成される。これを図示すると図 5-5 のようになる。

したがって、上の平板の上側では、2 枚の平板による電場の大きさが同じで方向が逆であるため電場は 0[V/m]となる。同様に下の平板の下側でも電場は 0[V/m]である。

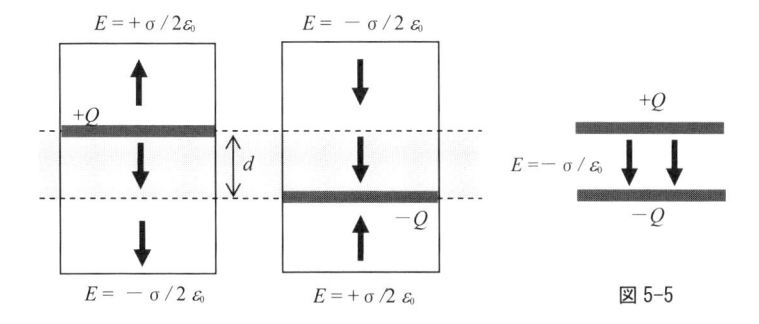

第 5 章　コンデンサ

$$E = -\frac{\sigma}{2\varepsilon_0} - \frac{\sigma}{2\varepsilon_0} = -\frac{\sigma}{\varepsilon_0} \quad [\text{V/m}]$$

一方、2枚の平板の間の空間では、図のように電場の向きがそろうため

となって、下向きの電場が形成されることになる。

この平板2枚を横置きにして、2枚の平板導体近傍の電場を示すと図5-6のようになる。

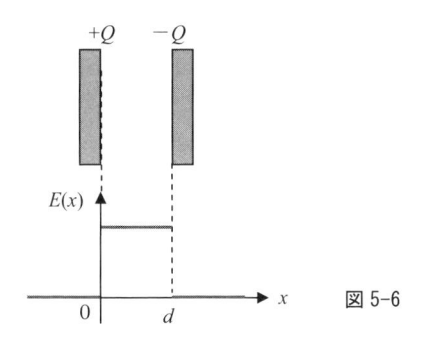

ここで図5-6のようにx座標を平行平板に垂直な方向にとる。そして、左側の正に帯電した導体の右端部の位置を $x = 0[\text{m}]$ とする。すると、$x = d[\text{m}]$ が右側の負に帯電した導体の左端部となる。

この場合の電位 $\phi(x)[\text{V}]$ は、

$x > d$ のとき

$$\phi(x) = 0[\text{V}]$$

$0 \leq x \leq d$ のとき

$$\phi(x) = -\int_{\infty}^{x} E dx = -\int_{d}^{x} E dx = -[Ex]_{d}^{x} = Ed - Ex = E(d-x) \quad [\text{V}]$$

x<0 のとき
$$\phi(x) = 0[\text{V}]$$
となる。したがって、電位は図 5-7 のようになり、

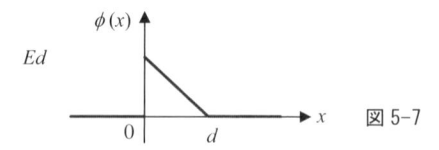

図 5-7

$x = 0$[m] で$\phi = Ed$ [V]、$x = d$ [m] で$\phi = 0$[V]となる。

したがって、ふたつの平板導体間の電位差すなわち電圧 V [V]は
$$V = \phi(0) - \phi(d) = Ed \quad [\text{V}]$$
となり
$$E = \frac{V}{d} \quad [\text{V/m}]$$
となって、同じ電圧（電位差）: V [V]ならば、ふたつの平板間の距離 d[m]が小さいほど、電場は強くなることがわかる。あるいは、図 5-7 の電位の勾配が電場 E [V/m]に対応する。

つぎに、電荷密度は、電荷を面積で割ったものであるので
$$\sigma = \frac{Q}{S} \quad [\text{C/m}^2]$$
という関係から
$$E = \frac{\sigma}{\varepsilon_0} = \frac{Q}{\varepsilon_0 S} \quad [\text{V/m}]$$
さらに　$E = V/d$ から
$$Q = \varepsilon_0 SE = \frac{\varepsilon_0 S}{d} V \quad [\text{C}]$$
という関係がえられる。

ここで

第 5 章　コンデンサ

$$C = \frac{\varepsilon_0 S}{d} \ [\text{F}]$$

と置くと

$$Q = CV \ [\text{C}]$$

となる。

　すなわち、コンデンサに電圧 V [V]を与えたときに、Q=CV [C]の電荷が貯まることを示している。この比例定数 C [C/V]がコンデンサの電気容量となる。ちなみに、この単位は[F]であり、[F]=[C/V]という関係にある。

　そして、$C = \varepsilon_0 S / d$ [F]という関係から、コンデンサの電気容量（すなわち電荷を貯める能力）は、面積 S [m^2]が大きいほど大きくなることがわかる。これは、導体の面積が大きければ、電荷をそれだけ貯められることから容易に理解できる。

　さらに、平板間の距離 d [m]に反比例して、電気容量は大きくなる。これは、距離が小さいほど、正負の電荷の結合力が増えるので、貯められる電荷の量が大きくなると解釈することができる。

演習 5-4　大気中に置かれた、一辺の長さが 1[m]の正方形からなる平板導体を 2 枚、1[mm]の間隔で並べた平行平板コンデンサの電気容量を求めよ。
　ただし、大気の誘電率は真空の誘電率 $\varepsilon_0 = 8.854 \times 10^{-12}$ [F/m]と等しいものとしてよい。また、このコンデンサに 100[V]の電圧を印加したときに、貯まる電荷 Q [C]を求めよ。

解)　電気容量は

$$C = \frac{\varepsilon_0 S}{d} = \frac{8.854 \times 10^{-12}}{0.01} = 885.4 \times 10^{-12} [\text{F}] = 885.4 [\text{pF}]$$

となる。
　このコンデンサに蓄えられる電荷 Q [C]は

$$Q = CV = 0.8854 \times 10^{-9} \times 100 = 0.8854 \times 10^{-7} [\text{C}]$$

となる。

> コラム：耐電圧
>
> コンデンサに蓄えられる電荷は $Q=CV$ と与えられる。この式によれば、コンデンサに印加する電圧 V を大きくすれば、いくらでも蓄えられる電荷 Q を大きくできそうであるが、残念ながら、そうはいかない。正電荷と負電荷の間には、クーロン引力が働く。このため、ある電圧を超えると、負の電極板から、電子が正の電極板にいっきに飛び移る。このとき、大量の電荷が移動するので、コンデンサは破壊されることもある。この限界の電圧を耐電圧と呼んでいる。したがって、コンデンサを利用する場合には、この耐電圧よりも低い値で使用する必要がある。

5.3. 静電エネルギー

コンデンサに電荷が蓄えられた状態は、電荷のない状態に比べてエネルギーが高くなっていると考えられる。あるいは、ある量のエネルギーが蓄えられていて、それによって仕事ができると考えてもよい。（例えば、蓄電したコンデンサを電球につなげれば、それを灯すことができる。）

一般に、コンデンサなどに電荷が蓄えられたときのエネルギーを**静電エネルギー** (electrostatic energy) と呼んでいる。

それでは、平行平板コンデンサに電荷 Q[C]が蓄えられているときの静電エネルギーを求めてみよう。

まず、復習すると、エネルギー(W[J])とは

$$（エネルギー）=（力）\times（距離） \quad W[\mathrm{J}]=F[\mathrm{N}]\times d[\mathrm{m}]$$

という式によって与えられるのであった。

これをコンデンサにあてはめてみよう。図 5-8 のように、平行平板に電荷 $+Q$[C]と $-Q$[C]が対峙している状態を考える。

ここで、図 5-8(a)の平行平板がほぼ接触した状態（完全に接触させると電荷は消えてしまう）から、図 5-8(c)の距離 d[m]まで、平板どうしを離すのに要する仕事が、求める静電エネルギーに相当することになる。

このとき、$-Q$[C]に帯電した平板がつくる電場の中を、クーロン引力に逆らって$+Q$[C]の電荷を移動させることを考える。

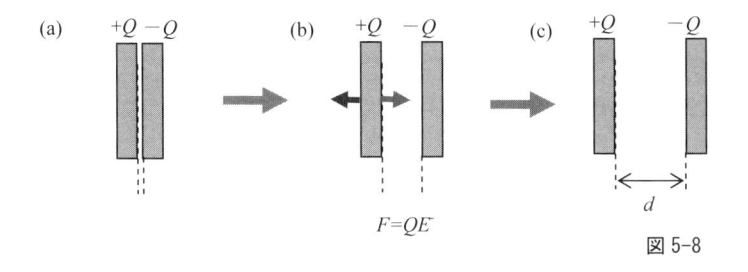

図 5-8

すでに求めたように、$-Q$[C]に帯電した平板がつくる電場の大きさは

$$E^- = \frac{\sigma}{2\varepsilon_0} = \frac{Q}{2\varepsilon_0 S} \quad [\text{V/m}]$$

であったので、$+Q$[C]の電荷に働くクーロン引力の大きさは

$$F = QE^- = \frac{Q^2}{2\varepsilon_0 S} \quad [\text{N}]$$

となる[1]。したがって、電極板を引き離すためには、この力（実際には、この力よりも少しだけ強い力）で、距離 d [m]を移動させる必要がある。したがって、要するエネルギーU_e[J]は

$$U_e = Fd = \frac{Q^2 d}{2\varepsilon_0 S} \quad [\text{J}]$$

と与えられる。

ここで、コンデンサでは $Q = CV$ [C]および $C = \frac{\varepsilon_0 S}{d}$ [F]という関係にあったので

$$U_e = \frac{Q^2 d}{2\varepsilon_0 S} = \frac{1}{2}\frac{(CV)^2}{C} = \frac{1}{2}CV^2 \quad [\text{J}]$$

と与えられる。これがコンデンサの静電エネルギーである。

静電エネルギーを別な視点から求めてみよう。電位 ϕ[V]は、単位電荷 1[C]を無限遠（あるいは $\phi = 0$[V]）から、この位置まで移動させるのに要するエ

---

[1] ここで、電場を E^- と表記したのは、これは、負電荷 $-Q$ によって形成される電場であり、コンデンサの電場 E とは異なることを示すためである。コンデンサの電場 E は正電荷と負電荷のつくる電場の和となるので、$E = 2E^-$ となることに注意する必要がある。

ネルギーに相当する。したがって、電位差 $V = \phi_2 - \phi_1$ [V]を、ΔQ[C]の電荷を移動させるのに要する仕事ΔU_e[J]は

$$\Delta U_e = V \Delta Q \quad [\text{J}]$$

と与えられる。

これを微分で表記すると

$$dU_e = V dQ$$

となり、電圧 V[V]の中で、電荷を0[C]からQ[C]まで増やすのに要する仕事は

$$U_e = \int_0^Q V dQ = \int_0^Q \frac{Q}{C} dQ = \left[\frac{1}{2}\frac{Q^2}{C}\right]_0^Q = \frac{1}{2}\frac{Q^2}{C} \quad [\text{J}]$$

$Q = CV$[C]を代入すると

$$U_e = \frac{1}{2} CV^2 \quad [\text{J}]$$

となり、同じ解がえられる。

演習 5-5 電気容量が 1[μF]のコンデンサに 100[V]の電圧を印加したとき、このコンデンサに蓄えられる電荷と静電エネルギーを求めよ。

解) 蓄えられる電荷は

$$Q = CV = 1 \times 10^{-6} \times 100 = 10^{-4} [\text{C}]$$

となる。

また、このときの静電エネルギーは

$$U_e = \frac{1}{2} CV^2 = \frac{1}{2} \times 10^{-6} \times 100^2 = 0.005 [\text{J}]$$

となる。

静電エネルギーは、電気容量 $C = \varepsilon S/d$ [F]に依存するので、コンデンサの面積 S [m^2]と平板間の距離 d[m]に依存することになる。これをもっと一般化して、電場 E [V/m]が有する単位体積あたりの静電エネルギーを計算してみよう。

第 5 章　コンデンサ

いま求めたコンデンサの静電エネルギーは、面積が $S\,[\mathrm{m}^2]$ で、高さが $d\,[\mathrm{m}]$ という空間に電場 $E\,[\mathrm{V/m}]$ があるときのエネルギーである。この空間の体積は $Sd\,[\mathrm{m}^3]$ となるので、単位体積あたりのエネルギー $u_e\,[\mathrm{J/m}^3]$ は

$$u_e = \frac{U_e}{Sd} = \frac{Q^2}{2\varepsilon_0 S^2}\ \ [\mathrm{J/m}^3]$$

となる。ここで

$$E = \frac{Q}{\varepsilon_0 S}\ \ [\mathrm{V/m}]$$

であるので

$$u_e = \frac{Q^2}{2\varepsilon_0 S^2} = \frac{1}{2}\varepsilon_0\left(\frac{Q}{\varepsilon_0 S}\right)^2 = \frac{1}{2}\varepsilon_0 E^2\ \ [\mathrm{J/m}^3]$$

となる。

この結果を見てわかるように S も d も式に入っていない。コンデンサ内の空間では、E が一定であるから、u_e は、電場 E が単位体積あたりに有するエネルギー（すなわちエネルギー密度）とみなすことができるのである。

演習 5-6　真空のある空間の電場が一定で、$E=10^5\,[\mathrm{V/m}]$ であるとき、この空間の単位体積あたりの静電エネルギーを求めよ。
ただし、真空の誘電率は $\varepsilon_0 = 8.854\times 10^{-12}\,[\mathrm{F/m}]$ とする。

解）　静電エネルギーは

$$u_e = \frac{1}{2}\varepsilon_0 E^2 = \frac{1}{2}\times 8.854\times 10^{-12}\times (10^5)^2 = 0.04427\ [\mathrm{J/m}^3]$$

となる。

電場が有する静電エネルギー密度が

$$u_e = \frac{1}{2}\varepsilon_0 E^2\ \ [\mathrm{J/m}^3]$$

によって与えられるとすると、ある空間の $E\,[\mathrm{V/m}]$ の分布がわかれば、その空間 R の静電エネルギーを計算できることになる。このとき、静電エネルギー $U\,[\mathrm{J}]$ は

$$U = \iiint_R u\,dV = \frac{1}{2}\varepsilon_0 \iiint_R E^2 dV \quad [\text{J}]$$

という体積分（3重積分）によって与えられる。

演習 5-7 半径が a[m]の導体球に電荷 $+Q$[C]が与えられているとき、全空間における静電エネルギーを求めよ。

解） まず電場を計算する。導体球の中心からの距離 r [m]とすると
$r<a$ では
$$E(r) = 0$$
$r \geq a$ では
$$E(r) = \frac{Q}{4\pi\varepsilon_0}\frac{1}{r^2} \quad [\text{V/m}]$$

となり、電場は球対称となり、r [m]のみの関数となる。

また、中心から r [m]の位置の静電エネルギー密度は
$$u(r) = \frac{1}{2}\varepsilon_0 E^2(r) = \frac{Q^2}{32\pi^2\varepsilon_0}\frac{1}{r^4} \quad [\text{J/m}^3]$$

となる。つぎに dV を求めよう。

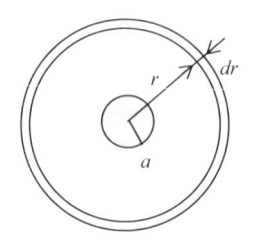

図 5-9

電場は球対称であり、r [m]のみに依存して変化する。この場合の体積の微小変化 dV [m³]はどうなるだろうか。まず、r [m]の位置における球面では、すべて電場の大きさが等しく、その面積は $4\pi r^2$[m²]である。ここで、距離を dr [m]だけ変化させたときの体積変化は
$$dV = 4\pi r^2 dr \quad [\text{m}^3]$$
となり、体積分は r [m]の変化だけに注目すればよいことになる。また $r<a$ で

は $E(r) = 0$ [V/m] なので、積分範囲は $a \leq r \leq \infty$ となる。
したがって

$$U_e = \frac{1}{2}\varepsilon_0 \iiint_R E^2 dV = \int_a^\infty \left(\frac{Q^2}{32\pi^2\varepsilon_0}\frac{1}{r^4}\right)4\pi r^2 dr = \int_a^\infty \frac{Q^2}{8\pi\varepsilon_0}\frac{dr}{r^2}$$

$$= \left[-\frac{Q^2}{8\pi\varepsilon_0}\frac{1}{r}\right]_a^\infty = \frac{Q^2}{8\pi\varepsilon_0 a} \quad [\text{J}]$$

となり、静電エネルギーは

$$U_e = \frac{Q^2}{8\pi\varepsilon_0 a} \quad [\text{J}]$$

となる。

ここで、半径 a[m] の導体球に電荷 $+Q$[C] を帯電させたときの電気容量を思い出してみよう。(演習 5-1 参照) それは

$$C = 4\pi\varepsilon_0 a \quad [\text{F}]$$

であった。さらに $Q=CV$ を、いま求めた U_e に代入すると

$$U_e = \frac{Q^2}{8\pi\varepsilon_0 a} = \frac{Q^2}{2(4\pi\varepsilon_0 a)} = \frac{(CV)^2}{2C} = \frac{1}{2}CV^2 \quad [\text{J}]$$

となることがわかる。

このように、コンデンサだけではなく、単一の導体の場合においても、静電エネルギーは

$$U_e = \frac{1}{2}CV^2 \quad [\text{J}]$$

によって与えられる。

5.4. いろいろなコンデンサ

実際に実用化されているコンデンサは、平行平板ではない。この構造では、電気容量を大きくしようとするとスペースをとりすぎてしまうからである。実際には、シートをまるめるなどの工夫がされている。

ここでは、いろいろな形態のコンデンサについて解析する。まず、導体球殻と空心導体球からなる同心コンデンサについて考える。図 5-10 に示したように、内球の半径を a[m]とし、外側の空心球の内径を b[m]、外径を c[m]とする。さらに、外球は接地されているものとする。

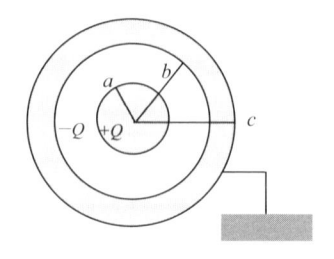

図 5-10

　ここで、内球に電荷$+Q$[C]を与えるとする。すると、静電誘導により外球の内側には$-Q$[C]の電荷が誘導される。外側の導体は接地されているので、最外周に電荷はなく、空心導体球の電位は 0[V]となる。
　このコンデンサの電気容量 C [F]を求める。$C=Q/V$ [F]であったので、この導体球間の電位差すなわち電圧 V[V]が計算できれば、C [F]を求めることができる。
　そこで、まず、電場から計算してみよう。
$0 < r < a$ では
$$E(r) = 0 \quad [\text{V/m}]$$
$a \leq r \leq b$ では
$$E(r) = \frac{Q}{4\pi\varepsilon_0}\frac{1}{r^2} \quad [\text{V/m}]$$
$r > b$ では
$$E(r) = 0 \quad [\text{V/m}]$$
つぎに、電位についてみてみよう。外側の導体球の電位は
$$\phi_1 = 0 \ [\text{V}]$$
つぎに、内側の導体球殻の電位ϕ_2[V]は

$$\phi_2 = \int_b^a -E(r)dr = -\int_b^a \frac{Q}{4\pi\varepsilon_0}\frac{dr}{r^2} = \left[\frac{Q}{4\pi\varepsilon_0}\frac{1}{r}\right]_b^a = \frac{Q}{4\pi\varepsilon_0}\left(\frac{1}{a}-\frac{1}{b}\right) \quad [\text{V}]$$

となる。
　したがって電位差 V は

$$V = \phi_2 - \phi_1 = \phi_2 - 0 = \frac{Q}{4\pi\varepsilon_0}\left(\frac{1}{a}-\frac{1}{b}\right) = \frac{Q}{4\pi\varepsilon_0}\frac{b-a}{ab} \quad [\text{V}]$$

よって、電気容量は $C=Q/V$ [F] より

$$C = 4\pi\varepsilon_0 \frac{ab}{b-a} \quad [\text{F}]$$

となる。
　いまの場合には、外側の導体球をアース（接地）した場合の電気容量を求めたが、実は、アースをしていなくとも結果は同じである。それを考えてみよう。
　導体間の電位差は

$$V = \phi_2 - \phi_1 \quad [\text{V}]$$

となる。
　アースをすると $\phi_1=0$[V]となるが、アースをしなければ $\phi_1 \neq 0$ [V]となり、その値は

$$\phi_1 = \int_\infty^c -E(r)dr = -\int_\infty^c \frac{Q}{4\pi\varepsilon_0}\frac{dr}{r^2} = \left[\frac{Q}{4\pi\varepsilon_0}\frac{1}{r}\right]_\infty^c = \frac{Q}{4\pi\varepsilon_0}\frac{1}{c} \quad [\text{V}]$$

となる。
　ただし、この場合には

$$\phi_2 = \phi_1 + \int_b^a -E(r)dr \quad [\text{V}]$$

となるので

$$V = \phi_2 - \phi_1 = \int_b^a -E(r)dr \quad [\text{V}]$$

となって、電位差すなわち電圧は、ϕ_1[V]の電位に関係なく同じ値となる。

演習 5-8 図 5-11 に示すような，内側の円筒導体の半径が a[m]，外側の中空円筒導体の内径が b[m]，外径が c[m]からなる長さ h[m]の円筒コンデンサがある。このコンデンサの電気容量を求めよ。

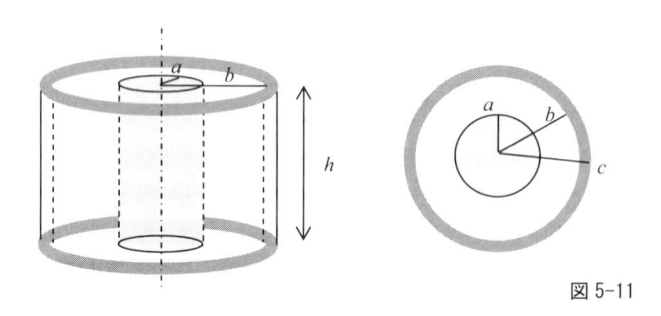

図 5-11

解） 内側の円筒導体の表面に面密度$+\sigma$ [C/m^2]で電荷が分布しているものとする。すると，電荷は

$$+Q = +2\pi a h \sigma \quad [\text{C}]$$

すると，静電誘導により，外側の空心円筒導体の内壁に

$$-Q = -2\pi a h \sigma \quad [\text{C}]$$

の電荷が誘導される。

ここで $a \leq r \leq b$ として，半径 r [m]の円筒にガウスの法則を適用する。ただし，電場は径方向成分のみが存在すると仮定する。すると

$$2\pi r h E(r) = \frac{2\pi a h \sigma}{\varepsilon_0}$$

から

$$E(r) = \frac{a\sigma}{r\varepsilon_0} \quad [\text{V/m}]$$

となる。

ここで，円筒導体間の電位差は

$$V = \int_b^a -E(r) dr = -\frac{a\sigma}{\varepsilon_0} \int_b^a \frac{dr}{r} = -\frac{a\sigma}{\varepsilon_0} \left[\ln r\right]_b^a = -\frac{a\sigma}{\varepsilon_0} \ln \frac{a}{b} \quad [\text{V}]$$

となる。

よって，電気容量は

$$C = \frac{Q}{V} = 2\pi ah\sigma \times \frac{\varepsilon_0}{a\sigma \ln(b/a)} = \frac{2\pi\varepsilon_0 h}{\ln(b/a)} \quad [\text{F}]$$

となる。

このように、円筒コンデンサでは、外側の空心円筒導体の厚み$(c-b)$[m]は電気容量には影響を与えず、内径のみが影響する。

さらに、外側の導体が接地（アース）しているかどうかも影響を与えない。これは、電位差が問題となるためである。

5.5. コンデンサの並列と直列接続

コンデンサに蓄えられる電荷は $Q=CV$[C]によって与えられる。この関係式において、コンデンサを特徴づけるのはC[F]の電気容量である。

ここで、2個のコンデンサがあり、その電気容量がC_1[F]およびC_2[F]とし、まず、図5-12に示すように、これらコンデンサを並列に接続した場合をまず考える。印加電圧をV[V]とする。

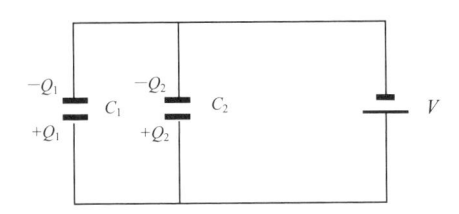

図5-12 コンデンサの並列回路。

並列回路の場合、電圧は、それぞれのコンデンサにおいてV[V]と一定である。したがって

$$Q_1 = C_1 V \ [\text{C}] \qquad Q_2 = C_2 V \ [\text{C}]$$

となる。

図からもわかるように、これらコンデンサに貯まる電荷Q[C]は

$$Q = Q_1 + Q_2 = C_1 V + C_2 V = (C_1 + C_2)V$$

となり、コンデンサを並列につないだときの合成容量は
$$C = C_1 + C_2 \text{ [F]}$$
となる。

この関係は、コンデンサの数が増えても成立するので、3個の場合には
$$C = C_1 + C_2 + C_3 \text{ [F]}$$
n 個の場合には
$$C = C_1 + C_2 + C_3 + \ldots + C_n \text{ [F]}$$
となる。

つぎに、電気容量が C_1[F] と C_2[F] の2個のコンデンサを直列につないだ場合を考えよう。

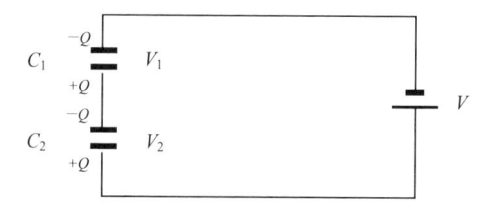

図 5-13 コンデンサの直列回路。

直列の場合には、図 5-13 に示すように、コンデンサに蓄えられる電荷は等しくなる。なぜなら、2個のコンデンサの正と負の電極は導線でつながれており、ひとつの導体となっているからである。つなぐ前には、この導体部分は電気的に中性であるので、その両端にできる電荷の大きさは、等しくなければならない。

一方、それぞれのコンデンサに印加される電圧は、電気容量に依存して異なる。この場合
$$Q = C_1 V_1 \text{ [C]} \qquad Q = C_2 V_2 \text{ [C]}$$
となるが、ただし
$$V = V_1 + V_2 \text{ [V]}$$
という関係にある。

したがって

$$V = V_1 + V_2 = \frac{Q}{C_1} + \frac{Q}{C_2} = Q\left(\frac{1}{C_1} + \frac{1}{C_2}\right) = \frac{Q}{C} \quad [\text{V}]$$

よって

$$\frac{1}{C} = \frac{1}{C_1} + \frac{1}{C_2}$$

となる。したがって合成容量は

$$\frac{1}{C} = \frac{1}{C_1} + \frac{1}{C_2} = \frac{C_1 + C_2}{C_1 C_2}$$

から

$$C = \frac{C_1 C_2}{C_1 + C_2} \quad [\text{F}]$$

と与えられる。

この関係は、コンデンサの数が増えても成立するので、3個の場合には

$$\frac{1}{C} = \frac{1}{C_1} + \frac{1}{C_2} + \frac{1}{C_3}$$

より

$$C = \frac{C_1 C_2 C_3}{C_1 C_2 + C_2 C_3 + C_3 C_1} \quad [\text{F}]$$

n 個の場合には

$$\frac{1}{C} = \frac{1}{C_1} + \frac{1}{C_2} + \frac{1}{C_3} + \ldots + \frac{1}{C_n}$$

より

$$C = \frac{\prod C_n}{\dfrac{\prod C_n}{C_1} + \dfrac{\prod C_n}{C_2} + \ldots + \dfrac{\prod C_n}{C_n}} \quad [\text{F}]$$

となる。

演習 5-9 電気容量が C_1, C_2, C_3 [F]のコンデンサを、図 5-14 のようにつないだとき、3個のコンデンサの合成容量を求めよ。

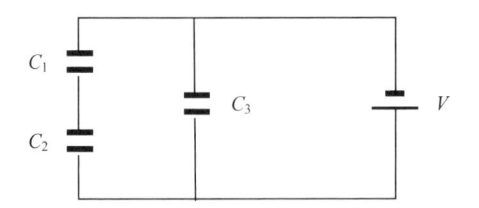

図 5-14

解） まず、直列につながっているコンデンサ C_1, C_2[F]の合成容量を求めると

$$C' = \frac{C_1 C_2}{C_1 + C_2} \ [\text{F}]$$

つぎに、このコンデンサとコンデンサ C_3 は並列につながっているので、求める合成容量は

$$C = C' + C_3 = \frac{C_1 C_2}{C_1 + C_2} + C_3 = \frac{C_1 C_2 + C_2 C_3 + C_3 C_1}{C_1 + C_2} \ [\text{F}]$$

となる。

第6章　誘電体

6.1. 誘電体とは何か

　導体と異なり、**絶縁体** (insulator) の中には自由電子（自由に動ける電荷）が存在しないので、電流が流れない。よって、電荷の移動がないため、電場の中に絶縁体を置いても、導体のような静電誘導は生じない。

　これでは、コンデンサなどの工業応用には適さないような気がするが、実は、そうではない。コンデンサの導体平板間に絶縁体を挿入すると、その電気容量が大きく向上する。ファラデーの発見である。その功績のおかげで、前にも紹介したが、電気容量の単位にファラッド (Farad) という名前が残っている。現在、実用化されているコンデンサでは、その容量を増加させるために、2枚の導体電極板の間に、絶縁体が挿入されているのである。

　実は、絶縁体に電場を印加すると**誘電分極** (dielectric polarization) という現象が生じる。この現象のおかげで、コンデンサの電気容量が向上するのである。**電気分極** (electric polarization) あるいは、単に分極と呼ぶこともある。

　例えば、正に帯電した物体を絶縁体に近づけると、負の電荷が物体近傍の絶縁体表面に誘導される。これは、導体のように電荷が移動しているわけではなく、原子（あるいは分子）の中の電荷が分極することが原因である。

　このため、絶縁体のことを**誘電体** (dielectric) とも呼んでいる。誘電体はコンデンサの電気容量を増やすだけではなく、電気絶縁や、圧電素子、不揮発性メモリーなど広範囲な応用に供されており、誘電体の性質を研究する分野は、理工学では重要な領域となっている。

6.2. 分極

図 6-1 に示すように、原子は、中心に正に帯電した原子核があり、そのまわりを負に帯電した電子が周回している。

原子では、正の電荷と負の電荷の数が等しいので、電気的に中性となっている。ところが、この原子に電場が印加されると、図に示したように、正に帯電した原子核には、電場方向にクーロン力が働く。一方、負に帯電した電子には、電場とは逆方向にクーロン力が働く。この結果、電荷の中心がふたつにわかれて、正の電荷の重心は電場方向に、負の電荷の重心は電場と逆方向にずれることになる。この現象が分極である。

その結果、原子は+と-の電荷からなる一種の**電気双極子**（electric dipole）となる。

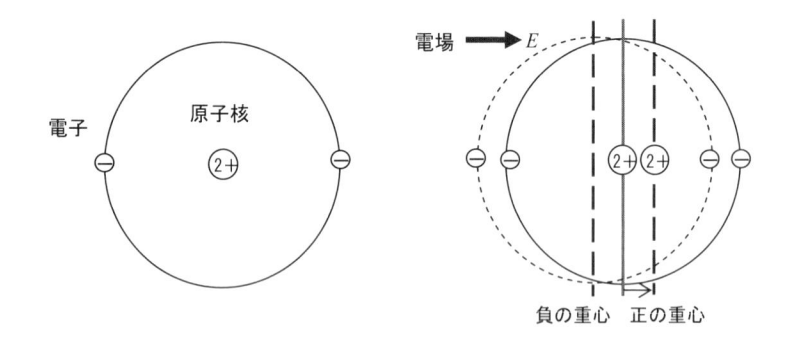

図 6-1 電気的に中性な原子に電場が印加されると、クーロン力によって、正の電荷と負の電荷の重心にずれが生じる。これが分極である。

このような分極が誘電体全体で生じると図 6-2 のようになる。ここで図のように正負の電荷が交互に並ぶことになるが、誘電体内部では、正と負の電荷が互いに打ち消しあう。

結局、図 6-3 に示すように、誘電体の端部にのみ正負の電荷が現れることになる。これを静電分極と呼んでいる。

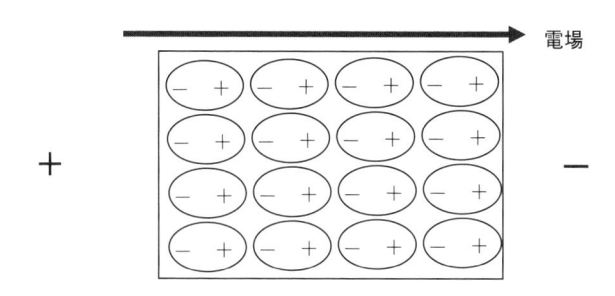

図 6-2 誘電体に電場を加えると、ミクロな原子レベルで分極が生じる。内部の正負の電荷は互いに打ち消しあうので、結局、誘電体の端部に正負の電荷が生じることになる。

　つまり、導体の場合も、絶縁体（誘電体）の場合も、電場の中に置かれると、端部に電荷が生じることになる。ただし、電荷が生じる機構は異なり、前者は、電荷（電子）の移動による静電誘導であり、後者は、原子（分子）内での電荷の偏りに起因した静電分極となる。

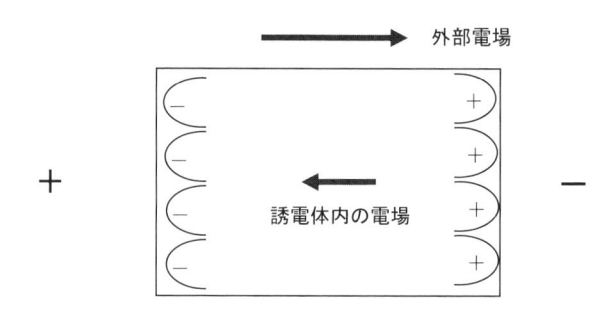

図 6-3 絶縁体に生じる静電分極：絶縁体に誘導される電場は、外部電場と逆向きになる。

　この分極の結果、わずかながら電荷が誘導されるので、絶縁体の内部にも電場が生じることになる。その方向は、外部の電場とは逆方向になるので、その分、電場は弱められることになる。

6.3. 電気容量と誘電体

それでは、コンデンサの電極板の間に誘電体を挿入した場合に、どのような変化が生じるかを考えてみよう。

図 6-4(a)のように、真空に置かれた電気容量 C [F]のコンデンサがあるとする。図 6-4(b)のように、電極板間に誘電体を挿入したとき、どのように電気容量が変化するかを考える。

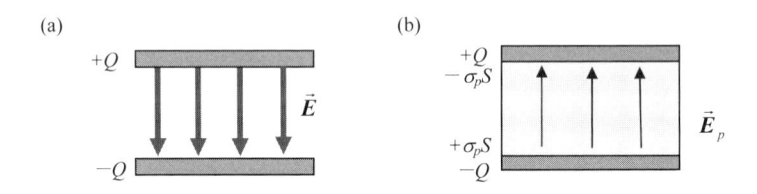

図 6-4 平行平板コンデンサに絶縁体を挿入したときに生じる逆電場 (E_p)。

まず、図 6-4(a)の場合、コンデンサに、電圧 V [V]を印加して、正負の電極板に$+Q$ [C]と$-Q$ [C]の電荷が蓄えられているとする。このとき、コンデンサの電気容量をC[F]とすると

$$Q = CV \text{ [C]} \qquad |\vec{E}| = E = \frac{V}{d} \text{ [V/m]}$$

という関係にある。

つぎに、誘電体を挿入した際の変化を考える。分極誘導により、絶縁体に電場 $\vec{E}_p$ [V/m]が誘導されたとする。この電場の大きさは、(方向は逆であるが)電場 $\vec{E}$ [V/m]の大きさ E [V/m]に比例すると考えられるので

$$E_p = \chi E \text{ [V/m]}$$

と置く[1]。ただし、χは無次元の比例定数である。

すると、誘電体挿入後のコンデンサの新たな電場 $\vec{E}_1$ [V/m]の大きさ E_1[V/m]は

---

[1] 多くの誘電体において、この比例関係が確認されている。ただし、一部の誘電体では比例関係が成立しないこともある。その場合には、2 次より高次の項を導入することによって対処することができる。

第6章 誘電体

$$E_1 = E - E_p = E - \chi E = (1-\chi)E \quad [\text{V/m}]$$

となり、分極誘導によって生じた逆電場の影響で、コンデンサの電場は小さくなる。

ここで、つぎのように置き換える。

$$E_1 = (1-\chi)E = \frac{E}{\kappa} \quad [\text{V/m}]$$

このとき、κ は1より大きい無次元の定数となる。したがって、電場は、もとの値の $1/\kappa$ の大きさになる。

つぎに、誘電体挿入後の電圧を $V_1[\text{V}]$ とすると

$$E_1 = \frac{E}{\kappa} = \frac{V_1}{d} = \left(\frac{V}{\kappa}\right)\bigg/d \quad [\text{V/m}]$$

から

$$V_1 = \frac{V}{\kappa} \quad [\text{V}]$$

のように、電圧の大きさも $1/\kappa$ になることがわかる。

この場合でも、コンデンサの両極板に蓄えられている電荷は、$+Q[\text{C}]$ と $-Q[\text{C}]$ のままであるので、結局、誘電体を挿入した後のコンデンサの電気容量を $C_1[\text{F}]$ とすると $Q = C_1V_1$ [C] から

$$C_1 = \frac{Q}{V_1} = \frac{Q}{(V/\kappa)} = \kappa\frac{Q}{V} = \kappa C \quad [\text{C}]$$

となり、新たな電気容量 C_1 は κ 倍となる。あるいは、$1/\kappa$ の電圧で、同じ電荷を貯められることになる。

ここでは、電荷 Q を一定としたが、電圧 V を一定とした場合には

$$C_1 = \kappa\frac{Q}{V} = \frac{\kappa Q}{V}$$

となって、コンデンサに蓄えられる電荷の量（電気容量）が κQ のように κ 倍となるのである。

ここで、定数 κ はギリシャ文字の kappa（カッパ）であり、**比誘電率** (relative permittivity) と呼ばれる**物質定数** (material's constant) である。

この式からわかるように、比誘電率の大きい誘電体を挿入すれば、コンデンサの容量は大きくなる。

ところで、比誘電率は、その名前からもわかるように、誘電率の比である。実は、κ は誘電体と真空の誘電率の比のことで

$$\kappa = \frac{\varepsilon}{\varepsilon_0}$$

と与えられる。

代表的な物質の比誘電率 κ を表 6-1 に示す。前にも紹介したが、大気の誘電率は、真空のものとほぼ等しい。また、多くの誘電体の比誘電率は、1 よりもはるかに大きい。

表 6-1　いろいろな物質の比誘電率。

物質	κ
ガラス	5.4～9.9
木材	2.5～7.7
雲母	7.0
イオウ	3.6～4.2
ゴム	2.0～3.5
紙	2.0～2.6
空気	1.00059

演習 6-1　真空中に置いた表面積 $S[\mathrm{m}^2]$ で極板間距離 $d[\mathrm{m}]$ の平行平板コンデンサの電気容量と、誘電率 $\varepsilon[\mathrm{F/m}]$ の誘電体を平板間に挿入したときの電気容量を求め、どの程度容量が増えるかを求めよ。ただし、真空の誘電率を $\varepsilon_0[\mathrm{F/m}]$ とする。

解）　真空中のコンデンサの電気容量 $C[\mathrm{F}]$ は $C = \dfrac{\varepsilon_0 S}{d}$ [F] となる。また誘電率 ε の誘電体を挿入した際の電気容量 $C_1[\mathrm{F}]$ は $C_1 = \dfrac{\varepsilon S}{d}$ [F] と与えられる。

したがって

第6章　誘電体

$$\frac{C_1}{C} = \frac{\varepsilon}{\varepsilon_0}$$

より、誘電率εの誘電体を挿入すると、真空の場合に比べて、コンデンサの電気容量は$\varepsilon/\varepsilon_0$倍になる。

ここで、電場が小さくなる原因を電荷という観点から再確認しておきたい。もともと、2つの平板に蓄えられている電荷は$+Q[C]$と$-Q[C]$である。しかし、誘電体を平板間に挿入すると、誘導分極により逆方向の電場が発生する。ここで、誘電体の端部に$-\sigma_p[C/m^2]$と$+\sigma_p[C/m^2]$の電荷密度が発生したとする。

平行平板コンデンサの面積を$S[m^2]$とすると、電荷密度は

$$\sigma = \frac{Q}{S} \quad [C/m^2]$$

となる。

したがって、平板電極の電荷密度$\sigma[C/m^2]$と誘電体の電荷密度$-\sigma_p[C/m^2]$の合成により、誘電体が経験する実効的な電荷密度は

$$\sigma - \sigma_p \quad [C/m^2]$$

と低下する。

したがって、誘電体が経験する実効電場は

$$E_1 = \frac{\sigma - \sigma_p}{\varepsilon_0} \quad [V/m]$$

となり、真空中の電場

$$E = \frac{\sigma}{\varepsilon_0} \quad [V/m]$$

よりも小さくなるのである。

この際、重要なのは、コンデンサの平板に蓄えられている電荷は$Q(=\sigma S)[C]$のままで、実効的な電場の大きさ（すなわちコンデンサに印加する電圧）だけが小さくなる点にある。このおかげで、コンデンサの電気容量が上昇するのである。あるいは、小さな電圧で、より大きな電荷を蓄えられるようになると表現してもよい。

6.4. 電束密度

電場 E のコンデンサに、誘電体を挿入した後の電場 E_1[V/m]は

$$E_1 = \frac{E}{\kappa} = \frac{\varepsilon_0}{\varepsilon} E \quad [\text{V/m}]$$

となり

$$\varepsilon E_1 = \varepsilon_0 E$$

という関係がえられる。

ここで、第 3 章で導入した電束密度: D[C/m^2]を思い出してほしい。その定義は

$$D = \varepsilon E \quad [\text{C/m}^2]$$

であった。

これをいまの関係にあてはめると

$$D = \varepsilon E_1 = \varepsilon_0 E \quad [\text{C/m}^2]$$

となり、コンデンサの平板間に誘電体を挿入すると、電場は変化するが、電束密度は変化しないということを示している。

これが電束密度を導入する利点のひとつである。第 3 章で説明したが、電場に基づく電気力線では、空間の誘電率が変化すると、その本数が変化する。例えば電荷$+Q$[C]から発せられる電気力線の本数は Q/ε と与えられるので、誘電率 ε が変化すると電気力線の本数も変わる。

同じ$+Q$[C]という電荷源から発生した電気力線の本数が、空間の誘電率が変わると、増えたり減ったりするというイメージには違和感があろう。

一方、電場ではなく、電束密度 D[C/m^2]を使えば、空間の誘電率が変化しても、それに対応した電束線の本数は変化しない。例えば、電荷$+Q$[C]から発せられる電束線の数は、真空中でも、誘電体中でも、常に Q 本となる。これが電束密度を導入する利点である。

ここで、図 6-5 に、誘電体を挿入前後のコンデンサの電場と電束密度の変化を模式的に示す。

電束密度（あるいは電束線の本数）でみると、誘電体を挿入前後で変化はない。一方、電場（あるいは電気力線の本数）でみると、誘電体の部分で、電場（あるいは電気力線の本数）が変化することになる。

つまり、電場や誘電率は変化しても、電束密度で解析する限り、電荷源

第 6 章　誘電体

が同じであれば変化がないということになる。この事実は、電場の解析に非常に便利である。$D[\text{C/m}^2]$に着目さえすれば、それが不変だからである。

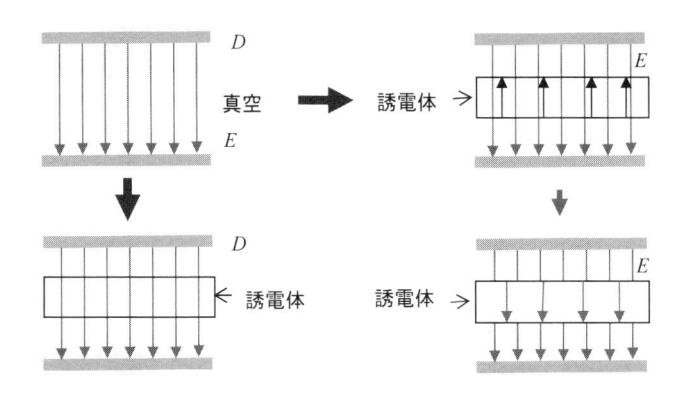

図 6-5　誘電体を挿入した場合の電束密度（D）と電場（E）の変化。電束密度（電束線の本数）は誘電体を挿入しても変化しないが、電場（電気力線の本数）は変化する。

演習 6-2　真空中に置いた平行平板コンデンサの電場の大きさを $E[\text{V/m}]$とする。平板間に、誘電率$\varepsilon_1[\text{F/m}]$および$\varepsilon_2[\text{F/m}]$の誘電体を挿入したとき、それぞれの誘電体内の電場の大きさを求めなさい。ただし、真空の誘電率を$\varepsilon_0[\text{F/m}]$とする。

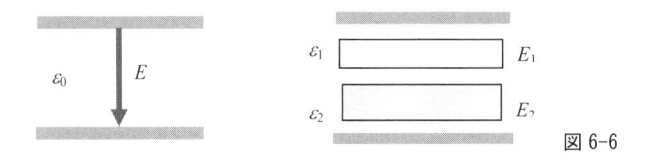

図 6-6

解）　電束密度が連続であることを利用する。
まず、真空中では
$$D = \varepsilon_0 E \quad [\text{C/m}^2]$$
となる。

151

つぎに、誘電率が ε_1[F/m], ε_2[F/m]の物体の電場を E_1[V/m], E_2[V/m]とおくと

$$D = \varepsilon_1 E_1 \ [\text{C/m}^2], \ \ D = \varepsilon_2 E_2 \ [\text{C/m}^2]$$

が成立する。したがって

$$E_1 = \frac{\varepsilon_0}{\varepsilon_1} E \ [\text{V/m}], \ \ E_2 = \frac{\varepsilon_0}{\varepsilon_2} E \ [\text{V/m}]$$

と与えられる。

以上のように、電束密度 D[C/m^2]が連続ということを利用すると、誘電率が変化する空間の電場を簡単に求めることができる。

6.5. 電気双極子

誘電体の挿入によりコンデンサの電気容量は向上する。どの程度容量が向上するかは、物質の比誘電率 (κ) がわかれば計算できる。これで十分という気もするが、電磁気学では、誘電体の挙動を解析する場合に、**分極ベクトル** (polarization vector) という物理量を導入するのが慣例となっている。

このベクトルの向きは、負電荷から正電荷へ向かう方向を正とする。つまり、誘電体に分極誘導によって生じる電場とは逆で、コンデンサの電場と同じ方向である。

分極ベクトルは、一般には $\vec{P}$ [C/m^2]と表記する。P は分極の英語である polarization に由来する。この物理量の導入理由を、初学者がすぐに納得するのは難しい。なぜ、前節で行ったように、素直に、誘電体内に発生する電場を求めないのだろうか。それをコンデンサの電場と合成すれば、事足りるはずである。実際に、前節では、その考えに沿って解析している。

このように、分極ベクトルには、その導入の意味も含めて、概念としてわかりにくいところがあるため、多くのひとに、とまどいと誤解を与えているようである。そこで、分極ベクトルが導入された経緯について、少し説明を加えてみたい。

6.5.1. 双極子モーメント

分極ベクトルを理解するためには、まず、**双極子モーメント** (dipole moment) を理解する必要がある。双極子モーメントとは、電気双極子が有する物理量である。

電気双極子とは図 6-7 に示すように、$+q$[C]と$-q$[C]の電荷が距離 r[m]だけ離れた電荷対のことである。

ここで、負電荷から正電荷に向かう、大きさが r [m]のベクトルを $\vec{r}$ として、新たなベクトル $\vec{q} = q\vec{r}$ [Cm]を考える。$\vec{r}$ は、いわば位置ベクトルであるが、ここでは、双極子の腕の長さと方向を与える指標と考える。

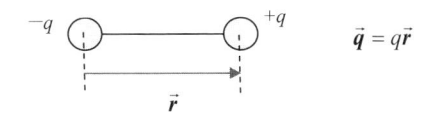

図 6-7 電気双極子と双極子モーメント。

このベクトル $\vec{q} = q\vec{r}$ の大きさは、電荷に腕の長さをかけたもの：$|\vec{q}| = qr$ [Cm]であり、双極子モーメントと呼ばれている。

本来、モーメントとは、（力）×（腕の長さ）となるが、qr、すなわち、（電荷）×（腕の長さ）がモーメントと呼ばれる理由は、電場の中に電気双極子を置いたときに、このベクトルの大きさに対応した回転力（トルク：torque; T ）、

$$T = Fr = qEr = (qr)E \text{ [Nm]}$$

を受けるからである。それを確認してみよう。

図 6-8 に電場中に置かれた電気双極子が受ける力を示す。このとき、電気双極子の軸が、電場の方向から角度 θ だけ傾いているものとする。

ここで、電場 $\vec{E}$ [V/m]の中で、電荷$+q$[C]および電荷$-q$[C]が受ける力は、図 6-8 のようになる。このとき、電荷を結ぶ軸（$\vec{r}$）に平行な成分は

$$qE\cos\theta - qE\cos\theta = 0$$

となり、互いに打消しあい 0 となる。これは、電気双極子が、電場に置かれたときに必ず成立する性質である。

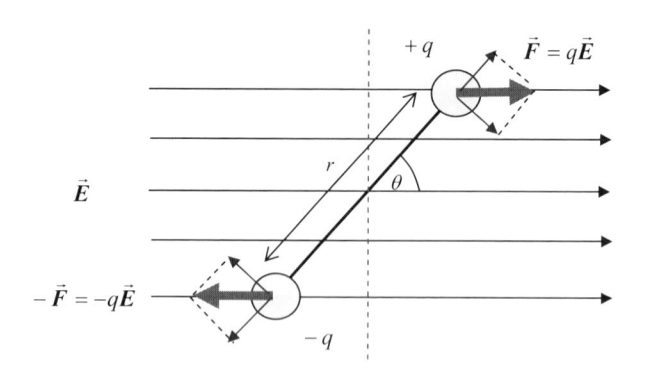

図 6-8　電場の中に置かれた電気双極子が受ける力。

6.5.2. 双極子とトルク

電場に置かれた電気双極子の軸に垂直な成分の大きさは

$$|\vec{F}|\sin\theta = qE\sin\theta \ [\text{N}]$$

となるが、これは、電気双極子を、軸の中心点のまわりに回転させる力（すなわちトルク：torque）を生じさせる。これを示すと、図 6-9 のようになる。

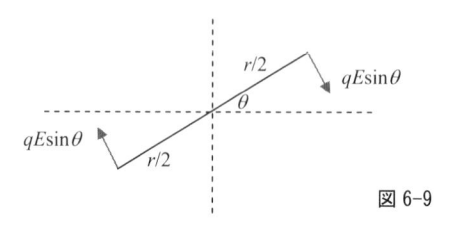

図 6-9

ちょうど、時計まわりの回転となる。これを回転モーメントとして、表現すると、それぞれ腕の長さが $r/2$ のモーメントの和となるので

$$T = qE\sin\theta \times \frac{r}{2} + qE\sin\theta \times \frac{r}{2} = qrE\sin\theta \ \ [\text{Nm}]$$

となる。

よって、ベクトル演算では

第6章　誘電体

$$\vec{T} = \vec{q} \times \vec{E} = q\vec{r} \times \vec{E} \quad [\text{Nm}]$$

のように、双極子モーメントと電場ベクトルの外積として与えられる。

図 6-8 からわかるように、$\theta=0$ となったとき、すなわち、電場と双極子が平行になったとき、トルクは働かなくなる。つまり、この状態が安定となり、電場に置かれた電気双極子は、電場と平行になろうとするのである。

6.6. 分極ベクトル

6.6.1. 双極子モーメントの和

絶縁体内に単位体積あたり n 個の分極原子（あるいは分極分子）、すなわち、電気双極子があったとしよう。このとき、分極ベクトル $\vec{P}$ と双極子モーメント $\vec{q} = q\vec{r}$ には

$$\vec{P} = n\vec{q} = nq\vec{r} \quad [\text{Cm}]$$

という関係が成立する。

つまり、単位体積あたりの双極子モーメントの和が、分極ベクトルとなるのである。それでは、双極子モーメントの和を求めてみよう。まず、図 6-10 のように、電気双極子を直列に並べた場合の合成を考える。ここでは、4 個の双極子を並べた場合を示す。

すると、図のように、内部の電気双極子の正と負の電荷は、互いに打ち消しあうため、ちょうど双極子の腕の長さが 4 倍になったものと等価となる。したがって、合成ベクトルは

$$\vec{Q} = q(4\vec{r}) = 4q\vec{r} \quad [\text{Cm}]$$

と与えられる。

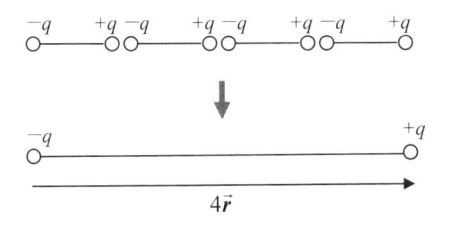

図 6-10　電気双極子を直列につないだ場合の合成ベクトル。

つぎに、図 6-11 のように、電気双極子を並列に並べた場合の合成を考える。ここでは、3 個の双極子を並べた場合を示す。

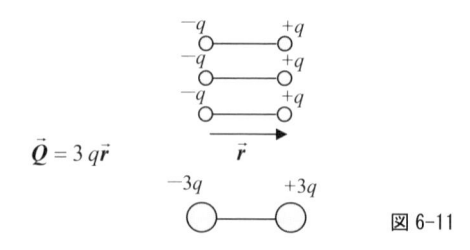

図 6-11

この図からわかるように、並列の場合には、ちょうど並べた電荷の数だけ電荷が大きくなった電気双極子と等価となる。したがって、合成ベクトルは

$$\vec{Q} = 3q\vec{r} \quad [\text{Cm}]$$

と与えられる。

演習 6-3 図 6-12 に示すように、横に 4 個、たてに 3 列、電気双極子をならべた場合の双極子モーメントの合成ベクトルを求めよ。

図 6-12

解) これら合成ベクトルは、図 6-13 示すように、電荷が±3q[C]で距離が 4r[m]の電気双極子と等価となる。

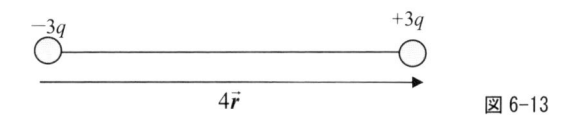

図 6-13

したがって、合成ベクトルは

第 6 章　誘電体

$$\vec{Q} = (3q)(4\vec{r}) = 12q\vec{r} = 12\vec{q} \quad [\text{Cm}]$$

と与えられる。

以上の結果からもわかるように、結局、双極子が 12 個ある場合は、その合成ベクトルは双極子モーメントを 12 倍したものとなる。したがって、N 個の双極子モーメントがある場合には、その合成ベクトルは

$$\vec{Q}_p = Nq\vec{r} = N\vec{q} \quad [\text{Cm}]$$

と与えられることになる。

いまは、2 次元の場合を示したが、3 次元の場合にも、そのまま拡張できることがわかるであろう。

ここで、双極子モーメント N 個を合成したベクトル $\vec{Q}_p$ の大きさは

$$\vec{Q}_p = Nq\vec{r} = Nqr\frac{\vec{r}}{r} \qquad \left(\text{ただし}\frac{\vec{r}}{r}\text{は}r\text{方向の単位ベクトル}\right)$$

から

$$Q_p = \left|\vec{Q}_p\right| = Nqr \quad [\text{Cm}]$$

となる。

6.6.2. 分極電荷

つぎに、分極によって絶縁体の端部に誘導される電荷 σ[C] を求めてみよう。これを**分極電荷** (polarization charge) と呼ぶ。分極した状態は、図 6-14 に示すように、$+\sigma$[C] と $-\sigma$[C] からなる電気双極子と等価となる。

したがって、この電気双極子のモーメントは

$$\vec{Q}_p = \sigma \vec{d} \quad [\text{Cm}]$$

となり

$$\vec{Q}_p = \sigma \vec{d} = \sigma d \frac{\vec{d}}{d} \quad [\text{Cm}]$$

図6-14

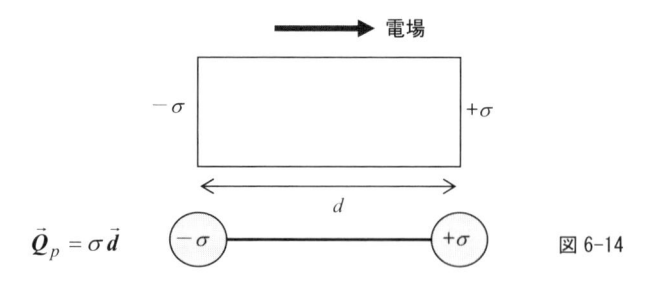

となる。ただし、$\dfrac{\vec{d}}{d}$ は d 方向の単位ベクトルで $\dfrac{\vec{d}}{d} = \dfrac{\vec{r}}{r}$ という関係にある。

よって、合成ベクトルの大きさは

$$Q_p = \left|\vec{Q}_p\right| = \sigma d$$

となるので

$$Nqr = \sigma d$$

より、分極電荷は

$$\sigma = \dfrac{Nqr}{d} \ [\text{C}]$$

と与えられることになる。

ここで、N は断面積が $S\,[\text{m}^2]$ で厚さが $d\,[\text{m}]$ の絶縁体の中に存在する分極原子の総数である。これを規格化するために、単位体積中の分極原子の数(分極原子濃度)$n\,[\text{m}^{-3}]$ に変換する。すると

$$N = Sdn$$

という関係にあるので

$$\sigma = \dfrac{Nqr}{d} = \dfrac{Sdnqr}{d} = Snqr \ [\text{C}]$$

から

$$\dfrac{\sigma}{S} = nqr \ [\text{C/m}^2]$$

となる。左辺は、分極電荷濃度である。また、右辺は単位体積あたりの双極子の和[Cm/m^3]となる。したがって、あらためて、単位体積あたりの双極

子モーメントの和を分極ベクトル $\vec{P}$ とすると

$$\vec{P} = nq\vec{r} = nqr\frac{\vec{r}}{r}\ [\text{C/m}^2] \qquad P = \left|\vec{P}\right| = nqr\ [\text{C/m}^2]$$

と与えられる。

これが本節の冒頭で紹介した関係である。

そして、誘電体表面の電荷密度 $\sigma_p [\text{C/m}^2]$ は

$$\sigma_p = \frac{\sigma}{S} = nqr = P\ [\text{C/m}^2]$$

となり、分極ベクトルの大きさと等しくなる。

このように、「絶縁体表面に分極誘導される電荷密度 $\sigma_p\ [\text{C/m}^2]$ が、分極ベクトルの大きさ $P\ [\text{C/m}^2]$ と等しい」というのが重要な特徴である。

6.6.3. 分極電荷による電場

ここで、表面の電荷密度が $\sigma_p\ [\text{C/m}^2]$ の平行平板の間にできる電場の大きさを思い出してみよう。それは

$$E_p = \frac{\sigma_p}{\varepsilon_0}\ [\text{V/m}]$$

であった。

分極電荷密度 $\sigma_p [\text{C/m}^2]$ は、分極ベクトルの大きさ $P[\text{C/m}^2]$ と等しいので

$$E_p = \frac{\sigma_p}{\varepsilon_0} = \frac{P}{\varepsilon_0}\ [\text{V/m}]$$

となる。ただし、分極ベクトルの向きは負電荷から正電荷への方向であるので、ベクトルでは

$$\vec{E}_p = -\frac{\vec{P}}{\varepsilon_0}\ [\text{V/m}]$$

と負の符号がつくことに注意する。

ここで、誘電体を挿入した後の電場ベクトルを $\vec{E}_1 [\text{V/m}]$ とすると

$$\vec{E}_1 = \vec{E} + \vec{E}_p = \vec{E} - \frac{\vec{P}}{\varepsilon_0}\ [\text{V/m}]$$

となる。

あるいは、電場の大きさでみると

$$E_1 = E - \frac{P}{\varepsilon_0} \quad [\text{V/m}]$$

となる。

6.6.4. 電束密度による解析

電場 $E[\text{V/m}]$ ではなく、電束密度 $D[\text{C/m}^2]$ をみれば、コンデンサに誘電体を挿入しても変化がないということを説明した。

そこで、コンデンサの電場解析を電束密度に基づいて行ってみよう。図 6-15 に示すように、真空中に置かれた平行平板コンデンサに、誘電体を挿入した場合を想定する。

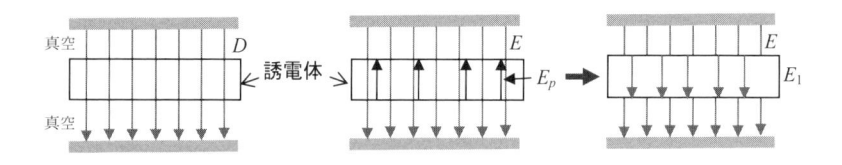

図 6-15 誘電体を挿入したコンデンサの電束密度と電場。

このとき、電束密度：$D[\text{C/m}^2]$ は真空および誘電体内においても、常に等しい。一方、これを電場でみると、真空中においては

$$D = \varepsilon_0 E \quad [\text{C/m}^2]$$

が成立する。

つぎに誘電体中においては

$$D = \varepsilon E_1 \quad [\text{C/m}^2]$$

という関係が成立する。

前にも示したが

$$E_1 = \frac{E}{\kappa} = \frac{\varepsilon_0}{\varepsilon} E \quad [\text{V/m}]$$

という関係にあり、これを代入すると

$$D = \varepsilon E_1 = \varepsilon \frac{\varepsilon_0}{\varepsilon} E = \varepsilon_0 E \quad [\text{C/m}^2]$$

第6章　誘電体

となって、$D = \varepsilon E_1 = \varepsilon_0 E$ という関係が成立することが確かめられる。

このように、電場が変化すると、誘電率も変化するが、それら積の電束密度は不変となる。ここで

$$E_1 = E - \frac{P}{\varepsilon_0} \quad [\text{V/m}]$$

であったので

$$\varepsilon_0 E_1 = \varepsilon_0 E - P \quad [\text{C/m}^2]$$

から

$$\varepsilon_0 E = \varepsilon_0 E_1 + P \quad [\text{C/m}^2]$$

となり

$$D = \varepsilon_0 E_1 + P \quad [\text{C/m}^2]$$

という関係がえられる。

ベクトルで示せば

$$\vec{D} = \varepsilon_0 \vec{E_1} + \vec{P} \quad [\text{C/m}^2]$$

となる。

もちろん、この電束密度ベクトルは

$$\vec{D} = \varepsilon \vec{E_1} \quad [\text{C/m}^2]$$

とも表記できる。ただし、この表記では、電場も誘電率も変化している。そこで、誘電率をε_0とした電束密度の表記方法として

$$\vec{D} = \varepsilon_0 \vec{E} + \vec{P}$$

が与えられる。この表式を採用する意義と、分極ベクトルの向きを外部電場ベクトルと同じ方向にとる意味は次のようになる。

まず、上記の表記は、基準を真空としている。つまり、誘電体がなければ、

$$\vec{P} = 0$$

となり

$$\vec{D} = \varepsilon_0 \vec{E}$$

という関係がえられる。これは、もともとの電束密度ベクトルの定義であ

161

る。
　つぎに、誘電体が挿入された場合を考える。このとき、電場は
$$\vec{E}_1 = \frac{\vec{E}}{\kappa}$$
と小さくなる。
　ここで、この小さくなった電場が真空中にあり、その電束密度への寄与が
$$\varepsilon_0 \vec{E}_1$$
と考えよう。ただし、このままでは電束密度ベクトルは、もとの値よりも小さくなってしまう。そこで、その減った分が分極ベクトルとみなすのである。そうすれば
$$\vec{D} = \varepsilon_0 \vec{E}_1 + \vec{P}$$
となり、分極ベクトル $\vec{P}$ が、小さくなった電束密度ベクトルを補填することになる。あるいは、不変の電束密度の一部を、誘電体の分極が担っていると考えることもできるのである。分極ベクトルの向きを、誘電体内の逆電場ではなく、印加した電場と同じ向きにとるのは、このためである。

演習 6-4　誘電率が ε [F/m]の誘電体に、均一な電場 E [V/m]が印加されている。この誘電体の中に真空の空洞をつくったとき、この空洞内の電束密度と、電場の大きさを求めよ。

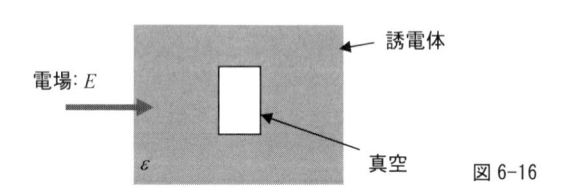

図 6-16

解）　真空の誘電率を ε_0 [F/m]とし、真空の空洞部分の電場を E_1 [V/m]とする。電束密度は一定なので、真空中も
$$D = \varepsilon E \quad [\text{C/m}^2]$$
となる。つぎに
$$D = \varepsilon E = \varepsilon_0 E_1 \quad [\text{C/m}^2]$$

第6章　誘電体

より、真空の空洞内の電場は
$$E_1 = \frac{\varepsilon}{\varepsilon_0} E \quad [\text{V/m}]$$
と与えられる。

演習 6-5 真空中で電場の大きさ E[V/m]の空間に、誘電率が $\varepsilon_1, \varepsilon_2, \varepsilon_3$[F/m]の物体が積層されているときの、それぞれの物質の電場の大きさを求めよ。ただし、真空の誘電率を ε_0[F/m]とする。

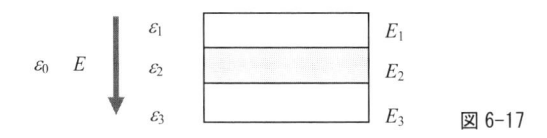

図 6-17

解） 電束密度 D[C/m^2]が一定であることを利用する。

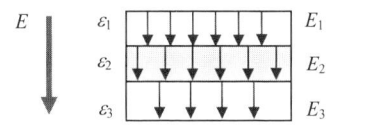

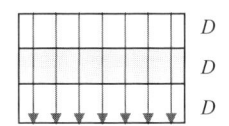

図 6-18

まず、真空中では
$$D = \varepsilon_0 E \quad [\text{C/m}^2]$$
となる。

つぎに、誘電率が $\varepsilon_1, \varepsilon_2, \varepsilon_3$[F/m]の物体の電場を E_1, E_2, E_3[V/m]とおくと
$$D = \varepsilon_1 E_1 \, [\text{C/m}^2], \quad D = \varepsilon_2 E_2 \, [\text{C/m}^2], \quad D = \varepsilon_3 E_3 \, [\text{C/m}^2]$$
が成立する。したがって
$$E_1 = \frac{\varepsilon_0}{\varepsilon_1} E \, [\text{V/m}], \quad E_2 = \frac{\varepsilon_0}{\varepsilon_2} E \, [\text{V/m}], \quad E_3 = \frac{\varepsilon_0}{\varepsilon_3} E \, [\text{V/m}]$$
と与えられる。

以上のように、外部から一定の電場が与えられるとき、誘電体の厚さには関係なく、誘電体内の電場は、その誘電率のみによって決まる。
　ただし、厚さ d[m]によって電位（電圧）は $V=Ed$ [V]のように変化する。したがって、それぞれの層の厚さを d_1, d_2, d_3 [m]とすると、電位（電圧）V_1, V_2, V_3 [V]は

$$V_1 = E_1 d_1 \text{[V]}, \ V_2 = E_2 d_2 \text{[V]}, \ V_3 = E_3 d_3 \text{[V]}$$

と与えられる。

演習 6-6 間隔 d[m]の平行平板コンデンサに、電圧 V[V]を印加する。この際、平板間に同じ厚さの誘電率が ε_1[F/m]と ε_2[F/m]の誘電体を積層したとき、それぞれの電圧の大きさを求めよ。

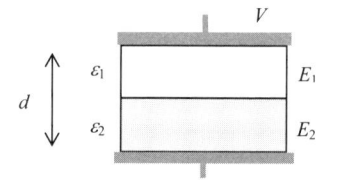

図 6-19

解） それぞれの誘電体の電場を E_1[V/m], E_2[V/m]とし、電束密度の大きさを D[C/m^2]とすると、電束密度は変化しないことから

$$D = \varepsilon_1 E_1 = \varepsilon_2 E_2 \quad \text{より} \quad E_2 = \frac{\varepsilon_1}{\varepsilon_2} E_1$$

という関係がえられる。
　ここで、それぞれの誘電体の電圧を V_1[V], V_2[V]とすると

$$E_1 = \frac{V_1}{d/2} = \frac{2V_1}{d} \text{ [V/m]} \quad E_2 = \frac{V_2}{d/2} = \frac{2V_2}{d} \text{ [V/m]}$$

であり

$$V = V_1 + V_2$$

という関係にあるので

$$V = \frac{E_1 d}{2} + \frac{E_2 d}{2} = \frac{E_1 d}{2} + \frac{\varepsilon_1}{2\varepsilon_2} E_1 d = \frac{\varepsilon_1 + \varepsilon_2}{2\varepsilon_2} E_1 d = \frac{\varepsilon_1 + \varepsilon_2}{\varepsilon^2} V_1$$

となり

$$V_1 = \frac{\varepsilon_2}{\varepsilon_1 + \varepsilon_2} V \qquad 同様にして \qquad V_2 = \frac{\varepsilon_1}{\varepsilon_1 + \varepsilon_2} V$$

と与えられる。

6.6.5. ガウスの法則

それでは、誘電体に対してガウスの法則を適用してみよう。すでに真空中に電荷がある場合のガウスの法則は、積分形と微分形で示した。

積分では、ある閉曲面（S）で囲まれた体積の中に、点電荷 Q[C]がある場合は

$$\iint_S \vec{E} \cdot \vec{n} ds = \frac{Q}{\varepsilon_0}$$

となり、これを一般化して、この閉空間(V)での電荷密度分布をρ[C/m^3]とすると

$$\iint_S \vec{E} \cdot \vec{n} ds = \frac{1}{\varepsilon_0} \iiint_V \rho \, dv$$

によって与えられる。

これが積分表示によるガウスの法則であった。

一方、ガウスの法則は微分表示を使って表現することも可能であり

$$\text{div} \vec{D} = \rho \qquad あるいは \qquad \text{div} \vec{E} = \frac{\rho}{\varepsilon_0}$$

となる。

この式は、ある場所の電束密度ベクトル$\vec{D}$[C/m^2]の div（湧き出し）が電荷密度ρ[C/m^3]であるということを示している。つまり、その場所にρ[C/m^3]に対応した電荷密度が存在することを示している。そして、$\text{div}\vec{D} = 0$ ということは、その場所に電荷は存在しないということを意味している。

以上の考えは、一般にも成立するので、真空中に誘電体が置かれた場合にも成立する法則である。

ただし、誘電率の異なる場合には、電場ではなく、誘電率によって変化しない電束密度ベクトルを使った表示の

$$\iint_S \vec{D} \cdot \vec{n} ds = Q \qquad \text{div} \vec{D} = \rho$$

を使うのが便利である。

演習 6-7 誘電率ε[F/m]の誘電体の中心に、点電荷 Q[C]を置いたとき、中心からの距離 r[m]の球面上での電場の強さを求めよ。

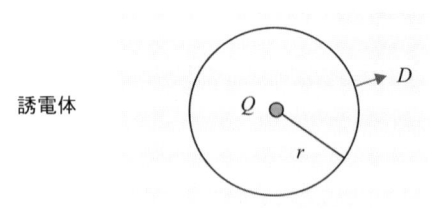

図 6-20

解) 中心から r[m]の球面に電束密度表示のガウスの法則

$$\iint_S \vec{D} \cdot \vec{n} ds = Q$$

を適用する。

この球面での法線成分 D_n は

$$D_n = \vec{D} \cdot \vec{n}$$

と一定である。したがって

$$\iint_S \vec{D} \cdot \vec{n} ds = D_n \iint_S ds = 4\pi r^2 D_n = Q$$

から

$$D_n = \frac{Q}{4\pi r^2} \quad [\text{C/m}^2]$$

となる。

ここで、電場の法線成分を E_n とすると

$$E_n = \frac{D_n}{\varepsilon} = \frac{Q}{4\pi\varepsilon r^2} \quad [\text{V/m}]$$

となる。

ところで、真空中での電場は $E_n = \dfrac{Q}{4\pi\varepsilon_0 r^2}$ [V/m]であった。この演習の結

166

第6章　誘電体

果から、わかるように、誘電率ε[F/m]の誘電体中での電場は、真空における式のε_0[F/m]をε[F/m]に置き換えた式となる。したがって、クーロンの法則も

$$F = qE_n = \frac{qQ}{4\pi\varepsilon r^2} \quad [\text{N}]$$

となり、定数項を

$$\frac{1}{4\pi\varepsilon_0} \to \frac{1}{4\pi\varepsilon}$$

と変えればよいことがわかる。

ここで、比誘電率(κ)を使うと

$$\kappa = \frac{\varepsilon}{\varepsilon_0} \quad \text{から} \quad \varepsilon = \kappa\varepsilon_0$$

となるので

$$E_n = \frac{1}{\kappa}\frac{Q}{4\pi\varepsilon_0 r^2}\,[\text{V/m}], \qquad F = \frac{1}{\kappa}\frac{Qq}{4\pi\varepsilon_0 r^2}\,[\text{N}]$$

となり、比誘電率がκの誘電体中では、電場とクーロン力が $1/\kappa$と小さくなることがわかる。

誘電体中では、電場が弱くなるという事実を、誘電体の分極をもとに、あらためて考えてみよう。

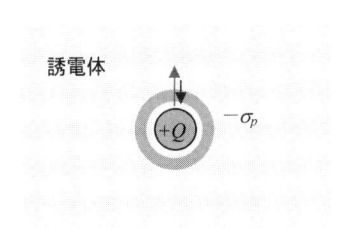

図 6-21

図 6-21 に示すように、誘電体中に電荷$+Q$[C]を置くと、誘電分極により、そのまわりに負の電荷密度$-\sigma_p$[C/m^2]が誘導される。その結果、真空の場合よりも誘電体が経験する電場が弱くなるのである。

つぎに分極ベクトルの一般化について説明しておく。誘電体の分極ベクトルを$\vec{P}$ [C/m^2]とすると、誘電体の表面に、表面密度σ_p[C/m^2]の電荷が誘導

される。その大きさは

$$\sigma_p = |\vec{P}| = P \ [\text{C/m}^2]$$

となり、分極ベクトルの大きさとなる。

　ただし、注意すべきことがある。$\sigma_p = P$ が成立するのは、誘電体の表面の法線方向と分極ベクトルの方向が一致する場合だけである。一般には分極ベクトルは図 6-22 に示すように、ある角度だけ傾いている。

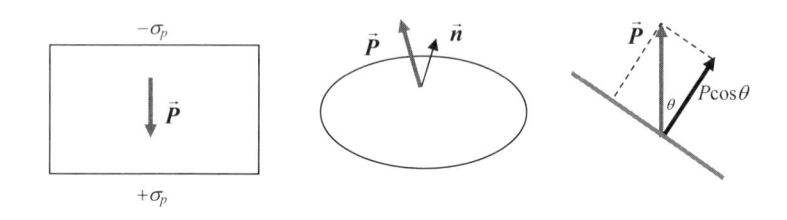

図 6-22　誘電体の分極ベクトルと表面電荷密度。

この場合のσ_pは、表面の単位法線ベクトルを$\vec{n}$とすると

$$\sigma_p = \vec{P} \cdot \vec{n}$$

によって与えられる。

　つまり、分極ベクトルの成分で、曲面の法線成分が電荷密度に寄与する。これは、電場におけるガウスの法則を一般の曲面に適用した場合と、まったく同様である。

　したがって、法線と分極ベクトルがなす角をθとすると、電荷密度は

$$\sigma_p = P\cos\theta$$

と与えられることになる。したがって分極ベクトルと法線方向が一致する$\theta = 0$のときに$\sigma_p = P$となる。

6.6.6. 電場の屈折

　誘電率の異なる複数の誘電体が積層されているとき、電束密度が一定と

いう条件を使うことで、電場を解析することが可能であることを示した。

それでは図 6-23 に示すように、積層した誘電体の境界面と電場が平行の場合はどうなるであろうか。

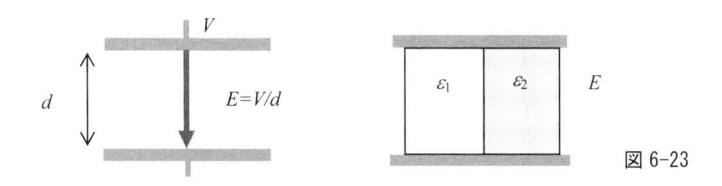

図 6-23

この場合は、この平板間の距離を d、平板間の電圧を V とすると、平板間の電場の大きさ E は $E=V/d$ と一定である。したがって、あらためて、異なる誘電体間の界面でみると、界面に電場が平行な場合には、電場は変化しないということになる。

それでは、誘電体間で何が異なるかというと電束密度である。それぞれの電束密度を D_1、D_2 と置くと

$$D_1 = \varepsilon_1 E \qquad D_2 = \varepsilon_2 E$$

となる。電束密度は、電荷密度と一致するので、誘電体の断面積を S とすると

$$D_1 = \frac{Q_1}{S} \qquad D_2 = \frac{Q_2}{S}$$

となり、異なる誘電体を挿入すると、その表面電荷が変化することになる。

以上をまとめると、誘電率の異なる異種の誘電体の境界面の電場に関して、つぎのことがいえる。(図 6-24 参照)

1　異種の誘電体の境界面の法線方向では、電束密度 (D) が保存される。このとき、電場 (E) は保存されない。

2　異種の誘電体の境界面の接線方向では、電場 (E) が保存される。このとき、電束密度 (D) は保存されない。

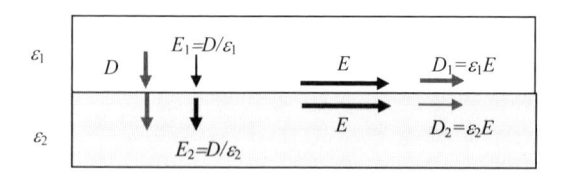

図 6-24

以上を踏まえて、異種の誘電体の境界面における電場の屈折現象について解析してみよう。

図 6-25 のように、大きさ E_1 の電場が、誘電率の異なる誘電体の境界面の法線に対し、角度 θ_1 で入射した場合のことを考える。

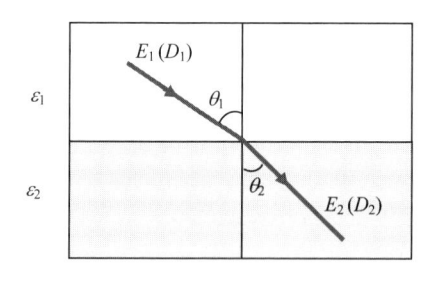

図 6-25

このとき、電場は図のように屈折して、屈折角 θ_2 の電場 E_2 に変化する。

ここで、誘電体1の電場の境界面に対して法線および接線方向の成分は、それぞれ

$$E_1 \cos\theta_1 \quad および \quad E_1 \sin\theta_1$$

電束密度は、それぞれ

$$D_1 \cos\theta_1 \quad および \quad D_1 \sin\theta_1$$

となる。ただし $D_1 = \varepsilon_1 E_1$ という関係にある。

一方、誘電体 2 の電場の境界面に対して法線および接線方向の成分は、それぞれ

$$E_2 \cos\theta_2 \quad および \quad E_2 \sin\theta_2$$

電束密度は、それぞれ

$$D_2 \cos\theta_2 \quad および \quad D_2 \sin\theta_2$$

となる。ただし $D_2 = \varepsilon_2 E_2$ という関係にある。

以上の成分に対し、先ほどの境界面でのルールをあてはめてみよう。

まず、境界面の法線方向では、図 6-26 に示すように、電束密度が保存されるので

$$D_1 \cos\theta_1 = D_2 \cos\theta_2$$

から

$$\varepsilon_1 E_1 \cos\theta_1 = \varepsilon_2 E_2 \cos\theta_2$$

という関係が成立する。

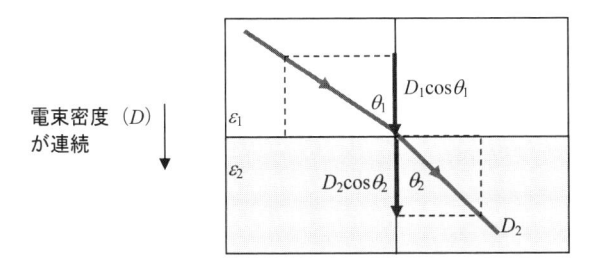

図 6-26

つぎに、境界面の接線方向では、図 6-27 に示すように、電場が保存されるので

$$E_1 \sin\theta_1 = E_2 \sin\theta_2$$

という関係が成立する。

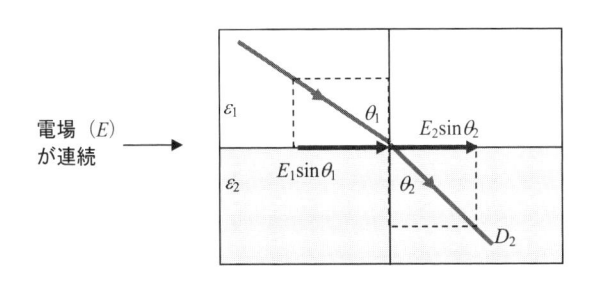

図 6-27

したがって、下式を上式で辺々どうし除すれば

$$\frac{\sin\theta_1}{\varepsilon_1 \cos\theta_1} = \frac{\sin\theta_2}{\varepsilon_2 \cos\theta_2} \qquad \frac{1}{\varepsilon_1}\tan\theta_1 = \frac{1}{\varepsilon_2}\tan\theta_2$$

となり、電場の屈折の法則

$$\frac{\varepsilon_1}{\varepsilon_2} = \frac{\tan\theta_1}{\tan\theta_2}$$

という関係を導くことができる。

演習 6-8 二つの異なる誘電体の境界面において、入射角が$\pi/4$の電場が、屈折角$\pi/6$となったときの、それぞれの誘電率の比$\varepsilon_1/\varepsilon_2$を求めよ。

解）

$$\frac{\varepsilon_1}{\varepsilon_2} = \frac{\tan(\pi/4)}{\tan(\pi/6)} = \sqrt{3}$$

となる。

演習 6-9 真空中に一様な電場 E[V/m]がある。この空間に誘電率がε[F/m]の平板状の誘電体を、その法線が電場と角度θをなすように置く。このとき、誘電体の中の電場 E_d[V/m]を求めよ。ただし、真空の誘電率をε_0[F/m]とする。

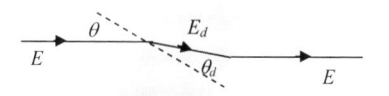

図 6-28

解） 屈折された電場が法線となす角をθ_dとする。まず、真空中と誘電体内の電束密度：D[C/m^2]およびD_d[C/m^2]は

$$D = \varepsilon_0 E \qquad D_d = \varepsilon E_d \quad [\text{C/m}^2]$$

と与えられる。ここで、電場の接線成分は保存されるので

第6章　誘電体

$$E\sin\theta = E_d \sin\theta_d$$

また、電束密度の法線成分は保存されるので

$$D\cos\theta = D_d \cos\theta_d$$

から

$$\varepsilon_0 E\cos\theta = \varepsilon E_d \cos\theta_d$$

となる。

よって

$$E\sin\theta = E_d \sin\theta_d \qquad \frac{\varepsilon_0}{\varepsilon} E\cos\theta = E_d \cos\theta_d$$

を連立して E_d[V/m]を求めればよい。辺々を2乗して両辺をたすと

$$E^2 \sin^2\theta = E_d^{\,2} \sin^2\theta_d \qquad \left(\frac{\varepsilon_0}{\varepsilon}\right)^2 E^2 \cos^2\theta = E_d^{\,2}\cos^2\theta_d$$

$$E_d^{\,2} = E^2 \sin^2\theta + \left(\frac{\varepsilon_0}{\varepsilon}\right)^2 E^2 \cos^2\theta$$

したがって

$$E_d = E\sqrt{\sin^2\theta + \left(\frac{\varepsilon_0}{\varepsilon}\right)^2 \cos^2\theta} \quad [\text{V/m}]$$

となる。

第 7 章　電流

いままでは、静止した電荷に関わる現象について解析してきた。本章では、電荷の運動に関わる現象について紹介する。

普段、われわれが電気エネルギーとして利用しているのは電流 (electric current) である。**発電所** (power plant) で電気（電流）をつくり、送電ケーブルを通して、各家庭や工場などに送っている。そして、われわれは、電荷の運動エネルギーを利用して、いろいろな電動機器を動かしているのである。

7.1. 電流の定義

電流（I）とは文字通り電荷の流れ (flow of electric charges) であるが、その定義は、ある断面を単位時間に移動する電荷量であり、移動する電荷量を ΔQ [C]、時間を Δt [s] とすると

$$I = \frac{\Delta Q}{\Delta t} \quad [\text{C/s}]$$

と定義される。

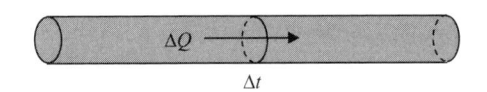

図 7-1　導体の断面を Δt 時間に ΔQ の電荷が移動するとき、$\Delta Q/\Delta t$ が電流となる。

電流の単位は、A (ampere: アンペア) である。1[A] は 1[s] 間に 1[C] の電荷が移動する電荷の流れに対応しており、単位は

$$[\text{A}] = [\text{C/s}]$$

となる。

　慣例によって、電流の向きは、正電荷が移動する向き（電池でいえば正から負の方向）を正とするが、一般には、金属内の電荷の移動は負電荷の**電子** (electron) が担うことが多く、電流とは逆向きとなる。例外的に、電解液中では正イオン（つまり正の電荷）が移動することはある。

　それでは、電流をミクロに解析してみよう。一般に金属（導体）中の電流とは、自由に動くことのできる電荷、すなわち**自由電子** (free electron) の移動に対応する。金属の種類によって、単位体積あたりの自由電子濃度（キャリア濃度: carrier density）は決まっているが、これを$\eta[\mathrm{m}^{-3}]$としてみよう。ここで、電子の電荷を$e[\mathrm{C}]$とすると、単位体積あたりの電荷濃度は$\eta e[\mathrm{C/m}^3]$となる。

　導体の断面積を$S[\mathrm{m}^2]$とし、自由電子の移動速度を$v[\mathrm{m/s}]$とすると、時間$\Delta t[\mathrm{s}]$の間に、移動する電荷の量は、体積$Sv\Delta t[\mathrm{m}^3]$の中に含まれる電荷の量と等価となる。

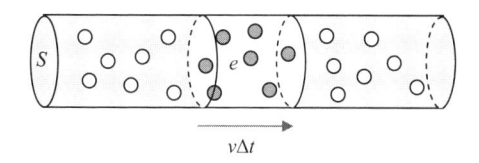

図 7-2 断面SをΔt時間に移動する電荷の総量ΔQは、図に示した体積$Sv\Delta t$に含まれる電荷の量に等しい。

したがって、$\Delta t[\mathrm{s}]$時間に断面$S[\mathrm{m}^2]$を移動する電荷量$\Delta Q[\mathrm{C}]$は

$$\Delta Q = \eta e S v \Delta t \quad [\mathrm{C}]$$

と与えられる。したがって、電流(I)は

$$I = \frac{\Delta Q}{\Delta t} = \eta e S v \quad [\mathrm{A}]$$

となる。

　この式から、電流は導体の面積 (S)と電子の移動速度 (v)および自由電子濃度 (η)に比例することがわかる。

演習 7-1 ある金属のキャリア濃度が $\eta = 10^{20} [\text{cm}^{-3}]$ とする。自由電子の速度が $v = 10^5 [\text{m/s}]$ のとき、断面が $S = 1 [\text{mm}^2]$ の金属導線を流れる電流を求めよ。ただし、素電荷を $e = -1.6 \times 10^{-19} [\text{C}]$ とする。

解） 長さの単位を[m]に揃えると $\eta = 10^{20} [\text{cm}^{-3}] = 10^{14} [\text{m}^{-3}]$, $v = 10^5 [\text{m/s}]$, $S = 1 [\text{mm}^2] = 10^{-6} [\text{m}^2]$ となり、電流は

$$I = \eta e S v = 10^{14} \times 1.6 \times 10^{-19} \times 10^{-6} \times 10^5 = 1.6 \times 10^{-6} [\text{A}]$$

となる。

7.2. オームの法則

すでに紹介したように、自由に動くことのできる電荷、すなわち自由電子の存在する導体内に**電位差** (difference in electric potential) があれば、それを解消するように電荷が移動する。

あるいは、電池などを使って、導体に常に電位差、すなわち電圧 V を与えれば、電流 I が生じることになる。電流 I は、電圧に比例し

$$V = IR$$

という関係が成立する。この比例定数 R は**電気抵抗** (electric resistance) である。それぞれの単位は[V], [A], [Ω] となる。これを**オームの法則** (Ohm's law) と呼んでいる。

実は、物体の運動を記述する運動方程式から考えると、オームの法則は奇妙な法則なのである。それを確認してみよう。まず、電子（素電荷）e[C]に働く力は、電場を E[V/m]とすると

$$F = eE \quad [\text{N}]$$

となる。

ここで、電位差 V[V]が働く距離を ℓ[m]とすると、電場は

$$E = \frac{V}{\ell} \quad [\text{V/m}]$$

と与えられるので

$$F = eE = \frac{eV}{\ell} \quad [\text{N}]$$

となる。

したがって、自由電子に働く力 F [N]は電圧 V [V]に比例する。つまり、導体に電圧 V [V]を印加するということは、自由電子に一定の力 F [N]が働くことを意味する。

電子に、一定の力 F [N]が働くと、電子は等加速度運動をするはずである。一方、オームの法則は、V [V]が一定ならば、電流 I [A]が一定となることを示している。

ところで、電流は

$$I = \eta e S v \quad [A]$$

と与えられ、電子の速度 v[m/s]に比例する。したがって、I [A]が一定ということは、電子の速度 v[m/s]が一定であることを示している。

つまり、オームの法則は、電子に常に力 F（$= eE$）[N]が働いているにも関わらず、電子は等加速度運動ではなく、等速度運動をすることを意味している。これが、オームの法則が不思議な点である。

7.2.1. 電気抵抗

実は、物体に力 F[N]が働いていても、速度 v[m/s]が一定となる現象は他にも知られている。例えば、粘性流体の中で物体が運動する場合には、速度に比例した粘性抵抗が働き、それが

$$F = qE - kv = 0$$

となったときに、等速運動となる。

つまり、導体内を運動する電子には、速度に比例した抵抗力が働き、それが電場によるクーロン力と釣り合えば、力の働かない状態が生じる。その結果として、速度が一定となり、オームの法則が成立すると考えられるのである。つまり

$$\frac{eV}{\ell} = kv \quad [N]$$

が、オームの法則が成立する条件となる。

これより、電子の速度 v は

$$v = \frac{eV}{k\ell} \quad [m/s]$$

から
$$I = \eta e S v = \frac{\eta e^2 S V}{k\ell} \quad [\text{A}]$$
となり
$$V = \left(\frac{k\ell}{\eta e^2 S}\right) I \quad [\text{V}]$$
という関係がえられる。これをオームの法則と比較すると、電気抵抗は
$$R = \frac{k\ell}{\eta e^2 S} = \left(\frac{k}{\eta e^2}\right)\frac{\ell}{S} \quad [\Omega]$$
と与えられることになる。

すなわち、電気抵抗は導体の長さ ℓ [m]に比例し、断面積 S [m^2]に反比例することになる。ここで
$$R = \rho \frac{\ell}{S} \quad [\Omega]$$
と置くと
$$\rho = \frac{k}{\eta e^2} \quad [\Omega\text{m}]$$
は物質によって決まる定数であり、**電気抵抗率** (electric resistivity) と呼ばれる。単に抵抗率、あるいは比抵抗と呼ぶこともある。この単位は[Ωm]である。

演習 7-2 銅の抵抗率は 20°C で、1.6×10^{-6} [Ωcm]である。断面が 1[mm^2]の銅線 1[cm]の電気抵抗を求めよ。

解） 単位を揃えると $\rho = 1.6 \times 10^{-6}$ [Ωcm] $= 1.6 \times 10^{-8}$ [Ωm], $S = 1$[mm^2] $= 10^{-6}$ [m^2], $\ell = 1$ [cm] $= 10^{-2}$ [m] となる。したがって
$$R = \rho \frac{\ell}{S} = 1.6 \times 10^{-8} \times \frac{10^{-2}}{10^{-6}} = 1.6 \times 10^{-4} \quad [\Omega]$$
となる。

7.2.2. 導電率

電気抵抗率 (ρ) は、いわば、電気の流しにくさを示す指標である。つまり、物質定数のρが大きいほど電気を流しにくいということになる。一方、ρの逆数である

$$\sigma = \frac{1}{\rho} = \frac{\eta e^2}{k} \quad [\Omega^{-1} \mathrm{m}^{-1}]$$

を**導電率** (electric conductivity) と呼ぶ。こちらは、文字通り、電気の流しやすさの指標となる。その単位は$[\Omega^{-1}\mathrm{m}^{-1}]$である。電気伝導率あるいは電気伝導度と呼ぶこともある。

> **演習 7-3** 銅の抵抗率は20°Cで、1.6×10^{-6} [Ωcm]程度である。同温度における銅の導電率を求めよ。

解) $\rho = 1.6 \times 10^{-6} [\Omega \mathrm{cm}] = 1.6 \times 10^{-8} [\Omega \mathrm{m}]$ から

$$\sigma = \frac{1}{\rho} = \frac{1}{1.6 \times 10^{-8}} = \frac{10}{1.6} \times 10^7 \cong 6.2 \times 10^7 [\Omega^{-1} \mathrm{m}^{-1}]$$

となる。

すでに、本章で紹介したように、電流 I [A]は

$$I = \eta e S v \quad [\mathrm{A}]$$

という式によって与えられる。電流は、導体の面積 S [m^2]によって変化する。実際に、回路設計などを行う場合には、導体の単位面積あたり、どれくらいの電流を流せるかという情報が重要となる。

単位面積あたりの電流を**電流密度** (current density) と呼び

$$i = \frac{I}{S} = \eta e v$$

と与えられる。この単位は [A/m^2] である。

実は、電流密度 i[A/m^2]は、導電率 $\sigma[\Omega^{-1}\mathrm{m}^{-1}]$と電場 E[V/m]を使うと

$$i = \sigma E \quad [\mathrm{A/m}^2]$$

と与えられる。

電流密度および電場ともにベクトルであるので、ベクトル表示では

$$\vec{i} = \sigma \vec{E} \quad [\text{A/m}^2]$$

となる。

> **演習 7-4** 電流密度が $i = \sigma E$ のように、導電率 $\sigma [\Omega^{-1}\text{m}^{-1}]$ と電場 $E[\text{V/m}]$ の積によって与えられることを示せ。

解) $i = \eta e v$ と与えられる。$v = \dfrac{eV}{k\ell}$ となるが $E = \dfrac{V}{\ell}$ から

$$i = \frac{\eta e^2}{k}\frac{V}{\ell} = \frac{\eta e^2}{k} E$$

ここで、$\sigma = \dfrac{\eta e^2}{k}$ であるので

$$i = \sigma E$$

となる。

つまり、電流密度は電場に比例し、その比例定数が導電率と考えることができる。この表式のほうが、物理現象と直接対応関係にあるので、導電率の定義としてわかりやすい。

ちなみに、単位解析をしてみると

$$\sigma = [\Omega^{-1}\text{m}^{-1}] \qquad E = [\text{V/m}] = [\text{Vm}^{-1}]$$

から

$$i = \sigma E = [\Omega^{-1}\text{m}^{-1}] \times [\text{Vm}^{-1}] = [\text{Am}^{-2}] = [\text{A/m}^2]$$

となり、確かに電流密度の単位となる。

7.3. 電気抵抗の正体

物質の電荷の移動に対する抵抗である電気抵抗率 ρ は

$$\rho = \frac{k}{\eta e^2} \quad [\Omega\text{m}]$$

と与えられる。ここで分母の η はキャリア濃度、e は素電荷であり、それぞれ定数であるので、電気抵抗の本質は k によって決まるということになる。

k は電子が導体中で運動する際の粘性抵抗となる。それでは、その正体は、

いったい何であろうか。

真空中で電子に$F=eE$[N]の力が働くと、等加速度運動となるはずである。したがって、真空と金属の違いが、電気抵抗の原因となる。そのミクロ機構として、図 7-3 のようなモデルが提唱された。

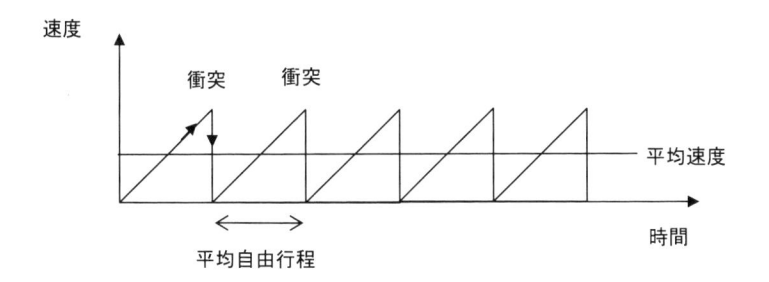

図 7-3　オームの法則を説明するミクロな電子の運動モデル。

電子は、電場によって加速されるが、何かに衝突すると速度がゼロとなる。その後、再び電場によって加速されるが、また何かに衝突すると速度がゼロとなる。この電場による加速と衝突が繰り返されると、図 7-3 に示すように、見かけ上の平均速度は一定となる。

問題は、電子が何と衝突するかである。金属と真空の違いは、金属原子がつまっているかどうかであるので、自然の帰結として、電子は金属原子と衝突すると当初は考えられた。

ところが、実験を進めていくうちに、電子が金属原子と衝突するという単純な描像では電気抵抗を説明できないことが明らかとなった。理由は、電子の**平均自由行程** (mean free distance) と呼ばれる距離である。

電子は電場で加速されるが、何かに衝突して減速すると考える。この何かに衝突するまでの距離を、自由行程と呼ぶ。自由に動ける距離という意味である。もし、金属原子が電子の衝突する相手とするならば、その平均値である平均自由行程と、金属の中の原子間距離（原子と原子の間の距離）は、ほぼ一致するはずである。

ところが、電子の平均自由行程は原子間距離の 10 倍から 100 倍にも達することがわかったのである。これでは、金属原子との衝突が電気抵抗の原

因とは結論できない。

　つぎに候補に上がったのが、金属内にある不純物である。どんなに精密に金属をつくったとしても純度100％とすることは不可能である。

　実際に実験してみると、確かに、純度を上げれば上げるほど、金属の電気抵抗が減っていくことがわかった。しかし、それがゼロまで減ったとしても、電気抵抗はゼロにはならないのである。つまり、不純物は、電気抵抗の原因にはなるが、その本質ではないということがわかったのである。

　結局、電気抵抗の主原因として特定されたのは**格子振動** (lattice vibration) であった。

　金属を構成している原子（**格子**: lattice）は、有限の温度では、常に振動している。これを**熱振動** (thermal vibration) と呼ぶ。絶対零度では、格子は静止しているが、有限の温度では、その温度に比例して格子が振動する。

　ところで、第1章で紹介したが、図7-4に示すように、金属の格子は正つまり、＋に帯電している。この＋に帯電した格子が熱振動すると、負つまり－に帯電している電子は、その影響をうけることになる。これを**電子格子相互作用** (electron phonon interaction) と呼んでいる。

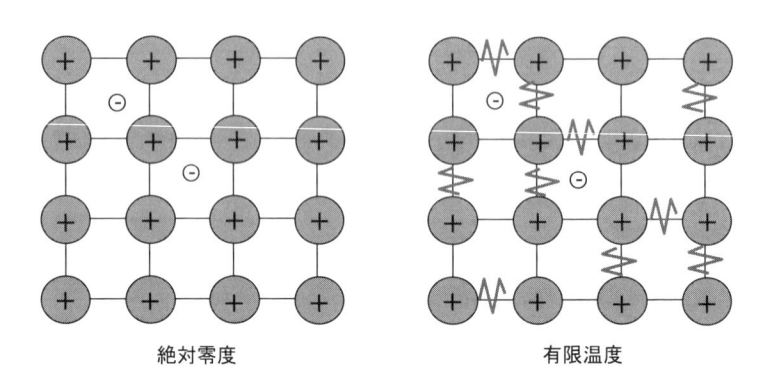

　　　　　　絶対零度　　　　　　　　　　　有限温度

図 7-4　有限温度では、＋に帯電した格子が振動する。その影響で－に帯電した電子の運動は抵抗を受ける。これが電気抵抗の本質である。

　電子が金属の中を移動する際、まわりの正に帯電した格子が振動していると、その影響により、電子は自由に動くことができない。これが、電気

抵抗の本質である。金属の電気抵抗が温度とともに低下するのは、低温では格子振動が小さくなるからである。

一般に金属の電気抵抗率の温度依存性は次式によって与えられる。

$$\rho = \rho_0 \{1 + \alpha(T - T_0)\} \quad [\Omega\mathrm{m}]$$

ここで、$\rho_0[\Omega\mathrm{m}]$は基準温度$T_0[\mathrm{K}]$における電気抵抗率であり、$\alpha\,[\mathrm{K}^{-1}]$は温度係数で、正の値をとる。銅（Cu）における温度係数は$\alpha = 0.0068$程度である。

7.4. 電気回路

7.4.1. 直列と並列

電気回路に電気抵抗がある場合の基本的な考えは、電圧降下である。抵抗$R[\Omega]$の回路に電流$I\,[\mathrm{A}]$が流れた場合、オームの法則

$$V = IR\,[\mathrm{V}]$$

にしたがって、電圧が$V[\mathrm{V}]$だけ降下する。これが基本である。

回路図での電気抵抗の表記については図 7-5 の左図に示したものが推奨されているが、慣例により右図の記号がいまだに一般に使われている。本書では、従来記号を使う。

図 7-5　回路図における電気抵抗の表示方法。本書では、右図を採用する。

それでは、基本的な事項について、復習しておこう。まず、電気抵抗を直列につないだときの合成抵抗を求めてみる。

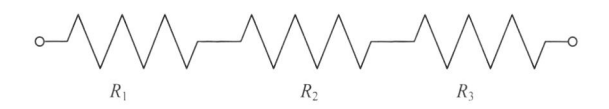

図 7-6　電気抵抗を直列につないだ場合の合成抵抗。

図 7-6 に示すように、$R_1, R_2, R_3[\Omega]$の 3 個の抵抗を直列につないだ場合の

合成抵抗を考える。この場合、すべての抵抗に流れる電流は同じ I [A]となる。したがって、それぞれの電圧降下は
$$V_1 = IR_1, \quad V_2 = IR_2, \quad V_3 = IR_3$$
と与えられる。

回路にかかる電圧を V [V]とすると
$$V = V_1 + V_2 + V_3 = I(R_1 + R_2 + R_3)$$
となるので、合成抵抗 $R[\Omega]$ は
$$R = R_1 + R_2 + R_3$$
となる。

この考えは、一般に n 個の抵抗に対しても成立するので、合成抵抗 $R[\Omega]$ は
$$R = R_1 + R_2 + R_3 + ... + R_n$$
と与えられる。

つぎに図 7-7 に示すように、電気抵抗が $R_1, R_2, R_3 [\Omega]$ の 3 個の抵抗を並列につないだ場合を考える。

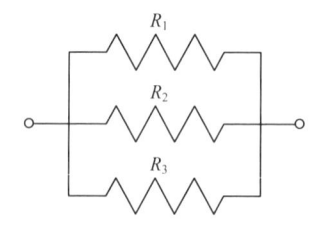

図 7-7　電気抵抗を並列につないだ場合の合成抵抗。

この場合、それぞれの抵抗の電圧降下は同じ V [V]となる。したがって、抵抗に流れる電流を I_1, I_2, I_3 [A]とすると
$$V = I_1 R_1, \quad V = I_2 R_2, \quad V_3 = I_3 R_3$$
となる。

回路に流れる電流の総和を I [A]とすると
$$I = I_1 + I_2 + I_3 = \frac{V}{R_1} + \frac{V}{R_2} + \frac{V}{R_3} = V\left(\frac{1}{R_1} + \frac{1}{R_2} + \frac{1}{R_3}\right)$$

となり、合成抵抗 $R[\Omega]$ は $R = \dfrac{V}{I}$ から $\dfrac{1}{R} = \dfrac{I}{V}$ として

$$\frac{1}{R} = \frac{1}{R_1} + \frac{1}{R_2} + \frac{1}{R_3}$$

という式を満足することになる。

あるいは

$$\frac{1}{R} = \frac{R_1 R_2 + R_2 R_3 + R_3 R_1}{R_1 R_2 R_3} \quad\text{から}\quad R = \frac{R_1 R_2 R_3}{R_1 R_2 + R_2 R_3 + R_3 R_1}$$

と表記することもできる。

この考えは、一般に n 個の抵抗の並列接続に対しても成立するので、合成抵抗 $R[\Omega]$ は

$$\frac{1}{R} = \frac{1}{R_1} + \frac{1}{R_2} + \frac{1}{R_3} + \ldots + \frac{1}{R_n}$$

と与えられることになる。

演習 7-5　つぎの電気回路の合成抵抗を求めよ。

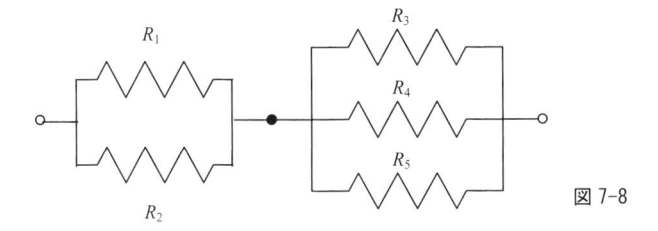

図 7-8

解)　R_1 と R_2 の抵抗 2 個および、R_3, R_4, R_5 の抵抗 3 個からなる並列回路の合成抵抗を求めたのち、直列接合として、それぞれの抵抗を足し合わせればよい。したがって、求める合成抵抗は

$$R = \frac{R_1 R_2}{R_1 + R_2} + \frac{R_3 R_4 R_5}{R_3 R_4 + R_4 R_5 + R_5 R_3}$$

となる。

7.4.2. 起電力

電荷の移動すなわち電流を誘導するのは電位差（dference in electric potential）、つまり電圧（voltage）である。導体内に電位差があると、それを解消するように電荷が移動する。この移動によって電位差がなくなると電荷の移動は停止する。

したがって、常に電流を誘導するためには、電位差を与え続ける必要がある。その働きをする代表が電池（electric cell）である。回路に電池をつなぐと、電位差、すなわち電圧が生じ、電流が流れる。このように、電池などによって生じた電位差を起電力（electromagnetic force）と一般に呼ぶ。

電池などの起電力の記号は図 7-9 のように表記する。長い棒が+側、短い棒が−側に対応する。1.5[V]の電池とは、1.5[V]の起電力すなわち電位差を発生できる電池のことである。

図 7-9　起電力の記号。長い棒が+側に対応する。

一般に起電力は E という電場の記号を使うが、単位は電位差（電圧）と同じ[V]である。もちろん、V を使うこともある。実は、電池に限らず、すべての機器は、それを動かすときに**内部抵抗** (internal resistance) を生じる。つまり、それ自身が電気抵抗になる。

このため、電池なども、その起電力 E [V]によって、電流 I [A]を流したとき、それ自身の抵抗 r [Ω]によって、回路に誘起できる電圧が小さくなり

$$V = E - rI \quad [V]$$

となる。

7.5. キルヒホッフの法則

電気回路に流れる電流を解析するときに有効な法則に**キルヒホッフの法則** (Kirchihoff's law) がある。

キルヒホッフの法則には、第一法則と第二法則のふたつがあり、実際の解析には、これら 2 つの法則を使って、回路に流れる電流を求めるのが通例である。

まず、**キルヒホッフの第一法則** (Kirchihoff's current law) とは、「回路の分岐点に流れ込む電流と、流れ出る電流は等しい」というものである。これらが等しくなければ、分岐点に電荷が貯まることになるので、考えれば、当たり前の法則ではある。

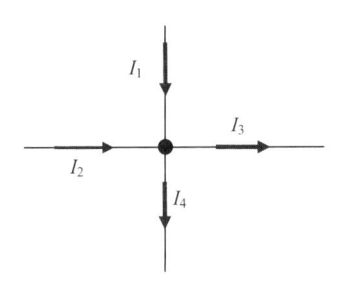

図 7-10　電気回路の分岐点の電流。

例えば、図 7-10 に示す電気回路の分岐点での電流の出入りを考えれば
$$I_1 + I_2 = I_3 + I_4$$
となる。ここで、分岐点に流入する電流を正、流出する電流を負とすると
$$I_1 + I_2 - I_3 - I_4 = 0$$
となり、その和は 0 となる。

一般の n 個の分枝からなる分岐点に拡張すると
$$\sum_{k=1}^{n} I_n = 0$$
が成立する。

この法則は電流保存の法則とも呼ばれる。

つぎに、**キルヒホッフの第二法則** (Kirchhoff's voltage law) とは「閉じた電気回路において、回路の向きを指定すると、起電力の和と電圧降下の和が等しい」というものである。

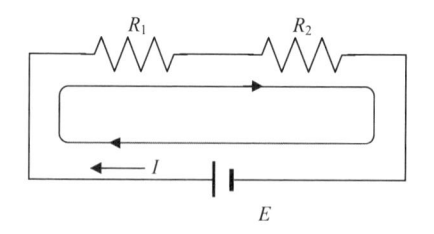

図 7-11

　例として図 7-11 の閉回路を考えてみる。この回路に電流 I が流れるものとする。図の矢印の向きに回路の方向をとると、起電力の和は $+E$ であり、電圧降下の和は IR_1+IR_2 であるので、キルヒホッフの第二法則により

$$E = IR_1 + IR_2 \quad [\text{V}]$$

という関係が成立し

$$I = \frac{E}{R_1 + R_2} \quad [\text{A}]$$

がえられる。

　ここで、閉回路の向きは、どちらの方向を選んでもよい。

　さらに、これらを電圧の和と考えると、閉回路の向きに対して、電圧上昇に寄与するものを正、電圧降下に寄与するものを負にとると

$$\sum_{k=1}^{n} V_n = 0$$

が成立する。

　よって、キルヒホッフの第一法則と第二法則は、それぞれ電流と電圧に対応したものとなる。

　ただし、以上の例題では、キルヒホッフの法則の効用が理解できないであろう。そこで、ここでは図 7-12 の電気回路の解析を行ってみる。

　この回路には $E_1[\text{V}]$ と $E_2[\text{V}]$ の 2 つの起電力と、$R_1, R_2, R_3\,[\Omega]$ の 3 個の抵抗がある。問題は、どのように電流が流れるかである。そこで、図のように電流 $I_1, I_2, I_3\,[\text{A}]$ をとる。すると、キルヒホッフの第一法則より

$$I_1 = I_2 + I_3$$

が成立する。

図 7-12

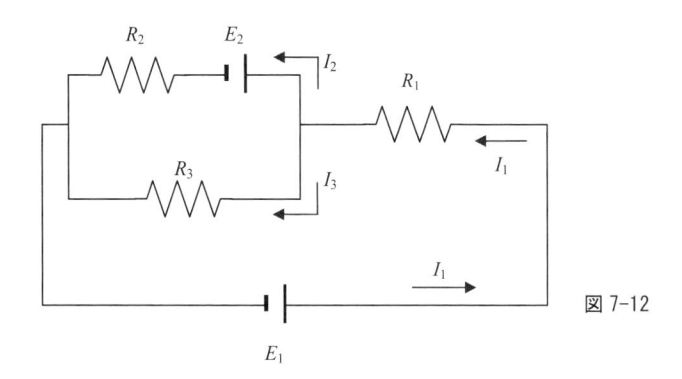

つぎに、図 7-13 に示すような二つの閉回路を考え、それぞれにキルヒホッフの第二法則を適用する。ただし、回路の向きを図のようにとる。

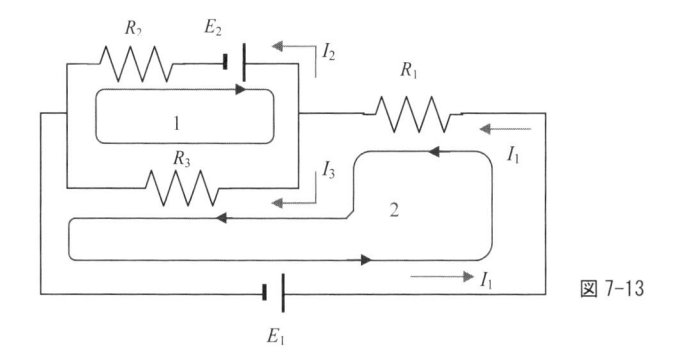

図 7-13

閉回路 1 にキルヒホッフの第二法則を適用する。すると
$$E_2 - I_3 R_3 + I_2 R_2 = 0$$
という関係がえられる。

つぎに、閉回路 2 にキルヒホッフの第二法則を適用する。すると
$$E_1 - I_1 R_1 - I_3 R_3 = 0$$
という関係がえられる

これら 3 個の方程式を連立させれば、電流 I_1, I_2, I_3 [A]の値がえられるはずである。最初の式から $I_1 = I_2 + I_3$ であるので
$$E_1 - (I_2 + I_3) R_1 - I_3 R_3 = 0$$

から
$$I_2R_1 + I_3(R_1 + R_3) = E_1$$
さらに、第二の式から
$$I_2R_2 - I_3R_3 = -E_2$$
となり、これら2式を連立させると
$$I_2R_1R_2 + I_3R_2(R_1 + R_3) = R_2E_1$$
$$I_2R_1R_2 - I_3R_1R_3 = -R_1E_2$$
から
$$I_3(R_1R_2 + R_2R_3 + R_3R_1) = R_2E_1 + R_1E_2$$

となり
$$I_3 = \frac{R_2E_1 + R_1E_2}{R_1R_2 + R_2R_3 + R_3R_1} \quad [A]$$
がえられる。

つぎに
$$I_2R_2 = I_3R_3 - E_2$$
より
$$I_2R_2 = R_3\frac{R_2E_1 + R_1E_2}{R_1R_2 + R_2R_3 + R_3R_1} - E_2$$
$$I_2 = \frac{R_3}{R_2}\frac{R_2E_1 + R_1E_2}{R_1R_2 + R_2R_3 + R_3R_1} - \frac{E_2}{R_2}$$
がえられ
$$I_1 = I_2 + I_3$$
より
$$I_1 = \frac{R_2 + R_3}{R_2}\frac{R_2E_1 + R_1E_2}{R_1R_2 + R_2R_3 + R_3R_1} - \frac{E_2}{R_2} \quad [A]$$

がえられる。

　以上のように、キルヒホッフの第一法則と第二法則を併用することで、電気回路に流れる電流を解析することができる。

演習 7-6 キルヒホッフの法則を利用して、図 7-14 の電気回路に流れる電流成分を求めよ。

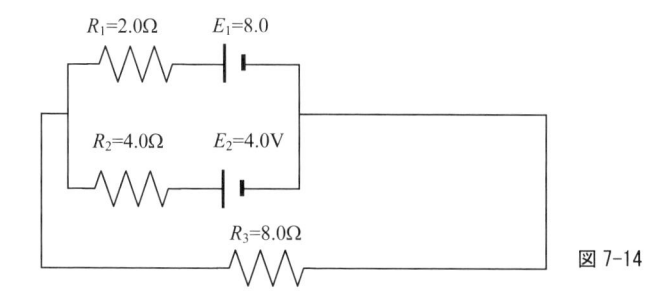

解) 図 7-15 のように、電流成分を I_1, I_2, I_3 [A] とし、電流の向きを矢印の方向とし、さらに閉回路として 1, 2 を考え、矢印の向きとする。

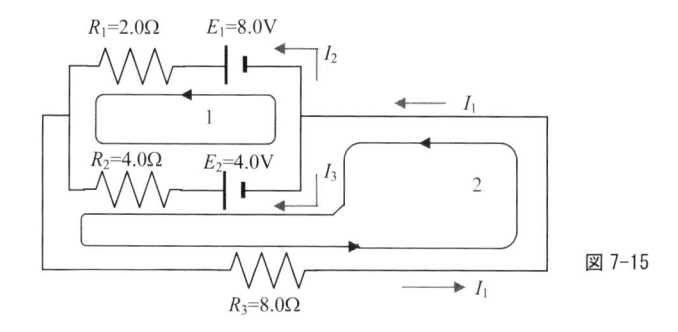

すると、キルヒホッフの第一法則から
$$I_1 = I_2 + I_3 \quad ①$$
つぎに回路 1 にキルヒホッフの第二法則を適用すると
$$E_1 - I_2 R_1 + I_3 R_2 - E_2 = 0$$
数値を代入すると
$$8 - 2I_2 + 4I_3 - 4 = 0 \qquad 2 - I_2 + 2I_3 = 0 \quad ②$$
つぎに回路 2 にキルヒホッフの第二法則を適用すると

$$E_2 - I_3 R_2 - I_1 R_3 = 0$$

数値を代入すると
$$4 - 4I_3 - 8I_1 = 0 \qquad 1 - I_3 - 2I_1 = 0 \qquad ③$$

①式を③式に代入すると
$$1 - I_3 - 2(I_2 + I_3) = 0 \quad \text{から} \qquad 2I_2 + 3I_3 = 1 \qquad ④$$

②式と④式から
$$7I_3 = -3 \quad \text{となり} \qquad I_3 = -\frac{3}{7}[\text{A}]$$

より
$$I_1 = \frac{5}{7}[\text{A}] \quad I_2 = \frac{8}{7}[\text{A}] \quad I_3 = -\frac{3}{7}[\text{A}]$$

となる。

したがって、I_3 のみ、図7-15で仮定した方向とは逆方向に電流が流れる。

7.6. 電荷移動の一般式

いままでは、電流として、主として導線の中を流れる電荷を考えてきた。ここでは、より一般化して、電場の中で電荷が移動する現象を電流として捉えてみよう（図7-16参照）。

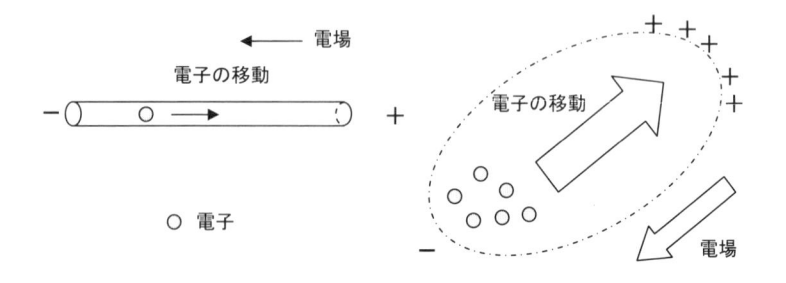

図7-16 電流（電子の移動と逆）は導線の中の電荷移動だけではなく、電場の存在する空間での電荷の移動と、一般化することができる。

電気伝導率が $\sigma [\Omega^{-1} \text{m}^{-1}]$ の導体に、電場ベクトル $\vec{E}$ [V/m] があると、電流密度ベクトルは
$$\vec{i} = \sigma \vec{E} \quad [\text{A/m}^2]$$

によって与えられる。

ここで、図 7-17 に示したような閉曲面 S に囲まれた領域を考える。この領域から電荷が流出することを考える。このとき、面の法線方向の単位ベクトルを $\vec{n}$ とすると、$\vec{i}$ の法線方向成分は

$$i_n = \vec{i} \cdot \vec{n}$$

と与えられる。

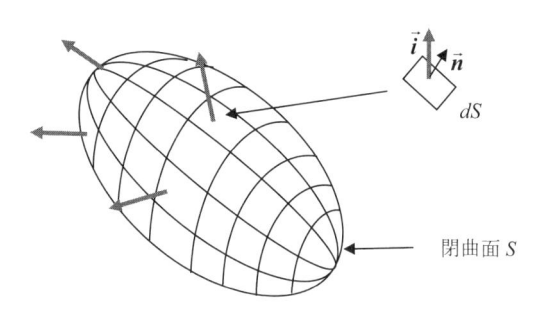

図 7-17　任意の閉曲面 S から流出する電荷。

このように、任意の曲面における電流密度の成分としては i_n を採用すればよい。局所的な電流密度の大きさはそれが当たる面の面積 (dS) をかけて

$$\vec{i} \cdot \vec{n} dS$$

と与えられる。これが、面積 dS から流出する電流密度の大きさである。

すると、この閉曲面 S 全体から流出する電荷の総量は

$$\iint_S \vec{i} \cdot \vec{n} dS$$

となる。

ここで、曲面 S として導体のある断面を考えると、電流ベクトルは

$$\vec{I} = \iint_S \vec{i} \cdot \vec{n} dS$$

となる。

これが、電流ベクトルの一般式である。これは、ある断面 S を流れる電流ベクトルは、電流密度ベクトルの法線成分の和ということになる(図 7-18 参照)。

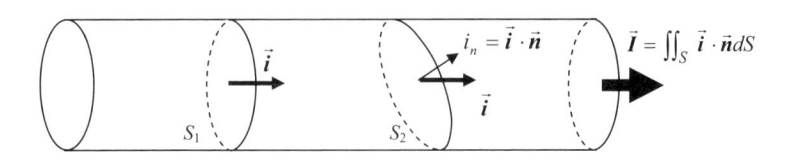

図 7-18　電流密度ベクトルに垂直な断面 S_1 の場合には、そのまま電流密度ベクトルを面積分すれば、電流ベクトルがえられる。断面 S_2 のように、傾いている場合には、その法線成分 i_n の面積分となる。

ふたたび、S [m^2] をある体積 v [m^3] の領域を囲む閉曲面と考える。このとき、この領域の電荷密度を ρ [C/m^3] とすると、この領域の電荷の総量 Q[C] は

$$Q = \iiint_v \rho dV$$

によって与えられる。

さて、$\vec{I} = \iint_S \vec{i} \cdot \vec{n} dS$ [A] という式は、電荷が単位時間に、この領域から流出する量に相当するので、閉曲面内の電荷 Q[C] の減少は

$$\iint_S \vec{i} \cdot \vec{n} dS = -\frac{dQ}{dt} \quad [\text{C/s}]$$

と与えられる。

ここで

$$\frac{dQ}{dt} = \frac{d}{dt} \iiint_v \rho dV = \iiint_v \frac{d\rho}{dt} dV$$

であり、ガウスの発散定理から

$$\iint_S \vec{i} \cdot \vec{n} dS = \iiint_v \operatorname{div} \vec{i} dV$$

という関係があるので

$$\iiint_v \operatorname{div} \vec{i} dV = -\iiint_v \frac{d\rho}{dt} dV$$

となり、被積分関数が等しいことから

$$\mathrm{div}\,\vec{i} = -\frac{d\rho}{dt}$$

という関係がえられる。

　左辺は、ある微小領域 V から流出する電流密度であり、右辺は、電荷密度 ρ [C/m^3]の単位時間あたりの減少量である。すなわち、電流密度が正の場合には、領域 V から電荷が流出するので、その電荷密度が減っていくということを意味している。

　あるいは、$\mathrm{div}\,\vec{i}=0$ のとき、すなわち電荷の移動がなければ、その領域の電荷密度 ρ [C/m^3]は一定に保たれることになり、**電荷保存の法則** (Law of preservation of electric charge) と呼ばれている。

第 8 章　静磁場

　磁場 (magnetic field) は、磁石 (magnet) という存在を通して、われわれにとって、身近な存在である。鉄製の白板にメモをとめるときや、冷蔵庫の扉のパッキングなど、磁石は身近で利用されている。さらに、磁石は、現代生活になくてはならない存在となっている。それは、電気をつくるときや、電動機を動かすときには、電流と磁場の相互作用を利用しているからである。

　高性能の携帯電話やプレーヤー、また、自動車部品にも高性能磁石（希土類磁石）が使われており、磁石原料の**希土類元素** (rare earth elements) をいかに確保するかが国際的な問題となっているほどである。

　本章では、磁場の基本を理解するために、永久磁石を基本とした静磁場について紹介する。

8.1.　磁石と磁荷

　永久磁石 (permanent magnet)にはN極 (north pole) とS極 (south pole) という2種類の**磁極** (magnetic pole) があり、同極どうしは反発し、異極どうしは引きあう。ちょうど、電荷の正負に似ている。磁場の場合、N極を磁場の正(+)、S極を磁場の負(−)としている。N極は棒磁石を糸で吊り下げたときに、北極つまりnorth poleを指す磁極のことである。これは、地球が大きな磁石となっており、北極がS極に、南極がN極に磁化されているからである。

　磁石の強さを示す指標として**磁荷** (magnetic charge: q_m) というものを考える。ちょうど、電場の場合の**電荷** (electric charge: q) と同じである。

第 8 章　静磁場

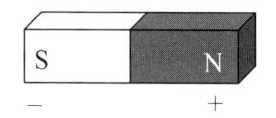

図 8-1　永久磁石には、常に N 極と S 極が対で存在する。

ただし、電荷の場合と異なり、磁場の場合には、一方の極だけを単独で取り出すことはできない。単独の磁荷、すなわち**単極：モノポール** (mono-pole)が存在するかどうかは、現代物理の未解決問題であり、モノポールの存在を信じる物理学者も少なくない。実際に、モノポールの存在を確かめようという実験も世界各所で行われている。

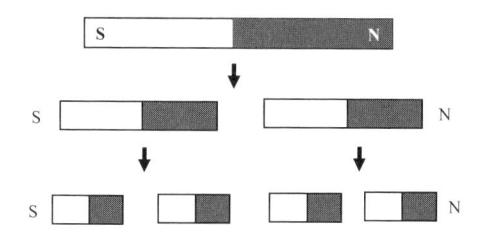

図 8-2　永久磁石を 2 分割すると、それぞれの端部に N 極と S 極からなる磁石となる。さらに分割しても、必ず N 極と S 極の対からなる磁石となり、どちらかの極（モノポール）のみを取り出すことはできない。

しかし、単独の磁荷すなわちモノポールの存在は現時点では、確認されておらず、電磁気学もモノポールは存在せず、N 極と S 極が常に対で現れるということを前提として構築されている。後に紹介するマックスウェル方程式の磁束密度に関する式 $\mathrm{div}\vec{B} = 0$ は、単極が存在しないことを意味している。

ただし、電荷とのアナロジーから、点電荷と同様に、**点磁荷** (point magnetic charge) を仮定して理論を組み立てることは可能であり、かつ、磁場の解析に有効である。例えば、後ほど紹介するように、磁石は $+q_m$ と $-q_m$ の正負の点磁荷が端部に存在する磁荷対：ダイポール (dipole) として、そのまわりの磁場を解析することが可能であり、有効な手法となる。

さらに、実験的にも、図 8-3 に示すように、十分に長い磁石の端部は点磁荷とみなすことができる。

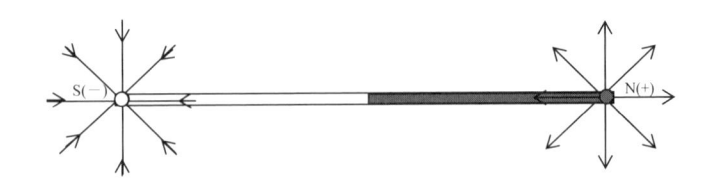

図 8-3　十分に長い棒磁石では、2 極間の距離が大きいため、近似的に端部を点磁荷とみなすことができる。

8.2. 磁気力に関するクーロンの法則

真空中に、磁荷 q_{m1}[Wb]と q_{m2}[Wb]が距離 r[m]で置かれたとき、磁荷の間に働く磁気力 F[N]は

$$F = \frac{1}{4\pi\mu_0}\frac{q_{m1}q_{m2}}{r^2} \ [\text{N}]$$

という式によって与えられる。

電荷の場合と同様のかたちをした**逆二乗則** (inverse square law) となっている。

ここで、μ_0[N/A^2]は、**真空の透磁率** (magnetic permeability of vacuum) と呼ばれる定数であり、電場の場合の真空の誘電率に対応する。このように、**電場のクーロンの法則** (Coulomb's law) と相似の関係が磁場においてもえられる。

あらためて単位を確認すると、力 F の単位はニュートン (Newton: N)、距離 r の単位はメートル (meter : m) であり、磁荷の単位としてはウェーバー (Weber: Wb) を用いる。

1[Wb]の正負の磁荷を 1[m]の距離を置いて、真空中に配したとき、発生する引力は $1/4\pi\mu_0$[N]となる。

また、真空の透磁率は

$$\mu_0 = 4\pi \times 10^{-7} \ [\text{N/A}^2]$$

という値になる。

第8章 静磁場

> **演習 8-1** 真空中に 1[Wb] と −1[Wb]の磁荷を 1[cm]の距離に置いたとき、磁荷の間に働く磁気力を求めよ。

解）

$$F = \frac{1}{4\pi\mu_0}\frac{q_{m1}q_{m2}}{r^2} = \frac{10^7}{(4\pi)^2}\frac{-1}{(0.01)^2} \cong -0.63\times10^9 \ [N]$$

このときの磁気力は 10^9[N]程度であり、100000[t]というとてつもない力である。実は、この演習からもわかるように、1[Wb]という単位は、磁荷の単位としては、非常に大きい値なのである。

8.3. 磁場

電場の場合と同様に、クーロンの法則をもとに、磁場（あるいは磁界）を考えることができる。ある磁荷 q_m[Wb]を置いたときに力 F [N]が働く空間を**磁場** (magnetic field: H) と呼び、磁場 H と力 F の間には

$$F = q_m H$$

という関係が成立する。

F の単位は [N]、q_m の単位は[Wb]なので H の単位は [N/Wb]となる。ただし、次章で示すように、電流[A]との関係から H の単位は[A/m]を採用することが多い。つまり、磁場の単位は電流[A]を距離[m]で除したものとなる。これは、電流によって磁場が生じるという磁場の本質に由来している。

ここで、電場 E の単位を思い出してほしい。それは[V/m]であった。つまり、電圧の距離変化が電場 E であるのに対し、磁場 H は電流の距離変化となるのである。

電場 E → [V/m]　　　磁場 H → [A/m]

ここに電磁気学の神秘が隠されている。そして、電場は、電圧、すなわち、静的な電子濃度の差に対応するのに対し、磁場は電子の運動に起因することを示している。詳細については、後ほど紹介したい。

$F = q_m H$ という関係式によれば、1[Wb]の磁荷 q_m を 1[A/m]の大きさの磁場 H に置いたときに発生する力 F が 1[N]となる。（実際には、このように

単位を定義したのであるが。)

ところで、およそ 80 [A/m]が 1[Oe]（よく使われる単位では 1[G] gauss の磁束密度）に相当するので、1[A/m]は地磁気（〜0.5[Oe]）の 1/40 程度の弱い磁場となる。つまり、1[A]という電流がつくる磁場はそれほど大きくないのである。いい換えれば、電磁石で強い磁場を発生しようとすると、かなり大きな電流が必要となることを示している。

本来、電場と同様に、磁場も力もベクトルであるので、正式には

$$\vec{F} = q_m \vec{H} \quad [\text{N}]$$

というベクトル表示が必要となる。ただし、磁荷 q_m[Wb]はスカラー量である。

ここで磁気力に関するクーロンの法則を変形すると

$$F = \frac{1}{4\pi\mu_0}\frac{q_{m1}q_{m2}}{r^2} = q_{m1}\left(\frac{1}{4\pi\mu_0}\frac{q_{m2}}{r^2}\right) = q_{m1}H_2 \quad [\text{N}]$$

となるので、磁荷 q_{m2}[Wb]がつくる磁場 H_2[A/m]は

$$H_2 = \frac{1}{4\pi\mu_0}\frac{q_{m2}}{r^2} \quad [\text{A/m}]$$

と与えられることになる。

つまり、磁荷 q_{m2}[Wb]が真空に置かれたときに、そのまわりに磁場が発生し、その強さは逆二乗則に従うのである。この関係は、電場の場合と同様である。

さらに、磁場もベクトルであるので、正式には

$$\vec{H} = \frac{1}{4\pi\mu_0}\frac{q_{m2}}{r^2}\frac{\vec{r}}{r} \quad [\text{A/m}]$$

となる。

演習 8-2 磁場(H)の単位が[A/m]であるとき、真空の透磁率 μ_0 の単位が [N/A^2] となることを示せ。

解) $F = q_m H$ から [N]=[Wb][A/m] となるので

$$[\text{Wb}] = \frac{[\text{N}][\text{m}]}{[\text{A}]}$$

となる。ここでクーロンの法則

$$F = \frac{1}{4\pi\mu_0}\frac{q_{m1}q_{m2}}{r^2} \ [\text{N}]$$

から

$$\mu_0 = \frac{1}{4\pi}\frac{q_{m1}q_{m2}}{r^2}\frac{1}{F}$$

したがってμ_0の単位は

$$\frac{[\text{Wb}][\text{Wb}]}{[\text{m}]^2}\frac{1}{[\text{N}]} = \frac{[\text{N}]^2[\text{m}]^2}{[\text{m}]^2[\text{A}]^2}\frac{1}{[\text{N}]} = \frac{[\text{N}]}{[\text{A}]^2}$$

となる。

演習 8-3 真空中に+0.1[Wb]の磁荷を置いたとき、10[m]離れた位置にできる磁場の大きさを求めよ。ただし、真空の透磁率を$\mu_0 = 4\pi \times 10^{-7}\,[\text{N/A}^2]$とする。

解)　磁荷q_m[Wb]が距離r[m]につくる磁場H[A/m]は

$$H = \frac{1}{4\pi\mu_0}\frac{q_m}{r^2} \ [\text{A/m}]$$

と与えられる。よって

$$H = \frac{1}{4\pi\mu_0}\frac{q_m}{r^2} = \frac{1}{16\pi^2 \times 10^{-7}}\frac{0.1}{10^2} = \frac{10^4}{16\pi^2} \cong 63 \ [\text{A/m}]$$

となる。

8.4. 磁位

電場の場合には、**電位** (electric potential) というスカラー量ϕ[V]が存在する。電位は、ちょうど電気のポテンシャルに相当し、その**勾配** (gradient) が

$$\vec{E} = -\text{grad}\phi \ [\text{V/m}]$$

のように電場となることを説明した。
　このアナロジーとして、磁場においても**磁位** (magnetic potential) というスカラー量ϕ_mを考えることができ

$$\vec{H} = -\mathrm{grad}\phi_m \quad [\mathrm{A/m}]$$

という関係が成立する。

磁場 H の単位が[A/m]であるので、磁位 ϕ_m の単位は[A]となる。つまり、磁位の単位は電流と同じアンペアなのである。これには少々違和感があるかもしれない。なぜなら、電流は電子の流れ、つまり運動であって、電位のようなポテンシャルというイメージとは、直接つながらないからである。

これは、まさに、磁場が電流によってつくられるということに由来している。電位の単位が[V]で、磁位の単位が[A]というのは、電磁気学を考えるうえで興味深い事実であろう[1]。

電位を参考にすると、ある点 r [m]における磁位 ϕ_m[A]は、無限遠（つまり磁位が ϕ_m=0[A]の場所）から 1[Wb]の正の単位磁荷を、この点まで移動させるのに要する仕事となり

$$\phi_m(r) = -\int_\infty^r F dr = -\int_\infty^r 1 \cdot H dr \quad [\mathrm{J}]$$

と与えられる。

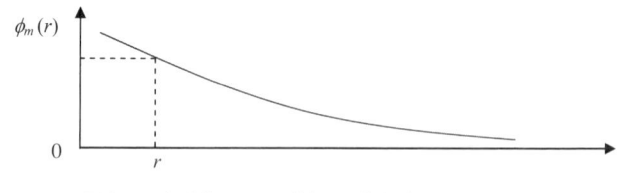

図 8-4 点磁荷による磁位の距離依存性。

演習 8-4 点磁荷 q_m[Wb]から a[m]の距離にある点の磁位 ϕ_m[A]を求めよ。

解） 点磁荷 q_m[Wb]がつくる磁場は、距離 r[m]の関数として

$$H = \frac{1}{4\pi\mu_0} \frac{q_m}{r^2} \quad [\mathrm{A/m}]$$

---

[1] このため、磁位そのものの意義を否定するグループもあり、電磁気学の教科書によっては電位の存在は認めるが、磁位は存在しないとして理論展開するものもある。さらに、単極（点磁荷）も存在しないので、磁荷を認めず、磁場が電流によって生じるという事実をもとに、電磁気学を構築する立場もある。

と与えられる。

したがって、無限遠から、距離 a[m]の位置まで 1[Wb]の磁荷を移動させるのに要する仕事は

$$\phi_m(a) = -\int_\infty^a H dr = -\frac{1}{4\pi\mu_0}\int_\infty^a \frac{q_m}{r^2}dr = \frac{1}{4\pi\mu_0}\left[\frac{q_m}{r}\right]_\infty^a = \frac{q_m}{4\pi\mu_0 a} \quad [\text{J}]$$

となり、これが、この点での磁位 $\phi_m(a)$[A]となる。

磁位 ϕ_m[A]の勾配は磁場

$$\vec{H} = -\text{grad}\phi_m \quad [\text{A/m}]$$

となるので、磁位がわかれば、その grad を計算することで、磁場を求めることができる。磁位はベクトルではなく、スカラーであるので、電位の場合と同様に、磁位を使ったほうが、磁場の解析に有利となる場合もある。

ちなみに、点磁荷 q_m[Wb]の場合には、この磁荷から r[m]だけ離れた面の磁位は

$$\phi_m(r) = \frac{q_m}{4\pi\mu_0 r} \quad [\text{A}]$$

と与えられるので、この面での磁場の強さは

$$H = -\frac{d\phi_m(r)}{dr} = \frac{q_m}{4\pi\mu_0 r^2} \quad [\text{A/m}]$$

となる。

演習 8-5 2次元平面の点 (x, y) [m]における磁位が

$$\phi_m(x, y) = 2x + 3y \quad [\text{A}]$$

と与えられるとき、この2次元平面の磁場を求めよ。

解） 磁場ベクトルは $\vec{H} = -\text{grad}\phi_m$ [A/m]と与えられるので

$$\begin{pmatrix} H_x \\ H_y \end{pmatrix} = -\begin{pmatrix} \partial\phi_m/\partial x \\ \partial\phi_m/\partial y \end{pmatrix} = -\begin{pmatrix} 2 \\ 3 \end{pmatrix} \quad [\text{A/m}]$$

となる。

8.5. 磁束密度

電場 E [V/m]において電束密度 D[C/m^2]を定義したように、磁場 H [A/m]においても**磁束密度** (magnetic flux density): B[Wb/m^2]を定義することができる。ベクトル表示すれば、真空中における磁束密度ベクトルは磁場ベクトルと

$$\vec{B} = \mu_0 \vec{H} \quad [\text{Wb/m}^2]$$

という関係にある。

ただし、μ_0[N/A^2]は真空の透磁率である。この関係は、真空の場合の式であるが、一般の空間においては、その透磁率を μ [N/A^2]とすると

$$\vec{B} = \mu \vec{H} \quad [\text{Wb/m}^2]$$

と与えられる。

ここで、電場の場合の電気力線と同じように**磁力線** (magnetic force line)というものを仮定してみよう。実際には、磁場空間に磁力線というものは存在しないが、磁場の強さと方向を示す指標として導入すると便利である[2]。

このとき、磁力線は正の磁荷（すなわち N 極）から発生して、負の磁荷（すなわち S 極）に向かうと定義する。電場の電気力線の場合と同じように、磁場空間においては、磁力線の接線方向が、磁場 H[A/m]の向きとなり、その本数（単位体積あたりの密度）が磁場強度となる。

磁荷 q_m[Wb]から、発生される磁場は

$$H = \frac{q_m}{4\pi\mu_0 r^2} = \frac{(q_m/\mu_0)}{4\pi r^2} \quad [\text{A/m}]$$

となるので、電気力線のときと同様に考えれば、磁荷 q_m[Wb]から発せられる磁力線の数は、q_m/μ_0 本となる。

一方、磁荷 q_m[Wb]から生じる磁束線の数は q_m 本となる。電束密度と同様に、透磁率が変化しても、磁束線の数は変化しない。これが磁束線を導入する利点である。

---

[2] 磁石のまわりに砂鉄をふりまくと、磁力線を目で観察できると誤解している人が多い。実際に、一流の物理学者であっても、磁力線の存在を主張するひとも多く、それが思わぬ誤解を招くこともある。磁石のまわりに観察される線は、磁石に引き寄せられた砂鉄が磁化されることによって局所的に磁場が強くなるため、別の砂鉄が引き寄せられる結果として観察されるもので、もともと磁力線という力線がその場にあったものではない。

また、これまで電場の電束線にならって磁束線と呼んでいるが、一般には、**磁束** (magnetic flux) と呼ぶことも多い。磁束 Φ の数は、磁荷 q_m[Wb]に一致するので、磁束の単位は磁荷と同じ[Wb]となる。したがって、すでに示しているが、磁束密度 : B の単位は[Wb/m^2]となる。さらに、[Wb/m^2]のかわりにテスラ (T: tesla) という単位を使うことも多い。

例えば、1[m^2]に 10 本（10[Wb]）の磁束 Φ があるとき、その磁束密度は 10 [Wb/m^2]あるいは 10 [T]となる。

演習 8-6 真空において、$H=10^5$[A/m]の磁場があるとき、この空間の磁束密度 B [Wb/m^2]の大きさを求めよ。
ただし、真空の透磁率を $\mu_0 = 4\pi \times 10^{-7}$ [N/A^2] とする。

解） $B = \mu_0 H = 4\pi \times 10^{-7} \times 10^5 = 4\pi \times 10^{-2} \cong 0.126\,[\text{Wb/m}^2]$

ちなみに 0.126 [Wb/m^2] という磁場は 0.126[T]であり、なじみのある cgs 単位では 1260[G]となるので、比較的強い永久磁石程度の磁場である。

8.6. 磁石による磁場

永久磁石がつくる磁場を求めるには、その端部に磁荷 $+q_m$[Wb]と $-q_m$[Wb]があるものとして、それぞれの磁荷がつくる磁場を求めたうえで、合成すればよい。

この計算は電荷のまわりの電場とまったく同様にできるので、簡単である。これが（本来は存在しないはずの）磁荷という概念を導入する利点である。

ここでは、まず、磁気力に関するクーロンの法則を使って、合成磁気力を求めたうえで、合成磁場を求めてみよう。

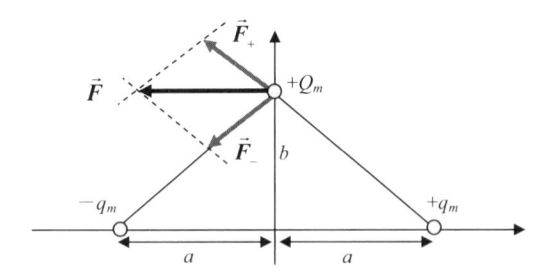

図 8-5　磁気双極子が磁荷+Q_mに及ぼす磁気力。

　図 8-5 に示した 2 次元平面で考え、磁荷+q_m[Wb]と−q_m[Wb]が、それぞれ座標の x 軸上の点 (+a, 0)[m]と (−a, 0)[m]にあるとする。ここで、もうひとつの磁荷+Q_m[Wb]を考える。この磁荷が y 軸上の点 (0, +b) [m]に位置しているものとする。

　すると、座標 (0, +b) [m]の磁荷+Q_m[Wb]に働く磁気力は、磁荷+q_m[Wb]が及ぼす力

$$\vec{F}_+ = -\frac{kq_m Q_m}{(a^2+b^2)\sqrt{a^2+b^2}}\begin{pmatrix} a \\ -b \end{pmatrix} \text{ [N]}$$

と磁荷−q_m[Wb]が及ぼす力

$$\vec{F}_- = \frac{kq_m Q_m}{(a^2+b^2)\sqrt{a^2+b^2}}\begin{pmatrix} -a \\ -b \end{pmatrix} \text{ [N]}$$

となり、この磁荷+Q_m[Wb]に働く力ベクトルは

$$\vec{F} = \vec{F}_+ + \vec{F}_- = \frac{kq_m Q_m}{(a^2+b^2)\sqrt{a^2+b^2}}\begin{pmatrix} -2a \\ 0 \end{pmatrix} \text{ [N]}$$

と与えられる。ただし、$k = 1/4\pi\mu_0$ [A^2/N]である。

　y 成分が 0 であるので、力の向きは、x 軸に平行で、負の方向となる。これから、磁場ベクトルは

$$\vec{F} = Q_m \vec{H} \text{ [N]}$$

より

$$\vec{H} = \frac{kq_m}{(a^2+b^2)\sqrt{a^2+b^2}}\begin{pmatrix} -2a \\ 0 \end{pmatrix} = \frac{1}{4\pi\mu_0}\frac{2aq_m}{(a^2+b^2)\sqrt{a^2+b^2}}\begin{pmatrix} -1 \\ 0 \end{pmatrix} \text{ [A/m]}$$

と与えられる。

第8章　静磁場

同様の計算をすれば、任意の位置の磁場を、すべて求めることができる。

もちろん、磁荷+Q_m[Wb]に作用する磁気力を考えずに、+q_m[Wb]と－q_m[Wb]の磁荷がつくる磁場ベクトルを直接合成してもよい。この場合、磁場は磁荷1[Wb]に作用する磁気力と等しいので

$$\vec{H}_+ = -\frac{1}{4\pi\mu_0}\frac{kq_m}{(a^2+b^2)\sqrt{a^2+b^2}}\begin{pmatrix} a \\ -b \end{pmatrix} \text{ [A/m]}$$

$$\vec{H}_- = \frac{1}{4\pi\mu_0}\frac{kq_m}{(a^2+b^2)\sqrt{a^2+b^2}}\begin{pmatrix} -a \\ -b \end{pmatrix} \text{ [A/m]}$$

よって、その合成磁場は

$$\vec{H} = \vec{H}_+ + \vec{H}_- = \frac{1}{4\pi\mu_0}\frac{2kq_m}{(a^2+b^2)\sqrt{a^2+b^2}}\begin{pmatrix} -a \\ 0 \end{pmatrix} \text{ [A/m]}$$

となる。

以上の方法を利用して、任意の点の磁場を計算すれば、磁気双極子がつくる磁場の分布を求めることができる。それは図8-6(a)に示すように、+極（N極）から－極（S極）に向かう方向となる。

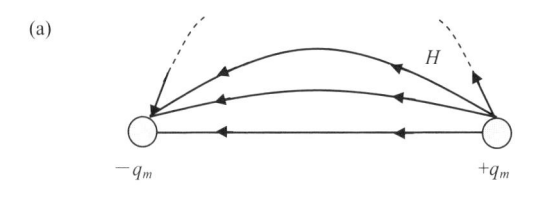

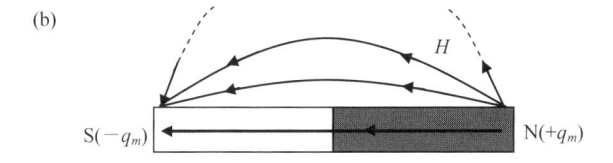

図8-6　永久磁石がつくる磁場は、磁場双極子がつくる磁場と相似である。

永久磁石が両端に±q_m[Wb]の磁荷を有する磁気双極子と等価とみなすと、その磁場分布は、図8-6(b)に示すようになる。ただし、実際の場合には、端部の磁荷は点磁荷ではなく、その面全体に分布しているので、少し修正が

必要となる。

> **演習 8-7** 磁荷$+q_m$[Wb]と$-q_m$[Wb]が、それぞれ座標のx軸上の点$(+a,0)$[m]と$(-a,0)$[m]にあるとき、任意の位置における磁場$\vec{H}(x,y)$[A/m]と磁位$\phi(x,y)$[A]を求めよ。

解） 図 8-7 に示すように、任意の点$p(x,y)$に 1[Wb]の磁荷を置いた場合を考えてみる。

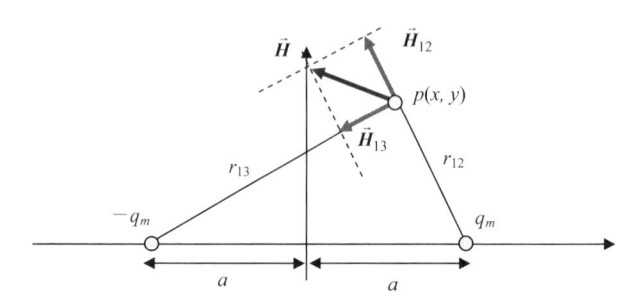

図 8-7 磁気双極子による磁場。

点$p(x,y)$における磁場ベクトル$\vec{H}$[A/m]は、$(+a,0)$[m]に位置する磁荷$+q_m$[Wb]がつくる磁場$\vec{H}_{12}$[A/m]と$(-a,0)$[m]に位置する電荷$-q_m$[Wb]がつくる磁場$\vec{H}_{13}$[A/m]のベクトル和となる。

$$\vec{H} = \vec{H}_{12} + \vec{H}_{13} \quad [\text{A/m}]$$

ここで

$$\vec{H}_{12} = -\frac{q_m}{4\pi\mu_0}\frac{\vec{r}_{12}}{r_{12}^3} \quad [\text{A/m}] \qquad \vec{H}_{13} = \frac{q_m}{4\pi\mu_0}\frac{\vec{r}_{13}}{r_{13}^3} \quad [\text{A/m}]$$

と与えられる。

つぎに、位置ベクトルの合成から

$$\vec{r}_{12} = \begin{pmatrix} a \\ 0 \end{pmatrix} - \begin{pmatrix} x \\ y \end{pmatrix} = \begin{pmatrix} a-x \\ -y \end{pmatrix} \quad [\text{m}] \qquad \vec{r}_{13} = \begin{pmatrix} -a \\ 0 \end{pmatrix} - \begin{pmatrix} x \\ y \end{pmatrix} = \begin{pmatrix} -a-x \\ -y \end{pmatrix} \quad [\text{m}]$$

となり、磁場ベクトルは

$$\vec{H} = -\frac{q_m}{4\pi\mu_0}\frac{\vec{r}_{12}}{r_{12}^3} + \frac{q_m}{4\pi\mu_0}\frac{\vec{r}_{13}}{r_{13}^3} = \frac{q_m}{4\pi\mu_0}\left\{-\frac{1}{r_{12}^3}\begin{pmatrix} a-x \\ -y \end{pmatrix} + \frac{1}{r_{13}^3}\begin{pmatrix} -a-x \\ -y \end{pmatrix}\right\} \quad [\text{A/m}]$$

ただし

$$r_{12} = \sqrt{(a-x)^2 + y^2} = \sqrt{(x-a)^2 + y^2} \quad [\text{m}]$$

$$r_{13} = \sqrt{(-a-x)^2 + y^2} = \sqrt{(x+a)^2 + y^2} \quad [\text{m}]$$

である。

したがって $\vec{H} = \begin{pmatrix} H_x \\ H_y \end{pmatrix}$ [A/m]とすると

$$H_x = \frac{q_m}{4\pi\mu_0} \left\{ \frac{x-a}{[(x-a)^2 + y^2]^{\frac{3}{2}}} - \frac{x+a}{[(x+a)^2 + y^2]^{\frac{3}{2}}} \right\} \quad [\text{A/m}]$$

$$H_y = \frac{q_m}{4\pi\mu_0} \left\{ \frac{y}{[(x-a)^2 + y^2]^{\frac{3}{2}}} - \frac{y}{[(x+a)^2 + y^2]^{\frac{3}{2}}} \right\} \quad [\text{A/m}]$$

となる。

　つぎに磁位を求めよう。まず、$(+a,0)$[m]に位置する磁荷$+q_m$[Wb]が点$p(x,y)$につくる磁位 $\phi_{m1}(x,y)$[A]は

$$\phi_{m1}(x,y) = \frac{1}{4\pi\mu_0} \frac{q_m}{r_{12}} \quad [\text{A}]$$

つぎに、$(-a,0)$[m]に位置する磁荷$-q_m$[Wb]が点$p(x,y)$につくる磁位 $\phi_{m2}(x,y)$[A]は

$$\phi_{m2}(x,y) = -\frac{1}{4\pi\mu_0} \frac{q_m}{r_{13}} \quad [\text{A}]$$

したがって、点$p(x,y)$の磁位 $\phi_m(x,y)$[A]は

$$\phi_m(x,y) = \phi_{m1}(x,y) + \phi_{m2}(x,y) = \frac{1}{4\pi\mu_0} \frac{q_m}{r_{12}} - \frac{1}{4\pi\mu_0} \frac{q_m}{r_{13}} = \frac{q_m}{4\pi\mu_0} \left(\frac{1}{r_{12}} - \frac{1}{r_{13}} \right) \quad [\text{A}]$$

となる。

$$r_{12} = \sqrt{(x-a)^2 + y^2} \quad [\text{m}] \qquad r_{13} = \sqrt{(x+a)^2 + y^2} \quad [\text{m}]$$

であるので

$$\phi_m(x,y) = \frac{q_m}{4\pi\mu_0}\left(\frac{1}{\sqrt{(x-a)^2+y^2}} - \frac{1}{\sqrt{(x+a)^2+y^2}}\right) \quad [\text{A}]$$

が磁位を与える式である。

演習 8-8 磁荷$+q_m$[Wb]と$-q_m$[Wb]が、それぞれ座標のx軸上の点 $(+a,0)$[m]と $(-a,0)$[m]にあるとき、$r \gg a$[m]として、極座標 (r, θ) で表現したときの、磁場のr方向とθ方向の成分を求めよ。

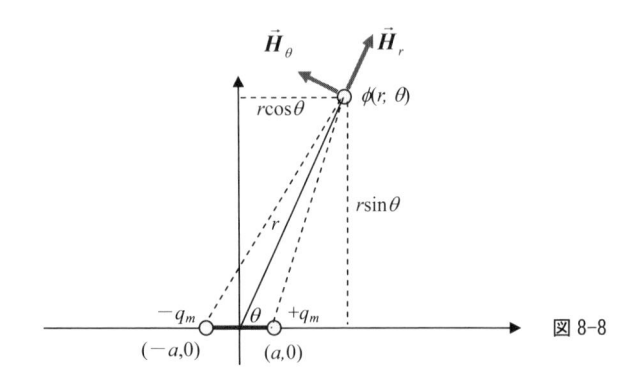

図 8-8

解） 第2章の電気双極子の例を参考にすると、磁気双極子の磁位ϕ_m[A]は、極座標では

$$\phi_m(r,\theta) = \frac{q_m a}{2\pi\mu_0 r^2}\cos\theta \quad [\text{A}]$$

と与えられる。したがって、極座標における磁場は

$$\vec{H} = -\text{grad}\,\phi_m(r,\theta) \quad [\text{A/m}]$$

となる。2次元の極座標における grad は

$$\text{grad}\,\phi_m(r,\theta) = \frac{\partial \phi_m(r,\theta)}{\partial r}\vec{e}_r + \frac{1}{r}\frac{\partial \phi_m(r,\theta)}{\partial \theta}\vec{e}_\theta$$

と与えられる（補遺1参照）。

したがって、磁場のr成分とθ成分は

$$H_r = -\frac{\partial \phi_m(r,\theta)}{\partial r} = \frac{q_m a}{\pi \mu_0 r^3}\cos\theta \quad [\text{A/m}]$$

$$H_\theta = -\frac{1}{r}\frac{\partial \phi_m(r,\theta)}{\partial \theta} = \frac{q_m a}{2\pi \mu_0 r^3}\sin\theta \quad [\text{A/m}]$$

となる。

8.7. 磁気モーメント

8.7.1. 磁石の磁気モーメント

棒磁石は、図 8-9 に示すように、$+q_m$[Wb]と$-q_m$[Wb]の磁荷が距離 d[m]だけ離れた磁荷対とみなすことができる。

ここで、負の磁荷（S極）から正の磁荷（N極）に向かう、大きさが d[m]のベクトルを $\vec{d}$ として、新たなベクトル $\vec{I} = q_m\vec{d}$ [Wbm]を考える。$\vec{d}$ は、いわば位置ベクトルであるが、ここでは、双極子の腕の長さと方向を与える指標となる。

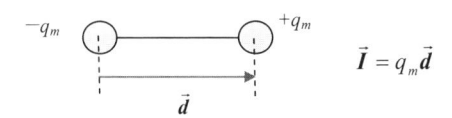

図 8-9　磁気双極子と磁気モーメント。

このベクトル $\vec{I} = q_m\vec{d}$ の大きさは、磁荷に腕の長さをかけたもの

$$I = |\vec{I}| = q_m d \quad [\text{Wbm}]$$

であり、**磁気モーメント** (magnetic moment) と呼ばれている。

また、位置ベクトルの方向は－から＋に向く方向であるので、磁極でいえば、S極からN極へ向かう方向となり、磁場の方向とは逆向きとなる。

実は、後ほど紹介するが、磁気モーメントは、磁性体に磁場を印加したときに、磁石化される現象である**磁化** (magnetization) と密接な関係にある。

さらに、磁気モーメントは、磁石の強さを示す指標となる。ここで、重要な点は、磁気モーメントは、磁石の外から見たとき、磁力線が発生する向きと同じということである（図 8-10 参照）。

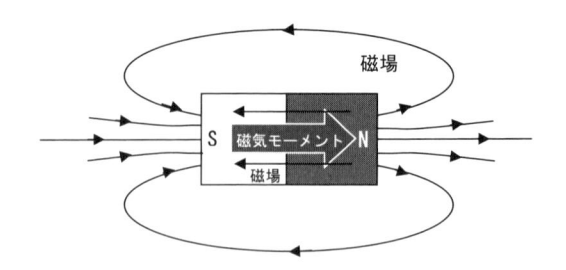

図 8-10 磁石の磁気モーメントと磁力線。磁力線は N 極から S 極に向かうので、磁石の内部では磁気モーメントと逆の向きとなる。しかし、磁力線が、磁石から湧き出すというイメージを描くと、図から明らかなように、磁石の能力を示す指標として、磁気モーメントを採用するのが妥当である。

磁気モーメント I[Wbm]を磁石の能力を示す指標と考えると

$$I = q_m d \quad [\text{Wbm}]$$

という関係から、まず、磁石端部の磁荷の大きさ q_m[Wb]が大きいほど強い磁石になることがわかる。これは、考えれば当たり前であろう。

一方、端部にある磁荷の大きさが同じ場合、腕の長さ d[m]が長いほど、磁石としての能力が高くなることになる。こちらは直観では理解しにくいであろう。

これは、引力を及ぼす正負の磁荷の$+q_m$[Wb]と$-q_m$[Wb]を引き離す際、その距離が長いほど、大きなエネルギーを要することに対応している。つまり、磁石に蓄えられる磁気エネルギー、すなわち磁石の能力は、腕の長さに比例して大きくなると理解することができる。

一方、従来から薄膜磁石（薄い磁石）は機能しないといわれている。これは、磁気モーメントが磁石の能力ということを考えれば容易に理解できる。どんなに磁荷を大きくしても d[m]が小さいと、磁気モーメントは小さくなるからである。

演習 8-9 端部の磁荷が±3[Wb]の磁石において、厚みが 1[cm]と 1[μm]の場合の磁気モーメントを求めよ。

解） 磁気モーメントは

$$I = q_m d \quad [\text{Wbm}]$$

によって与えられるので、厚みが 1[cm]と 1[μm]の磁石の磁気モーメントは

$$I = 3 \times 10^{-2} = 0.03 \quad [\text{Wbm}]$$
$$I = 3 \times 10^{-6} = 0.000003 \quad [\text{Wbm}]$$

となる。

この演習からわかるように、磁荷が同じ場合でも、薄い磁石の磁気モーメントは非常に小さくなることがわかる。

8.7.2. 磁気双極子

永久磁石を 2 つに分割すると、2 個の永久磁石ができる。どんなに小さく分割しても、その素片は、N と S の 2 極からなる磁石となる。つまり、永久磁石は、小さなミクロ磁石すなわち**分子磁石** (molecular magnet) の集合とみなすことができるのである。

そこで、磁石の基本単位である分子磁石を、図 8-11 に示したように、その端部に$+q_m$[Wb]と$-q_m$[Wb]の磁荷を有する**磁気双極子** (magnetic dipole) と考える。

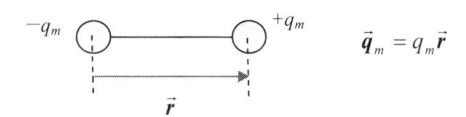

図 8-11 磁気双極子（分子磁石）の構造と磁気モーメント。

ここで、負の磁荷（S 極）から正の磁荷（N 極）に向かう、大きさが r [m]のベクトルを$\vec{r}$として、ベクトル$\vec{q}_m = q_m \vec{r}$を考える。その大きさは

$$|\vec{q}_m| = q_m r \quad [\text{Wbm}]$$

となり、磁気双極子（分子磁石）の**磁気モーメント** (magnetic moment) となる。これを磁石における磁気モーメントの基本単位と考える。

8.7.3. 磁気モーメントの和

普通の磁石は、分子磁石の集合体であるので、この分子磁石、すなわち

磁気双極子の磁気モーメントの和によって、一般の磁石の磁気モーメントがえられるはずである。

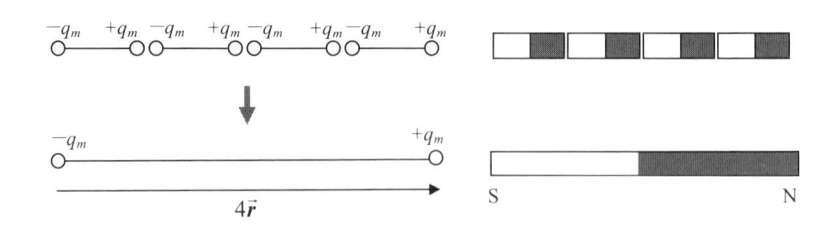

図 8-12 磁気双極子（分子磁石）を4個直列につないだ場合の磁気モーメント。

まず、図 8-12 のように、磁気双極子（分子磁石）を直列に並べた場合の合成を考える。ここでは、4個の磁気双極子を並べた場合を示す。右図に対応した分子磁石の配列を示す。

すると、図のように、内部の磁気双極子の正と負の磁荷は、互いに打ち消しあうため、端部にのみ磁荷が残り、ちょうど磁気双極子の腕の長さが4倍になったものと等価となる。したがって、合成した磁気モーメントは

$$\vec{I} = q_m(4\vec{r}) = 4q_m\vec{r} = 4\vec{q}_m \quad [\text{Wbm}]$$

と与えられる。

つぎに、図 8-13 のように、磁気双極子（分子磁石）を並列に並べた場合の合成を考える。ここでは、3個の分子磁石を並べた場合を示す。

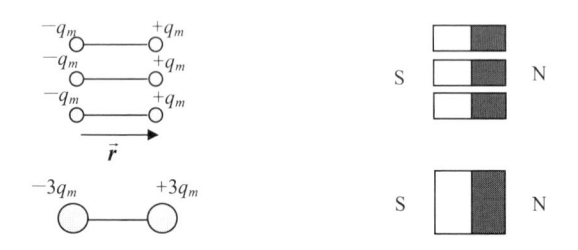

図 8-13 磁気双極子(分子磁石)を並列に配した場合の合成磁気モーメント。

この図からわかるように、並列の場合には、ちょうど並べた分子磁石の数だけ磁荷が大きくなった磁石の磁気モーメントと等価となる。したがっ

て、磁気モーメントは

$$\vec{I} = 3q_m \vec{r}$$

と与えられる。

演習 8-10 端部の磁荷が±q_m[Wb]で長さが r[m]の分子磁石を横に 4 個、たてに 3 列ならべた場合の磁気モーメントの和を求めよ。

解) これら分子磁石の磁気モーメントの合成ベクトルは、図 8-14 に示すように、電荷が±$3q_m$[Wb]で距離が $4r$[m]の磁気双極子と等価となる。

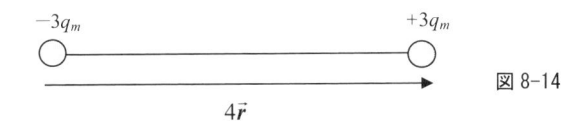

```
    −3q_m                        +3q_m
      ○ ─────────────────────── ○
                                        図 8-14
              ─────────────▶
                   4r⃗
```

したがって、合成磁気モーメントは

$$\vec{I} = (3q_m)(4\vec{r}) = 12q_m \vec{r} \quad [\text{Wbm}]$$

となる。

以上の結果からもわかるように、結局、12 個の磁気双極子(分子磁石)がある場合の合成磁気モーメントは、分子磁石の磁気モーメントを 12 倍したものとなる。したがって、N 個の分子磁石が集まって磁石を構成している場合、その磁気モーメントは

$$\vec{I} = Nq_m \vec{r} \quad [\text{Wbm}]$$

と与えられることになる。

いまは、2 次元の場合を示したが、3 次元の場合にも、そのまま拡張でき、単に分子磁石の数を足せばよいことがわかる。ここで、N 個の分子磁石からなる磁石の磁気モーメント $\vec{I}$ の大きさは

$$I = |\vec{I}| = Nq_m r \quad [\text{Wbm}]$$

となる。

8.7.4. 磁気モーメントと磁荷

図 8-15 に示すように、端部に磁荷$+Q_m$[Wb]と$-Q_m$[Wb]のある磁石を考える。

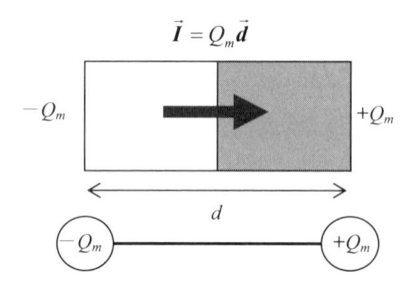

図 8-15 端部の磁荷が$\pm Q_m$[Wb]の磁石の磁気モーメント。

この磁石の磁気モーメントは
$$\vec{I} = Q_m \vec{d} \quad [\text{Wbm}]$$
となり、その大きさは
$$I = |\vec{I}| = Q_m d \quad [\text{Wbm}]$$
となる。

ここで、この磁石がN個の分子磁石の集合体と考えると
$$N q_m r = Q_m d \quad [\text{Wbm}]$$
という関係が成立する。

したがって、磁石の磁荷は、分子磁石の磁気モーメントを使うと
$$Q_m = \frac{N q_m r}{d} \quad [\text{Wb}]$$
と与えられることになる。

ここで、磁石の形状を、断面積S [m^2]で厚さがd [m]とする。さらに、規格化するために、単位体積中の分子磁石の個数をn[m^{-3}]とする。

すると
$$N = Sdn$$
という関係にあるので

$$Q_m = \frac{Nq_m r}{d} = \frac{Sdnq_m r}{d} = Snq_m r \quad [\text{Wb}]$$

から

$$\frac{Q_m}{S} = nq_m r \quad [\text{Wb/m}^2]$$

という関係がえられる。左辺は、磁石端部の単位面積あたりの磁荷、すなわち磁束密度である。また、右辺は単位体積あたりの分子磁石が有する磁気モーメントの総和となる。

したがって、単位体積あたりの磁気モーメントを $\vec{P}_m$ と置くと

$$\vec{P}_m = nq_m \vec{r} \qquad P_m = \left|\vec{P}_m\right| = nq_m r \quad [\text{Wb/m}^2]$$

と与えられる。

$\vec{P}_m$ の単位は、[磁気モーメント]÷[体積]なので

$$\frac{I[\text{Wbm}]}{V[\text{m}^3]} = P_m[\text{Wb/m}^2]$$

となり、磁束密度の単位と同じになる。

一方、磁石表面の磁束密度 $B_m[\text{Wb/m}^2] = Q_m[\text{Wb}]/S[\text{m}^2]$ は

$$B_m = \frac{Q_m}{S} = nq_m r = P_m \quad [\text{Wb/m}^2]$$

となり、単位体積あたりの磁気モーメントの大きさと等しくなる。

このように、「磁性体の端部に誘導される磁束密度 $B_m[\text{Wb/m}^2]$ は、単位体積あたりの磁気モーメントの大きさ $P_m[\text{Wb/m}^2]$ に等しい」という重要な関係が導出できるのである。

演習 8-11 端部の面積が 1[cm^2] で長さが 4[cm] の棒磁石の、両端部の磁荷の大きさが ±0.0001[Wb] であるとき、この磁石の単位体積あたりの磁気モーメントの大きさ $P_m[\text{Wb/m}^2]$ を求めよ。

解) 磁石端部の磁束密度 $B_m[\text{Wb/m}^2]$ は

$$B_m = \frac{0.0001}{(0.01)^2} = 1 \quad [\text{Wb/m}^2]$$

となるので、この磁石の単位体積あたりの磁気モーメントは
$$P_m = 1 \ [\text{Wb/m}^2]$$
となる。

演習 8-12 単位体積あたりの磁気モーメントが P_m=0.1 [Wb/m²]である磁石の端部の磁荷の大きさを求めよ。ただし、端部の面積は $S = 0.1 [\text{m}^2]$ とする。

解） 単位体積あたりの磁気モーメント P_m [Wb/m²]は、端部の磁束密度 B_m[Wb/m²]に等しいので、端部の磁荷の大きさ Q_m[Wb]は
$$Q_m = B_m S = 0.1 \times 0.1 = 0.01 \ [\text{Wb}]$$
となる。

8.8. 反磁場

磁気モーメントは、磁石の能力を示す指標である。ただし、磁気モーメントの向きは、磁石の S 極から N 極へ向かう方向であり、磁極が発生する磁石内部の磁場とは逆の方向となる。

ここで、図 8-16 に示すように端部の磁荷が±Q_m[Wb]で長さが $4d$ [m]の磁石と、端部の磁荷が±$4Q_m$[Wb]で長さが d [m]の磁石を比較してみよう。

これら磁石の磁気モーメントは、いずれも
$$\vec{I} = 4Q_m \vec{d}$$
となるので、磁石としての能力は等しいということになる。

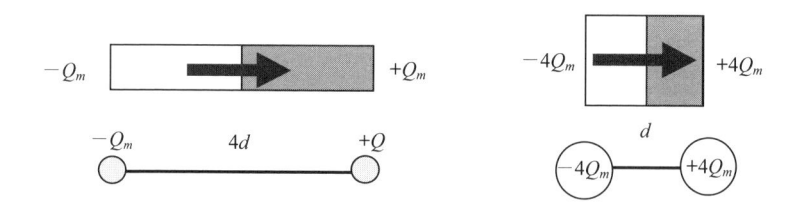

図 8-16 磁気モーメントの等しい 2 種類の磁石。

しかし、結果から示すと、左側の磁石のほうが磁石としての能力は高くなるのである。この理由は、磁石内部にできる磁場にある。磁気モーメン

第8章 静磁場

トは、磁石が外部に発生できる磁場の大きさに対応している。ところが、磁石端部にある磁極によって、磁石内部にできる磁場は逆方向となる。

つまり、磁石の能力を弱める方向に内部磁場ができるのである。このため、この磁場を**反磁場** (demagnetization field) と呼んでいる。英語の de- は否定を表す接頭語であり、magnetization は磁化であるので、磁石の磁化を弱めるという意味になる。反磁場のことを**自己減磁界**と呼ぶこともある。

演習 8-13 端部の磁荷が $\pm Q_m$[Wb] で長さが $4d$[m] の磁石と、端部の磁荷が $\pm 4Q_m$[Wb] で長さが d[m] の磁石の磁石内の中心位置における反磁場の大きさを求めよ。ただし、磁荷は、点磁荷と仮定してよいものとする。

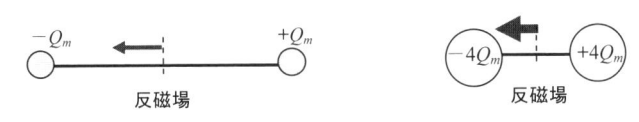

図 8-17

解) 端部の磁荷 $+Q_m$[Wb] が中心位置につくる磁場は

$$H_+ = \frac{1}{4\pi\mu_0}\frac{Q_m}{(2d)^2} = \frac{1}{4\pi\mu_0}\frac{Q_m}{4d^2} \quad [\text{A/m}]$$

であり、その向きは N 極から S 極に向かう方向である。一方、$-Q_m$[Wb] が中心位置につくる磁場は

$$H_- = -\frac{1}{4\pi\mu_0}\frac{-Q_m}{(2d)^2} = \frac{1}{4\pi\mu_0}\frac{Q_m}{4d^2} \quad [\text{A/m}]$$

となり、N 極の磁荷がつくる磁場と同じになる。結局、反磁場の大きさは

$$H = \frac{1}{4\pi\mu_0}\frac{Q_m}{2d^2} \quad [\text{A/m}]$$

であり、その向きは N 極から S 極に向かう方向である。

同様にして端部の磁化が $\pm 4Q_m$[Wb] で長さが d[m] の磁石の場合は

$$H = \frac{1}{4\pi\mu_0}\frac{2(4Q_m)}{(d/2)^2} = \frac{1}{4\pi\mu_0}\frac{32Q_m}{d^2} \quad [\text{A/m}]$$

となる。磁場の向きは N 極から S 極である。

この演習結果から、磁石の磁気モーメントの大きさが等しい場合でも、その形状によって磁石内部に形成される反磁場の大きさは異なることがわかる。

ただし、この演習では、端部の磁荷を点磁荷と仮定して計算しているが、実際の場合には、磁荷は、磁石端部に面状に分布しているので、これほどの差は生じない。面積を考え、磁石が同じ材質とすれば磁荷が異なっても、磁束密度は同じになるので、正味の差は 1/4 程度となる。

反磁場の大きさは、磁石の磁気モーメントに比例し、基本的には磁石の形状によって決まる。ここで、反磁場を H_d[A/m]とし、単位体積あたりの磁気モーメントを P_m[Wb/m^2]とすると

$$\mu_0 H_d = -N_d P_m \quad (\mu_0 \vec{H}_d = -N_d \vec{P}_m)$$

のように、反磁場は P_m[Wb/m^2]に比例すると考えられる。このとき、比例定数の N_d を**反磁場係数** (demagnetizing factor) と呼び

$$0 \leq N_d \leq 1$$

の範囲にある無次元の定数となる。

よって、磁気モーメントも反磁場係数の影響を受け、単位体積あたりの磁気モーメントが P_m[Wb/m^2]の磁石の場合、その反磁場係数を N_d とすると、磁石端に生じる実効的な磁束密度 B_{eff}[Wb/m^2]は

$$B_{eff} = (1 - N_d) P_m \quad [\text{Wb/m}^2]$$

と与えられる。

反磁場係数は、磁石の形状によって決まる定数であるので、反磁場効果のことを**形状効果** (geometrical effect) と呼ぶこともある。

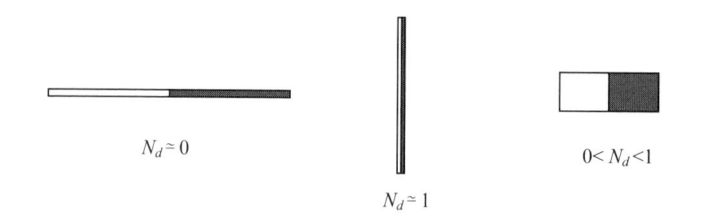

図 8-18 磁石形状と反磁場係数 (N_d)。

例えば、無限に長い磁石では N_d=0 となり、単位体積あたりの磁気モーメ

ントが、そのまま、磁石端部の磁束密度となる。一方、厚みのない扁平な磁石では、ほぼ N_d=1 となり、B_{eff}=0[Wb/m^2]となって磁石として機能しないことになる。

　磁気モーメントの項において、薄膜の磁石をつくるのは難しいという話をしたが、磁気モーメントだけではなく、反磁場という観点からも、薄い磁石は磁石として機能しないことがわかる。

　一般的な棒状磁石の反磁場係数は 0< N_d <1 の範囲にあり、反磁場係数はアスペクト比、すなわち長さ/厚み（ℓ/d）が大きくなるほど小さくなる。よって、磁気モーメント（あるいは磁化）が同じ場合、アスペクト比の大きなものほど、磁石としては有利ということになる。アスペクト比が 1 の場合の反磁場係数は $N_d \approx$ 0.27 程度であり、球状をした磁石の反磁場係数は N_d =1/3 となる。

演習 8-14　単位体積あたりの磁気モーメントの大きさが P_m=0.1[Wb/m^2]の磁石の端部にできる磁束密度 B_{eff} [Wb/m^2]の大きさを求めよ。ただし、磁石の反磁場係数を N_d=0.3 とする。

解）　磁石の端部にできる磁束密度は B_m[Wb/m^2]は単位体積あたりの磁気モーメント P_m[Wb/m^2]に等しいが、実際の磁石では反磁場（形状効果）の影響を受け、実効的な磁束密度は

$$B_{eff} = (1 - N_d)P_m \quad [\text{Wb/m}^2]$$

によって与えられる。したがって

$$B_{eff} = (1 - N_d)P_m = 0.7 \times 0.1 \cong 0.07 \quad [\text{Wb/m}^2]$$

8.9.　磁石のエネルギー

8.9.1.　磁気双極子のポテンシャル・エネルギー

　磁場 H [A/m]の空間に置かれた磁石が有するエネルギーを求めてみよう。磁石は磁極の大きさが $\pm Q_m$[Wb]で、磁極間距離が d [m]の磁荷対とする。

　磁場 H [A/m]がある空間に、無限遠から、この磁荷対を運んでくる仕事を考える。それが磁石のポテンシャル・エネルギーとなる。

ここで、$\pm Q_m$[Wb]の磁荷対の位置を 1, 2 とし、この地点での磁位をそれぞれϕ_1[A]とϕ_2[A]とする。ここで、無限遠から、地点 1 まで磁荷 Q_m[Wb]を運んでくるのに要するエネルギーは
$$U_1 = -Q_m\phi_1 \quad [\text{J}]$$
となる。
　一方、無限遠から、地点 2 まで磁荷$-Q_m$[Wb]を運んでくるのに要するエネルギーは
$$U_2 = Q_m\phi_2 \quad [\text{J}]$$
となる。
　したがって、この磁石が有するエネルギーは
$$U = U_1 + U_2 = Q_m(\phi_2 - \phi_1) \quad [\text{J}]$$
となる。これが磁石のエネルギーとなる。
　これを変形すると
$$U = Q_m d \frac{\phi_2 - \phi_1}{d} \quad [\text{J}]$$
となる。ここで
$$I = Q_m d \quad [\text{Wbm}]$$
は、この磁石が有する磁気モーメントである。つぎに$(\phi_2 - \phi_1)/d$は、磁位の傾きであるから
$$\frac{\phi_2 - \phi_1}{d} = H \quad [\text{A/m}]$$
のように磁場となる。
　したがって
$$U = IH \quad [\text{J}]$$
と与えられる。
　ただし、磁気モーメントも磁場もベクトルであるので、本来はベクトル計算が必要となる。
　そこで、図 8-19 の配置を想定し、エネルギーを考察してみよう。
　図 8-19 において、(a)は磁場と磁気モーメントの方向が平行の場合、(c)は磁場と磁気モーメントの方向が垂直の場合、(b)は角度θで傾いている場合に対応している。これら 3 ケースで

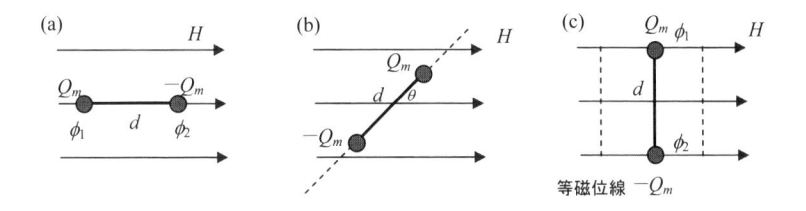

図 8-19 磁石と磁場の配置。

$$U = Q_m(\phi_2 - \phi_1) \quad [J]$$

という関係を考えてみる。まず、図 8-19(c)のように、磁場と磁気モーメントが垂直の場合、磁場に垂直方向では磁位が等しいので

$$\phi_2 = \phi_1 \quad [A]$$

であるから $U = 0$ [J] となり、磁石のエネルギーはゼロとなる。

つぎに、図 8-19(a)のように、磁場と磁気モーメントが平行の場合は、磁位の変化がそのまま磁場となるので

$$H = \frac{\phi_2 - \phi_1}{d} \quad [A/m]$$

となり、エネルギーは

$$U = IH \quad [J]$$

となる。

一方、図 8-19(b)のように、磁場と磁気モーメントが傾いている場合は

$$H = \frac{\phi_2 - \phi_1}{d\cos\theta} \quad \text{から} \quad H\cos\theta = \frac{\phi_2 - \phi_1}{d}$$

となるので、一般式は

$$U = Q_m(\phi_2 - \phi_1) = Q_m d \frac{\phi_2 - \phi_1}{d} = IH\cos\theta \quad [J]$$

となり

$$U = \vec{I} \cdot \vec{H} \quad [J]$$

となることがわかる。

つまり、エネルギーは磁気モーメント・ベクトルと磁場ベクトルの内積

によって与えられるのである。

演習 8-15　長さ 0.01[m]の磁石の磁荷が±0.3[Wb]とする。この磁石を磁場 H = 1000[A/m]の空間に磁場と平行に置いたときのポテンシャル・エネルギーを求めよ。

解）　まず、この磁石の磁気モーメントは
$$I = Q_m d = 0.3 \times 0.01 = 0.003 \quad [\text{Wbm}]$$
となる。
　磁場と磁石の磁気モーメントが平行であるので
$$U = IH = 0.003 \times 1000 = 3 \quad [\text{J}]$$
となる。

演習 8-16　2 次元平面において、x 軸と平行に磁場 H=30000 [A/m] が印加されている。このとき、原点(0,0)に+3[Wb]、点(3, 4)に−3[Wb]の磁荷を有する棒磁石を置いたときの、この磁石が有するポテンシャル・エネルギーを求めよ。ただし、座標の単位は[m]とする。

解）　まず、磁荷対の腕の長さは
$$d = \sqrt{3^2 + 4^2} = \sqrt{25} = 5 \quad [\text{m}]$$
となるので、磁気モーメントは
$$I = Q_m d = 3 \times 5 = 15 \quad [\text{Wbm}]$$
となる。
　つぎに、磁気モーメントと磁場のなす角を θ とすると、$\cos\theta = 3/5$ であるから
$$U = IH \cos\theta = 15 \times 30000 \times \frac{3}{5} = 270000 \quad [\text{J}]$$
となる。

8.9.2. 磁気双極子とトルク
ところで、電気双極子の項で、モーメントという名称がついたのは、電

場に対して、双極子が平行になろうとするトルクが働くためという説明をしたが、磁気双極子の場合も同様である。図 8-20 に、その様子を示す。それぞれの磁荷$\pm Q_m$[Wb]に働く力は

$$\vec{F} = \pm Q_m \vec{H} \quad [\text{N}]$$

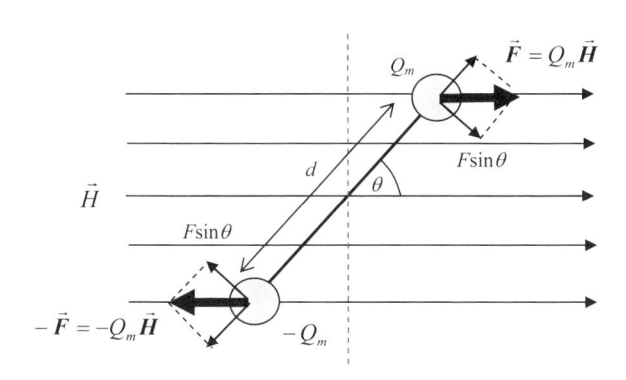

図 8-20 磁場空間に置かれた磁気双極子に働くトルク。

となり、その方向は磁場に平行となる。
　このとき、磁気双極子の軸に平行な成分は

$$Q_m H \cos\theta - Q_m H \cos\theta = 0$$

となり、互いに打消しあい 0 となる。これは、磁気双極子が、一様な磁場に置かれたときに必ず成立する性質である。つまり、どんなに強い磁場であろうと、それが均一であれば、磁石には、どちらかの極に引き寄せようとする力は働かないのである。磁石どうしに引力が働くのは、磁石から生じる磁場が不均一だからである。
　一方、磁場に置かれた磁気双極子の軸に垂直な成分の大きさ

$$|\vec{F}|\sin\theta = Q_m H \sin\theta \quad [\text{N}]$$

となるが、これは、磁気双極子を、軸の中心点のまわりに回転させる力（すなわちトルク : torque）を生じさせる。これを示すと、図 8-21 のようになる。図では、時計まわりの回転となる。これを回転モーメントとして、表現すると、それぞれ腕の長さが $d/2$ のモーメントの和となるので

図 8-21

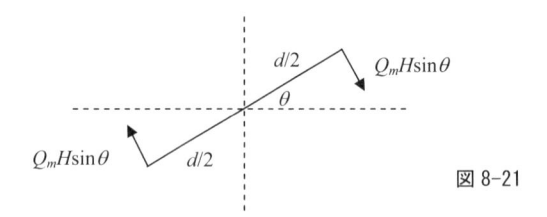

$$T = Q_m H \sin\theta \times \frac{d}{2} + Q_m H \sin\theta \times \frac{d}{2} = Q_m d H \sin\theta = IH \sin\theta \quad [\text{Nm}]$$

となる。

この演算は、磁気モーメントベクトルと磁場ベクトルの外積となり

$$\vec{T} = \vec{I} \times \vec{H} \quad [\text{Nm}]$$

と与えられる。

図 8-21 からわかるように、$\theta = 0$ となったとき、すなわち、磁場と磁気双極子が平行になったとき、トルクは働かなくなる。つまり、この状態が安定となり、磁場に置かれた磁気双極子は、磁場と平行になろうとするのである。

磁石のまわりに方位磁石を並べると、磁力線に沿うように並ぶのは、このためである。

> **演習 8-17** 2 次元平面において、x 軸と平行に磁場 $H=30000$ [A/m] が印加されている。このとき、原点(0,0)に+3[Wb]、点(3, 4)に−3[Wb]の磁荷を有する棒磁石を置いたとき、この磁石に働くトルクを求めよ。ただし、座標の単位は[m]とする。

解） まず、磁荷対の腕の長さは

$$d = \sqrt{3^2 + 4^2} = \sqrt{25} = 5 \quad [\text{m}]$$

となるので、磁気モーメントは

$$I = Q_m d = 3 \times 5 = 15 \quad [\text{Wbm}]$$

となる。

つぎに、磁気モーメントと磁場のなす角を θ とすると、$\sin\theta = 4/5$ である

から
$$T = IH\sin\theta = 15 \times 30000 \times \frac{4}{5} = 360000 \text{ [Nm]}$$
となる。

8.10. ガウスの法則

電場におけるガウスの法則を復習すると、点電荷 Q[C]を含む任意の閉曲面においては

$$\iint_S \vec{E} \cdot \vec{n} dS = \iint_S E_n dS = \frac{Q}{\varepsilon_0}$$

という関係が成立する。

これは、点電荷から発せられた電気力線が増えも減りもしないで空間を拡がっていくことに対応している。

同様の関係は、点磁荷 q_m[Wb]にも、そのまま適用でき、任意の閉曲面内に点磁荷が存在する場合

$$\iint_S \vec{H} \cdot \vec{n} dS = \iint_S H_n dS = \frac{q_m}{\mu_0}$$

という関係が成立する。その様子を図 8-22 に示す。

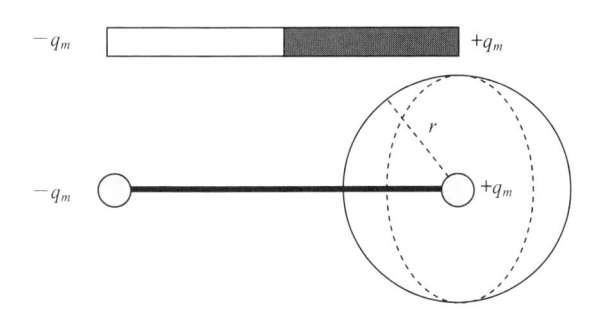

図 8-22 磁石を±q_m[Wb]の磁荷対と考え、例えば、磁石端近傍の閉空間を考えれば近似的にガウスの法則が成立する。

ただし、これは、あくまでも磁石端に磁荷があると仮定したうえで、その

近傍での局所的な取り扱いである。N 極と S 極を含む閉空間を考えれば、この関係は成立しない。この点に注意する必要がある。

電場におけるガウスの法則と同様に考えれば、閉曲面内に複数の磁荷が存在する場合は、その和となり

$$\iint_S \vec{H} \cdot \vec{n} dS = \iint_S H_n dS = \frac{q_{m1} + q_{m2}}{\mu_0}$$

となる。ここで、磁場の場合には、単極（モノポール）は存在せず、$\pm q_m$[Wb] の正負の磁荷対が存在することになる。したがって、図 8-23 に示すように、磁石を含む閉空間では

$$\iint_S \vec{H} \cdot \vec{n} dS = \iint_S H_n dS = \frac{q_m - q_m}{\mu_0} = 0$$

となる。これが、より本質的な磁場に関するガウスの法則である。

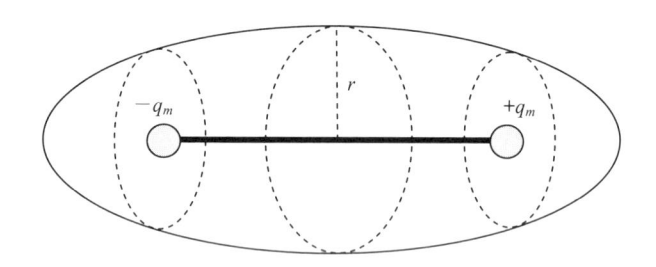

図 8-23　磁石の両極を含む閉空間でのガウスの法則。

もともと、磁石を分子磁石というミクロ磁石の集合体と考えれば、磁石全体を含まない閉空間でも、その部分にある分子磁石の正磁荷と負磁荷は、互いに打ち消しあうので、この関係は成立すると考えられる。

つぎにガウスの法則を、磁束密度で表記すれば

$$\iint_S \vec{B} \cdot \vec{n} dS = 0$$

となるが、実は、この関係は単純に磁場 H を磁束密度 B に置き換えたものではないのである。それは、磁束密度 B に対応した磁束線は磁場 H に対応した磁力線と異なり、磁性体がある場合もない場合も連続という性質を有することである。

第8章 静磁場

その違いを図 8-24 に模式的に示した。つまり、磁力線と異なり、磁束線では不連続になることがないのである。

さらに、電場の場合にならって、この関係を微分形で示すと

$$\mathrm{div}\vec{B} = 0$$

となる。

これは、磁場の性質を示す基本法則として知られている。それは、この式が磁場には単極（モノポール）が存在せず、常に、N 極と S 極が対になって現れることを反映したものだからである。

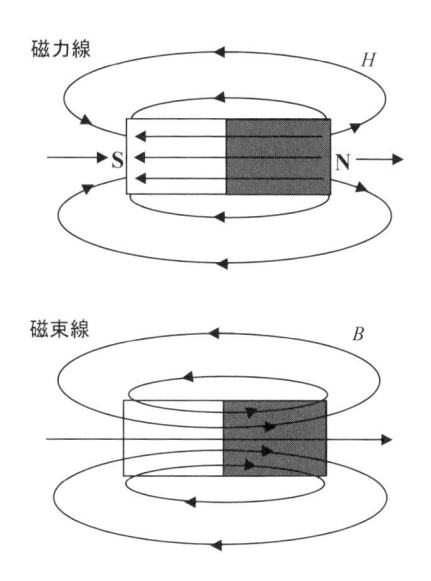

図 8-24　磁荷の存在を仮定し、磁場が N 極から出て S 極に向かうということを仮定したときの磁場(H)に対応した磁力線と磁束密度(B)に対応した磁束線の違い。

一方で、常に $\mathrm{div}\vec{B} = 0$ が成立するということは、磁場には湧き出し源が存在しないことも示している。つまり、図 8-24 に示すように、磁束線は常に閉じており、始点も終点もないということを示しているのである。

第9章　磁性体

9.1. 磁気分極

　磁石を磁性体に近づけると、その近傍に、磁石の磁極とは逆の磁極が現れる現象を**磁気分極** (magnetic polarization) と呼んでいる。磁石のN極を磁性体に近づけると、S極が現れ、磁石のS極を近づけると、磁性体にはN極が現れる。これにより、磁石と磁性体の間には、磁気相互作用によるクーロン引力が働き、磁性体は磁石に引き寄せられることになる。

　ただし、磁性体の反対側には、逆の磁極が現れることに注意する必要がある。つまり、N極やS極のみが単極（モノポール）として誘導されることはなく、磁性体は磁荷対（ダイポール）すなわち磁石となるのである。

　例えば、磁石を砂や土のなかでかき回すと、砂鉄が磁石に吸引されるので、砂鉄を集めることができる。これは、磁石を近づけると磁気分極により砂鉄内に磁極が誘導されて、クーロン引力が働くためである。

　また、磁場 H のある空間に磁性体を置くと、図 9-1 に示すように外部磁場のN極側にはS極が、そして、外部磁場のS極側にはN極が現れる磁気分極が生じる。

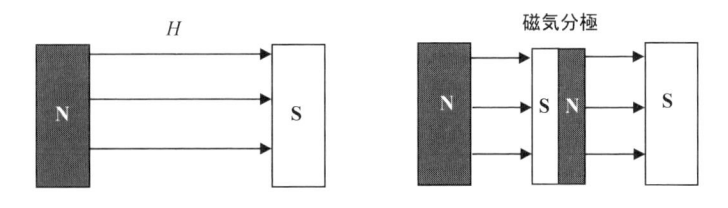

図 9-1　磁場 H の中に磁性体を置くと、物質は磁化され、外部磁場の N 極側には S 極が、S 極側には N 極が誘導される。この現象を磁気分極と呼ぶ。この結果、磁性体は磁石化され、磁化 M を有することになる。

以上のように、磁性体が磁石化する現象を**磁化** (magnetization) と呼んでいる。実は、磁性体の磁気分極は、誘電体の電気分極と似た機構で生じる。すでに紹介したように、磁石はどんなに分割しても、必ずN極とS極の2極を有するミクロ磁石からなっている。この最小単位を**分子磁石** (molecular magnet) と呼ぶ。

分子磁石を有する物質に外部から磁場を印加すると、図 9-2 に示すように分子磁石は外部磁場に呼応して磁場方向に配列する。このとき、物質内部の分子磁石は、隣どうしがN極とS極となるため、互いに磁性を打ち消しあい、結果として、図 9-3 に示すように、磁極は端部にのみ現れる。これが、磁気分極と呼ばれる所以である。

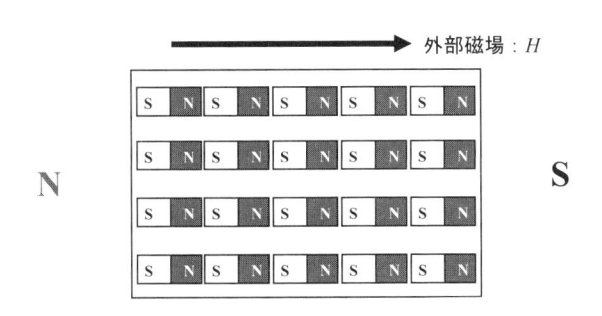

図 9-2 磁性体の磁気分極。外部の磁場のN極側に分子磁石のS極が誘導され、S極側にはN極が誘導される。ただし、磁性体内部では、隣どうしのN極とS極が互いに打ち消しあうため、結局、端部にのみS極とN極が誘導される。

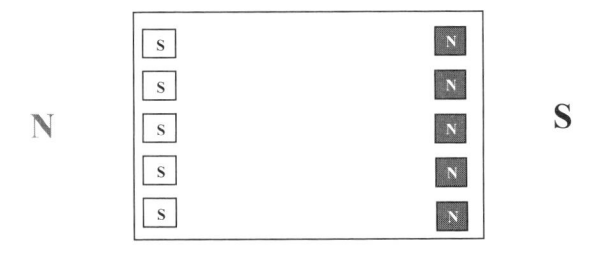

図 9-3 磁場空間に磁性体を置くと、その端部に磁荷が生じる。

図 9-3 からわかるように、磁気分極した磁性体は、一種の磁石となっている。よって、この現象を磁化と呼ぶのである。

231

9.2. 磁化

9.2.1. 磁化率

ここで、磁性体の磁化の強さ M [A/m]について考えてみよう。磁化によって磁性体は一種の磁石になっているので、その単位は磁場と同じ[A/m]を採用する。

つぎに、磁化の強さは、分子磁石がどれだけ外部磁場と同じ方向に配列するかにかかっている。前章でみたように、磁場と磁気双極子（分子磁石）の磁気モーメントが平行でないとき、その角度をθとすると

$$T = IH\sin\theta \quad [\text{Nm}]$$

だけのトルクが磁気双極子に働き、磁場と平行になろうとする。ただし、I [Wbm]は磁気双極子の磁気モーメントの大きさであり、H [A/m]は外部磁場の大きさである。したがって、外部磁場が大きいほど、分子磁石は磁場に沿って配列し、より強い磁石になると考えられる。

つまり、磁化 M [A/m]は外部磁場 H [A/m]が大きくなるほど、大きくなると予想され

$$M = \chi_m H \quad [\text{A/m}]$$

という関係が成立するはずである。

このとき、比例定数χ_mを**磁化率** (magnetic susceptibility) と呼んでいる。磁化も本来ベクトルであるので

$$\vec{M} = \chi_m \vec{H} \quad [\text{A/m}]$$

と表記するのが正式である。また、磁化率χ_mの単位は無次元となることもわかる。

ところで、磁場空間に磁性体を置いた場合、それが磁化される分だけ、磁場が強められると考えることもできる[1]。ただし、多くの物質は**常磁性体** (paramagnetic materials) であり、その磁化率は、非常に小さく、$10^{-4} \sim 10^{-6}$程度である。よって、磁場の効果はそれほど顕著には認められない。この

---

[1] 物質の中には、磁化率が負になるものがあり、反磁性体(diamagnet)と呼ばれる。電磁誘導では、磁場を印加すると、それを緩和する方向、つまり、印加磁場とは逆の方向に磁場を発生するように電流が誘導される性質がある。この性質が表に顔を出す物質が反磁性体である。したがって、多くの物質が反磁性を示す。銅（Cu）や炭素（C）は有名な反磁性物質である。負の磁化率の値は小さいが、水も反磁性物質である。

ため、従来、磁場を利用した産業プロセスは、広範囲には導入されてこなかった。

最近、超伝導技術が進展し、1[T] (=1[Wb/m^2]) 以上の強い磁場を発生する超伝導マグネットが工業化されるようになった。このおかげで、産業応用も浸透しつつある。リニアモーターカーや、シリコン単結晶の引き上げ装置、磁気分離装置などが、その例である。

一方、例外的に Fe, Ni, Co の 3 元素は、非常に大きな磁化率を有し、**強磁性物質** (ferromagnetic materials) と呼ばれる。例えば、Fe の磁化率は 200 以上にも達する[2]。これら物質を磁場中に置くと、外部磁場よりも、はるかに大きな磁化がえられる。電磁石をつくるときに、コイルのボアに鉄芯を入れるのは、磁場を強くするためである。

演習 9-1 磁場の大きさが $H=10^3$[A/m]の磁場空間に、磁化率 $\chi_m = 0.001$ および 200 の物質を置いたときの磁化 M[A/m]の大きさを求めよ。

解) 磁化は、それぞれ
$$M = \chi_m H = 0.001 \times 10^3 = 1 \quad [\text{A/m}]$$
$$M = \chi_m H = 200 \times 10^3 = 2 \times 10^5 \quad [\text{A/m}]$$
となる。

9.2.2. 磁化と磁気モーメント

前章で紹介したように、磁石としての能力は磁気モーメントによって表すことができる。このとき、重要な関係は、単位体積あたりの磁気モーメント P_m[Wb/m^2]が、磁石端部の磁束密度 B_m[Wb/m^2]と一致することであった。

実は、磁化 M[A/m]は、単位体積あたりの磁気モーメント P_m[Wb/m^2]に、直接対応しており

$$P_m = \mu_0 M \ [\text{Wb/m}^2] \qquad M = \frac{P_m}{\mu_0} \ [\text{A/m}]$$

---

[2] 強磁性体の磁化率は、磁化過程で変化する。ここで示した磁化率は初磁化率: initial magnetic susceptibility と呼ばれるもので、最初に鉄を磁化させるときの平均の磁化率のことである。また、鉄の強磁性体は、磁場がある値以上まで強くなると、磁化の大きさが一定となる。この値を飽和磁化: saturation magnetization と呼んでいる。

という関係にある。

　教科書によっては、P_m[Wb/m^2]をそのまま磁化と定義する場合もある。SI単位系では磁化の単位は[A/m]であり、MKSA 単位系では[Wb/m^2]である。電磁気学を、実際の電磁現象の解析に適用する場合は、どちらの単位系を採用しているかに注意を払う必要がある。本書では SI 単位を採用している。

　いずれ、磁化は、磁石としての能力を示す指標と理解しておけばよい。問題は、その単位を磁場と同じ[A/m]とするか、磁束密度と同じ[Wb/m^2]とするかの違いである。

　さらに、磁化も本来はベクトルである。そして、その正の方向は、S 極から N 極へと向かう方向であり、磁気モーメントと同様であり

$$\vec{M} = \frac{\vec{P}_m}{\mu_0} \text{[A/m]}$$

となる。

演習 9-2　磁石端部の磁束密度が $B_m = 0.1$ [Wb/m^2] であるとき、この磁石の磁化の大きさを求めよ。ただし、真空の透磁率を $\mu_0 = 4\pi \times 10^{-7}$ [N/A^2] とする。

　解）　この磁石の単位体積あたりの磁気モーメント P_m[Wb/m^2]は

$$P_m = B_m = 0.1 \text{ [Wb/m}^2\text{]}$$

となるので、磁化は

$$M = \frac{P_m}{\mu_0} = \frac{0.1}{4\pi \times 10^{-7}} \cong \frac{10^6}{12.56} \cong 80000 \text{ [A/m]}$$

となる。

演習 9-3　端部の磁荷 $Q_m = \pm 0.003$[Wb]を有する断面積 $S=0.01$[m^2], 長さ $d=0.001$[m]の磁石の磁化を求めよ。ただし、真空の透磁率を $\mu_0 = 4\pi \times 10^{-7}$ [N/A^2] とする。

　解）　この磁石の磁気モーメント I[Wbm]は

$$I = Q_m d = 0.003 \times 0.001 = 3 \times 10^{-6} \text{ [Wbm]}$$

であり、単位体積あたりの磁気モーメント P_m[Wb/m²]は

$$P_m = \frac{I}{Sd} = \frac{3 \times 10^{-6}}{0.01 \times 0.001} = 0.3 \quad [\text{Wb/m}^2]$$

となる。したがって磁化 M[A/m]は

$$M = \frac{P_m}{\mu_0} = \frac{0.3}{4\pi \times 10^{-7}} \cong 2.4 \times 10^5 \quad [\text{A/m}]$$

と与えられる。

この問題においては、端部の磁束密度 B_m[Wb/m²]を求めると

$$B_m = \frac{Q_m}{S} = \frac{0.003}{0.01} = 0.3 \quad [\text{Wb/m}^2]$$

となるが、これが P_m[Wb/m²]に等しいということを利用すると M[A/m]がただちに求められる。

9.3. 分子磁石の起源

あらゆる物質は、磁性すなわち磁気的性質を有する。その根源はなんであろうか。それは、**分子磁石** (molecular magnet) と呼ばれるミクロ磁石と考えられている。実は、分子磁石の正体は**スピン** (spin) と呼ばれる電子の自転にある。すべての物質は電子を含んでいるので、なんらかのかたちで、スピンによる磁性が顔を出すことになる。

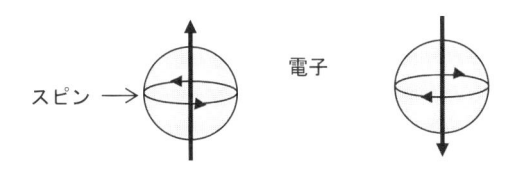

図 9-4 スピン：電子は自転運動をしていると考えられ、この自転に起因した磁性すなわちスピンを有する。これが、物質の磁性の根源である分子磁石の正体と考えられる。自転の向きによって磁場の方向が変化する。

また、次章で詳しく説明するが、電荷の移動（電流）によっても磁場が生じることが知られている。このため、電子が、原子核の周りを回る軌道運動 (orbital) にともなう磁性も存在することになる。

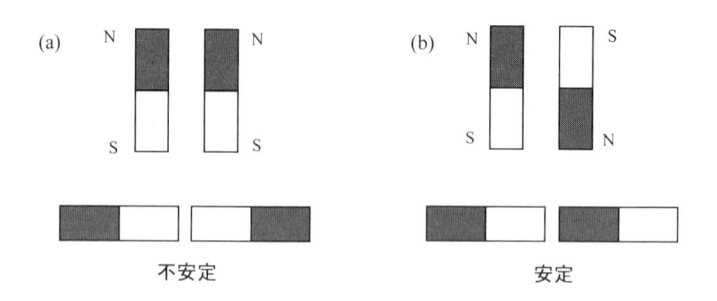

図 9-5　磁石配列:(a)同極が対向する場合は不安定; (b) 異極が対向する場合は安定。

したがって、すべての物質は、スピンおよび電荷の移動に起因する分子磁石を内在していることになる。とはいっても、多くの物質は顕著な磁性を示さず、**非磁性体** (non-magnetic materials) と呼ばれることが多い。これは、磁性を持たないほうがエネルギー的に安定となることに起因している。

物質内の分子磁石が同じ方向を向けば、永久磁石となるが、この状態は一般的には安定ではない。図 9-5 に示すように、2 個の磁石があった場合、磁石は**平行** (parallel) に並ぶよりも、互いに**反平行** (anti-parallel) となったほうがエネルギーは低くなる。

実際に 2 個の棒磁石を近づけるとき、図 9-5(a)のように、同極どうしが対向するように磁石を並べた場合、手を離すと、どちらかの磁石が反転して、図 9-6 のように異極が互いにくっついてしまう。

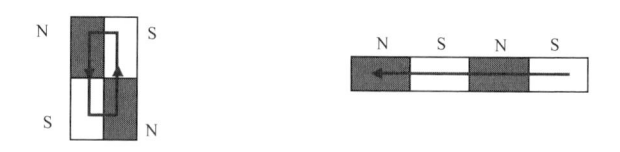

図 9-6　磁石は近づけると異極どうしが結合する。

このため、多くの元素や物質では、内在するミクロ磁石が互いの磁場を打ち消す配置をとることで、磁性を示さない非磁性体となるのである。
　外部磁場を印加すると、分子磁石には磁場と平行になろうとするトルクが働くので、磁性体は磁化されるが、外部磁場を取り除くと、分子磁石が平行に配列した状態は不安定となるので、もとのように分子磁石は互いの磁性を消すような配列に戻る。したがって、外部磁場をゼロにすると、磁性体の磁化もゼロとなる。
　あらゆる元素のなかで、常温で磁石として機能する**強磁性** (ferromagnetic properties) を示す元素は、Fe, Ni, Co の 3 個だけである。これら元素では、量子力学的な交換相互作用[3]によって、分子磁石が同一方向を向くという本来は不安定なはずの性質を示す。つまり、例外的な存在なのである。

9.4. 磁束密度と磁性体

　一般には、磁性体を磁場空間に置いたときの変化を磁束密度 B[Wb/m^2]で表現するのが通例である。ただし、単位としては[Wb/m^2]のかわりに[T]を使うことが多い。本書では、その概念のわかりやすさから、磁束密度の単位としては[Wb/m^2]を主として使っている。
　まず、真空において、磁場 H [A/m]を印加すると、空間には

$$B = \mu_0 H \quad [\text{Wb/m}^2]$$

という磁束密度が生じる。
　ベクトル表示では

$$\vec{B} = \mu_0 \vec{H} \quad [\text{Wb/m}^2]$$

となる。
　この空間に、磁化率が χ_m の物質を置くと、物質が磁化され

$$M = \chi_m H \quad [\text{A/m}]$$

となる。この結果、磁束密度は

$$B = \mu_0 H + \mu_0 M = \mu_0 (H + M) \quad [\text{Wb/m}^2]$$

のように変化する。

---

[3] 量子力学的な交換相互作用については『なるほど量子力学 III』(村上雅人著、海鳴社)に詳しい解説がある。

つまり、物質が磁化された分だけ、空間の磁束密度は増加するとみなすことができる。このときの変化を図9-7に示す。

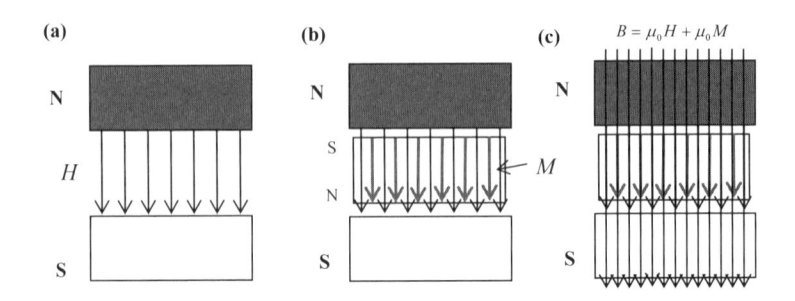

図9-7　磁場Hのある真空（あるいは大気）中に磁性体を置いた場合の変化。

図9-7(a)は磁場空間H [A/m]の磁力線の様子を示している。このとき、磁束密度は$B = \mu_0 H$ [Wb/m^2]となるので、本数は異なるものの、磁束線の分布も同様となる。

この空間に磁化率がχ_mの磁性体を置くと、図9-7(b)に示すように、磁性体は$M=\chi_m H$ [A/m]に磁化され、磁場H [A/m]に磁化M [A/m]が加算されることになる。このとき外部磁場HとMは同じ方向を向く。この図をみると、磁力線の本数が自由空間と磁性体の界面で変化していることがわかる。

ところで、すでに紹介したように、磁束密度B[Wb/m^2]に対応した磁束線の場合、空間の透磁率が変化しても、その本数は変化しない。つまり、磁性体があろうがなかろうが、磁束線は連続しているのである。したがって

$$B = \mu_0 H + \mu_0 M = \mu_0(H + M) \quad [\text{Wb/m}^2]$$

を反映させたかたちで、磁束線を描くと、図9-7(c)のようになる。このように、磁束線は、磁場源の磁石も自由空間も、そして磁性体の界面でも変化せずに、連続している。

ここで、磁化$M = \chi_m H$ [A/m]を代入すると

$$B = \mu_0 H + \mu_0 M = \mu_0 H + \mu_0 \chi_m H = \mu_0(1 + \chi_m)H \quad [\text{Wb/m}^2]$$

となる。

つまり、磁場空間H[A/m]に、磁化率χ_mの磁性体を置くと、それがない場

合に比べて磁束密度 B[Wb/m^2]の大きさが $1+\chi_m$ 倍になるのである。

鉄の磁化率は 200 以上になるということを紹介したが、磁場空間に鉄芯を入れた場合は、真空の場合の 200 倍以上の磁束密度がえられることになる。

このとき
$$\mu = \mu_0(1+\chi_m) \quad [\text{N/A}^2]$$
と置くと
$$B = \mu H \quad [\text{Wb/m}^2]$$
となる。

μ[N/A^2]は磁性体および空間を充填する物質の**透磁率** (permeability) と呼ばれる。これが、真空ではない一般の空間における磁場と磁束密度の関係となる。

演習 9-4 真空中に一様な磁場 $H = 10^5$ [A/m]があるとき、この空間を磁化率が $\chi_m = 2$ の液体で充填したときの透磁率 μ[N/A^2]と、この空間に発生する磁束密度 B [Wb/m^2]を求めよ。ただし、真空の透磁率を $\mu_0 = 4\pi \times 10^{-7}$ [N/A^2]とする。

解） 透磁率は
$$\mu = \mu_0(1+\chi_m) \quad [\text{N/A}^2]$$
によって与えられる。したがって
$$\mu = \mu_0(1+\chi_m) = 3\mu_0 = 3 \times 4\pi \times 10^{-7} \cong 0.38 \times 10^{-5} \quad [\text{N/A}^2]$$
となる。

また、空間の磁束密度は
$$B = \mu H = 0.38 \times 10^{-5} \times 10^5 = 0.38 \quad [\text{Wb/m}^2]$$
となる。

演習 9-5 真空中に磁荷+3[Wb]と磁荷−3[Wb]が 6[m]の距離を隔てて置かれている。これら磁荷の中心線上にあり、中心から 3[m]の高さに、磁化率 $\chi_m = 0.2$ の物体を置いたとき、この点での磁束密度ベクトルを求めよ。ただし、真空の透磁率を $\mu_0 = 4\pi \times 10^{-7}$ [N/A^2] とする。

解） 磁化 q_m[Wb]が距離 r [m]だけ離れた位置につくる磁場の大きさは

$$H = \frac{q_m}{4\pi\mu_0 r^2} \quad [\text{A/m}]$$

と与えられる。本演習の場合、図 9-8 を参照すると

$$\vec{H}_{12} = -\frac{3}{4\pi\mu_0(3\sqrt{2})^2}\begin{pmatrix}-1\\-1\end{pmatrix} \quad [\text{A/m}] \qquad \vec{H}_{13} = \frac{3}{4\pi\mu_0(3\sqrt{2})^2}\begin{pmatrix}1\\-1\end{pmatrix} \quad [\text{A/m}]$$

となり、合成された磁場 $\vec{H}$ [A/m]の向きは、2 個の磁荷を結ぶ線と平行となる。

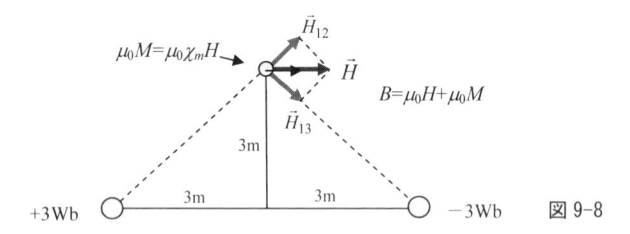

図 9-8

また、その大きさは

$$\vec{H} = \vec{H}_{12} + \vec{H}_{13} = -\frac{3}{4\pi\mu_0(3\sqrt{2})^2}\begin{pmatrix}-1\\-1\end{pmatrix} + \frac{3}{4\pi\mu_0(3\sqrt{2})^2}\begin{pmatrix}1\\-1\end{pmatrix}$$

$$= \frac{3}{4\pi\mu_0(3\sqrt{2})^2}\begin{pmatrix}2\\0\end{pmatrix} = \frac{6}{4\pi\mu_0(3\sqrt{2})^2}\begin{pmatrix}1\\0\end{pmatrix} [\text{A/m}]$$

となる。

よって、この箇所の磁束密度ベクトルは

$$\vec{B} = \mu_0(1+\chi_m)\vec{H} = \frac{3(1+0.2)}{2\pi(3\sqrt{2})^2}\begin{pmatrix}1\\0\end{pmatrix} \quad [\text{Wb/m}^2]$$

となり、ベクトルの向きは、正の磁荷から負の磁荷に向かう方向で、これら磁荷を結ぶ線に平行となる。

9.5. 磁場と磁性体

真空中（あるいは大気中）に、磁化率χ_mの物質を置くと
$$B = \mu_0(1+\chi_m)H \quad [\text{Wb/m}^2]$$
となり、その空間の磁束密度を$(1+\chi_m)$倍に大きくできることを説明した。

ここで、磁場空間に置かれた磁性体について少し考えてみよう。図 9-9 に磁場中に磁性体を置いた場合の変化を模式的に示している。

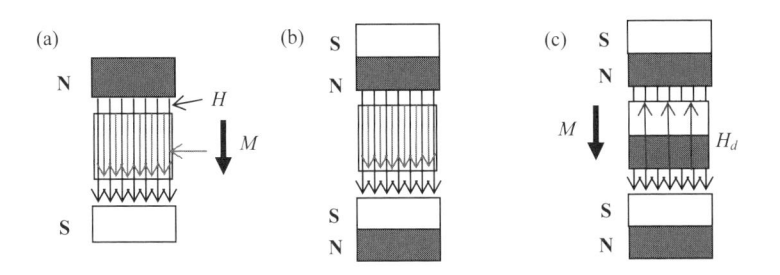

図 9-9　磁場中に置かれた磁性体の磁化と磁石配置。

図 9-9(a)は、図 9-3 と対応している。外部磁場(N→S の方向)中に磁性体を置くと、それが磁化 M [A/m]されることで磁束密度 B [Wb/m^2]が大きくなり
$$B : \mu_0 H \rightarrow \mu_0(H+M) \quad [\text{Wb/m}^2]$$
となるということを示した図である。つまり、トータルの磁束(線)の本数が増えた様子を描いている。

しかし、この図はやや省略されたものである。まず、単極（モノポール）は存在しないので、磁石には必ず N と S の 2 極が対となって存在する。よって、本来は図 9-9(b)のように外部磁場源として配置した N 極と S 極には、それぞれその反対側に対極として S 極と N 極が必ず存在することになる。

このとき、磁化された磁性体は一種の磁石となっている。そして、磁性体を磁石として描くと図 9-9(c)のような配列となる。前述したように、磁石は SNSNSN というように異極どうしが隣になる配置が安定である。

以上を踏まえて、磁化と磁石の関係を考察してみる。図 9-10(a)は 2 個の磁石間に置かれた磁性体が磁化されて磁石となった様子を示した図 9-9(c)

241

の再現である。このとき、外部磁場 H[A/m]の向きは、上の磁石の N 極から S 極に向かう方向であり、磁化 M[A/m]も、磁場 H[A/m]と同じ方向となる。この結果、トータルの磁束密度が $B = \mu_0(H + M)$[Wb/m^2]となる。

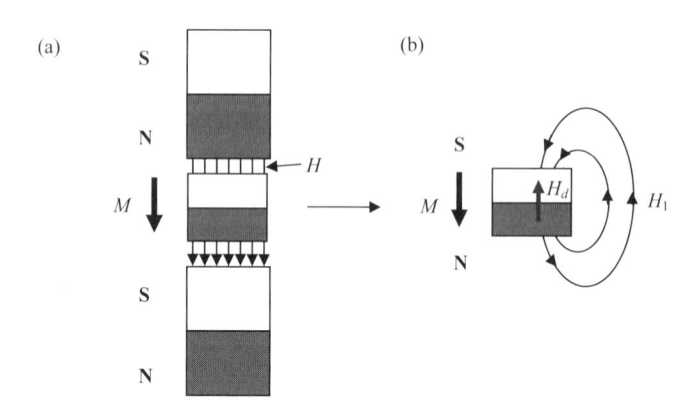

図 9-10 磁性体の磁化と、磁化された磁石の磁極と発生磁場の関係。

ここで、磁化された磁性体、すなわち磁石を取り出してみよう。すると磁石の N 極と S 極は図 9-10(b)のようになるので、この磁石が発生する磁場 (H_1)は図に示したようになる。

したがって、磁化 M[A/m]の方向と、磁石内の磁場 H_d[A/m]は逆方向を向くことになる。この磁場を**反磁場** (demagnetization field) と呼ぶことは、すでに前章で紹介した。図 9-11 にあらためて、磁場と磁化の関係を示す。

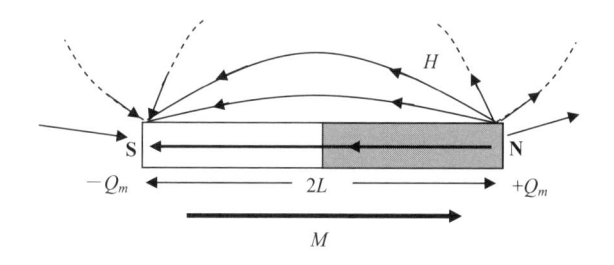

図 9-11 磁石の磁化 M[A/m]と磁場 H[A/m]の関係。

第9章　磁性体

　磁石の端部にはN極とS極の磁荷$+Q_m$[Wb]と$-Q_m$[Wb]が存在するとしよう。このとき、磁石の長さを$2L$[m]とする。
　ここで、磁石内部の中心位置に発生する磁場H_0[A/m]を求めてみよう。磁場は、この位置に1[Wb]の磁荷を置いたときに生じる力と等価なので、1[Wb]の磁荷が距離L[m]の位置にある磁荷$+Q_m$[Wb]からうける斥力と、距離L[m]の位置にある磁荷$-Q_m$[Wb]からうける引力との和となる。
　したがって

$$H_d = \frac{Q_m}{4\pi\mu_0 (L)^2} + \frac{Q_m}{4\pi\mu_0 (L)^2} = \frac{Q_m}{2\pi\mu_0 L^2} \quad [\text{A/m}]$$

であり、その方向は、磁石内のNからS極に向かう向きである。これが、磁石の中心点での反磁場の大きさである。

演習 9-6　磁石端部に磁荷$+Q_m$[Wb]と$-Q_m$[Wb]が存在するとしよう。このとき、磁石端部の面積S[m^2]、長さを$2L$[m]とする。このとき、磁石内部の磁荷$+Q_m$[Wb]から距離$L/2$の位置での実効的な磁化の大きさM[A/m]を求めよ。

　解）　まず、磁石の磁化を求めてみよう。まず、端部の磁束密度B_mは

$$B_m = \frac{Q_m}{S} \quad [\text{Wb/m}^2]$$

これが、単位体積あたりの磁気モーメントP_mと等しいので

$$P_m = \frac{Q_m}{S} \quad [\text{Wb/m}^2]$$

となり、磁化Mは

$$M = \frac{P_m}{\mu_0} = \frac{Q_m}{\mu_0 S} \quad [\text{A/m}]$$

となる。
　つぎに、反磁場H_dを求めてみよう。磁場は、この位置に1[Wb]の磁荷を置いたときに生じる力と等価なので、1[Wb]の磁荷が距離$L/2$[m]の位置にある磁荷$+Q_m$[Wb]からうける斥力と、距離$3L/2$[m]の位置にある磁荷$-Q_m$[Wb]からうける引力との和を求めればよい。

したがって

$$H_d = \frac{Q_m}{4\pi\mu_0 \left(\frac{L}{2}\right)^2} + \frac{Q_m}{4\pi\mu_0 \left(\frac{3L}{2}\right)^2} = \frac{Q_m}{\pi\mu_0 L^2} + \frac{Q_m}{9\pi\mu_0 L^2} = \frac{10 Q_m}{9\pi\mu_0 L^2} \quad [\text{A/m}]$$

となる。

実効的な磁化 M_{eff} は、磁化から反磁場を減じる必要があり

$$M_{eff} = M - H_d = \frac{Q_m}{\mu_0 S} - \frac{10 Q_m}{9\pi\mu_0 L^2} = \frac{Q_m}{\mu_0}\left(\frac{1}{S} - \frac{10}{9\pi L^2}\right) \quad [\text{A/m}]$$

となる。

9.6. 磁性体と磁化曲線

すでに紹介しているが、多くの物質は多様な磁化特性を呈する。もっとも一般的なものは**常磁性体** (paramagnetic materials) であり、次式のように、磁化 M [A/m]が磁場 H [A/m]に比例する。

$$M = \chi_m H \quad [\text{A/m}]$$

ただし、多くの常磁性体の磁化率 χ_m は小さく、10^{-4}〜10^{-6} 程度である。このため、磁場効果そのものは顕著ではない。ここで、常磁性体の**磁化曲線** (magnetization curve) として M-H 曲線および B-H 曲線を描くと図 9-12 のようになる。

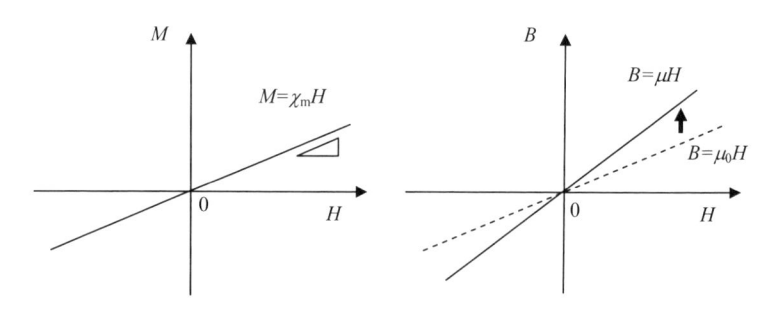

図 9-12　常磁性体の磁化曲線と B-H 曲線。

磁化曲線と呼ぶものの、常磁性体の場合は M-H 曲線も B-H 曲線も、原点

(0, 0)を通る直線となる。また、B-H 曲線においては、真空の場合の $B=\mu_0 H$ よりも、勾配、すなわち透磁率 μ が大きくなる。

一方、多くの物質は**反磁性** (diamagnetism) を示す。その代表は、Bi, Cu, 炭素 (C), 水などである。これら反磁性体では磁化率 χ_m が負となる。多くの場合、反磁性磁化率の大きさは常磁性体の場合よりも小さく 10^{-6} 以下となるものが多い。図 9-13 に反磁性体の磁化曲線と B-H 曲線を示す。

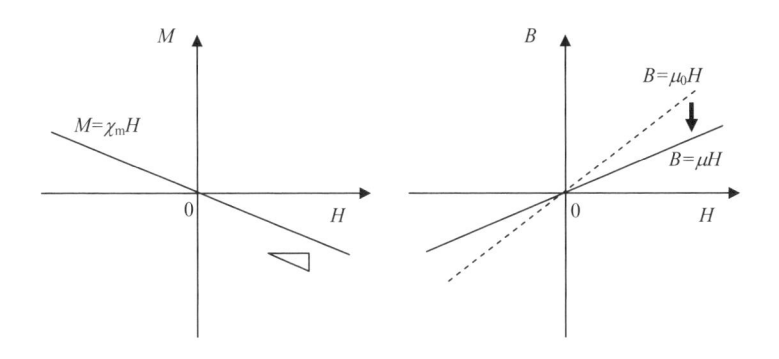

図 9-13 反磁性体の磁化曲線と B-H 曲線。

反磁性体の場合も、M-H 曲線も B-H 曲線も、ともに原点(0, 0)を通る直線となるが、M-H 曲線の勾配は負となる。また、B-H 曲線においては、真空の場合の $B=\mu_0 H$ よりも、勾配、すなわち透磁率 μ が小さくなる。

反磁性体の中には、顕著な反磁性磁化を示すものがある。

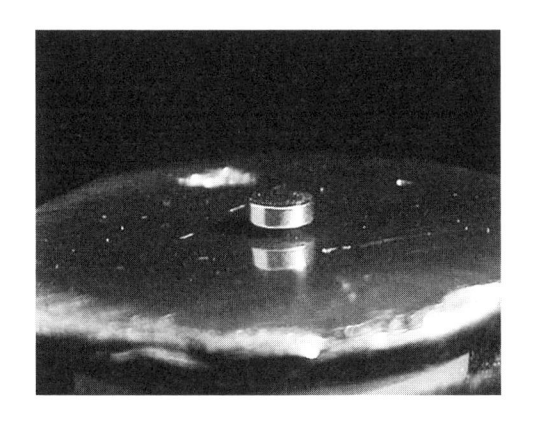

図 9-14 金属ビスマス (Bi)の反磁性を利用した磁気浮上: 純度の高い Bi 製の盤上に Fe-Nd-B 永久磁石が浮上している。

例えば、金属のビスマスは比較的大きな反磁性磁化を示し、図 9-14 に示すように Fe-Nd-B 磁石を浮上させることもできる。

> **演習 9-7** 反磁性磁化率が $\chi_m = -1$ の磁性体を完全反磁性体と呼んでいる。完全反磁性体内部の磁束密度を求めよ。

解） 完全反磁性体では

$$M = \chi_m H = -H \quad [\text{A/m}]$$

したがって

$$B = \mu_0 H + \mu_0 M = \mu_0 H - \mu_0 H = 0 \quad [\text{Wb/m}^2]$$

となる。

以上のように、**完全反磁性体** (perfect diamagnet) では、内部の磁束密度がゼロとなる。**超伝導体** (superconductors) は完全反磁性を示すことが知られており、超伝導体内部の磁束密度はゼロとなる。つまり、磁場が消えるのである。この現象をマイスナー効果と呼んでいる。

最後に、磁性を利用する場合にもっとも活躍する**強磁性体** (ferromagnetic materials) の磁化曲線について説明する。実は、強磁性体の場合には、磁化は単純に磁場に比例しない。つまり

$$M = \chi_m H \quad [\text{A/m}]$$

という関係式において、磁化率 χ_m は比例定数とならず、磁場によって大きく変化するのである。

磁性体の磁化の根源が、分子磁石という説明をした。分子磁石は外部磁場が強いほどトルクが大きくなるので、磁場に配向するはずであるから、上記の比例関係が成立しても良さそうである。

実は、強磁性体の場合、量子力学的な交換相互作用によって分子磁石が反並行ではなく、互いに平行に並んだほうがエネルギー的に安定なのである。つまり、分子磁石は、外部磁場がなくとも配向しているのである。

それならば、強磁性体はいつも磁石となっているのだろうか。実は、ミクロな世界では分子磁石は平行に並んでいるほうが安定なのであるが、わ

れわれが普段手にするサイズの磁石において、すべての分子磁石が同じ方向を向いているわけではないのである。

図 9-15 に示すように、**磁区** (magnetic domain) あるいはドメインと呼ばれる領域があり、その内部では分子磁石は平行に並んでいるが、ドメインごとの磁気モーメントの向きはバラバラなのである。

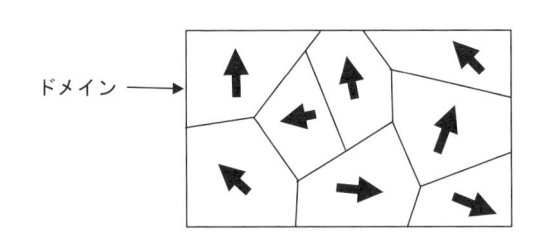

図 9-15 強磁性体の磁区（ドメイン）と磁気モーメント。
各ドメイン内では、分子磁石が配向している。

この結果、強磁性体であっても、常に磁石となっているわけではない。ここでの違いは、常磁性体は、ミクロな分子磁石の向きがバラバラであるのに対し、強磁性体では、ミクロな分子磁石の向きはそろっているが、その集合体のドメインの磁気モーメントはそろっていないということである。

このため、外部磁場がない状態では、強磁性体といえども、マクロな磁石としては機能しないのである。あるいは、ドメインの磁気モーメントのベクトルの和はほぼゼロとなっているというのが正確な表現である。

さて、このような状態の強磁性体に外部磁場を印加したらどうなるであろうか。すでに、見てきたように、磁場と磁気モーメントが角度θをもって傾いていると、磁場と平行になるような向きにトルクが働くので、各ドメインの磁気モーメントは磁場と平行になろうとするはずである。これが強磁性体の磁化である。

ただし、そのためには、ドメイン境界（磁壁）の移動という余計な仕事が必要となる。このため、図 9-16 に示すように、磁場が弱いあいだは、なかなかドメインの磁気モーメントはそろわず、ある程度の磁場になって磁壁の移動が始まる。このあとは、スムーズに磁化が進んでいくので磁化率は大きくなる。

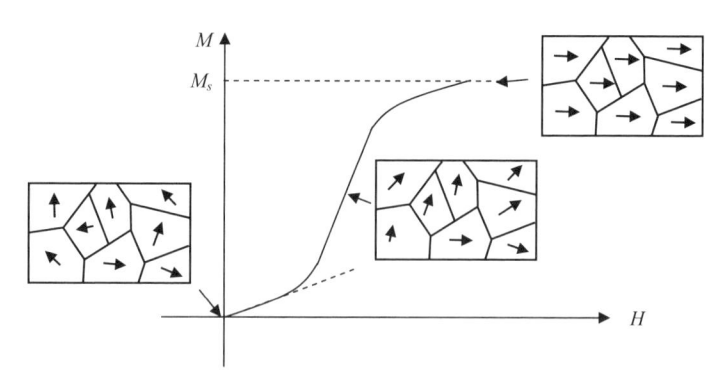

図 9-16　強磁性体の磁化曲線と磁化過程の模式図。

やがて、すべてのドメインの磁気モーメントが磁場の方向を向く。すると、それ以降は、いくら磁場を強くしても、磁化は強くならないのである。これを**飽和磁化** (saturation magnetization): M_s[A/m]と呼んでいる。強磁性体の鉄では、比較的小さい磁場で、この飽和が生じる。

それでは、飽和磁化に達したあとの強磁性体において、外部磁場を低下していったらどうなるであろうか。その様子を図 9-17 に示す。

強磁性体の磁化は、外部磁場を低下させても、ある程度規則性を保ち、磁化された状態を維持し続ける。これは、もともと、ミクロには分子磁石が配向したほうが安定であるからである。

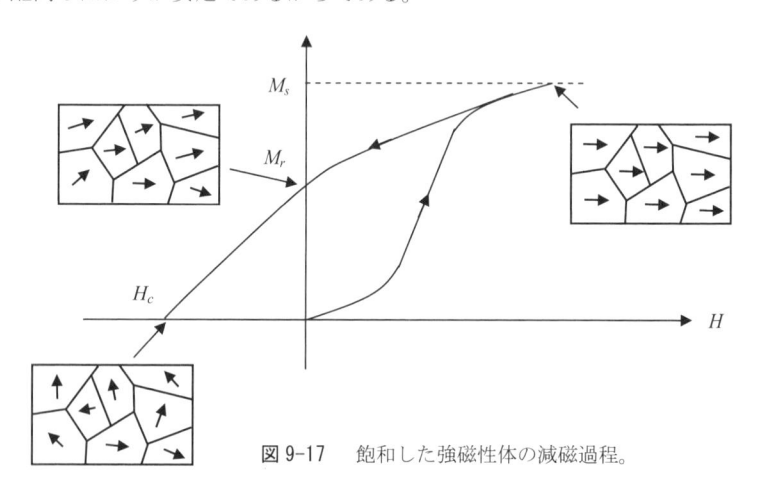

図 9-17　飽和した強磁性体の減磁過程。

そして、外部磁場をゼロとしても、磁化した状態にある。これを残留磁化(residual magnetization): M_r [A/m]と呼ぶ。この結果、強磁性体は、磁石として機能するのである。

さらに、負の方向の磁場を印加すると、磁化はしだいに弱まり、最終的にはゼロとなる。このときの逆方向の磁場の強さを保磁力と呼んで H_c [A/m]と表記する。

9.7. 磁束の連続性

電場において、電気力線ではなく電束線を用いるメリットは、誘電率が異なる誘電体界面において、電気力線の数は変化するが、電束線の数は変化しないことであった。厳密にいえば、誘電率の異なる物質間（真空と誘電体の界面）において、電束密度の法線成分は連続という性質である。

同様にして、磁場においても、磁力線の数は変化しても、磁束（線）の数は変化しない。この事実を、確かめてみよう。

均一な磁場 H [A/m]のなかに磁性体を置いた場合を考えてみる。この磁場によって磁性体が M [A/m]に磁化されたものとする。ここで、図 9-18 に示した磁性体端部の内部と外部における、M [A/m], H [A/m], $B=\mu_0 M$ [Wb/m^2]を計算してみよう。

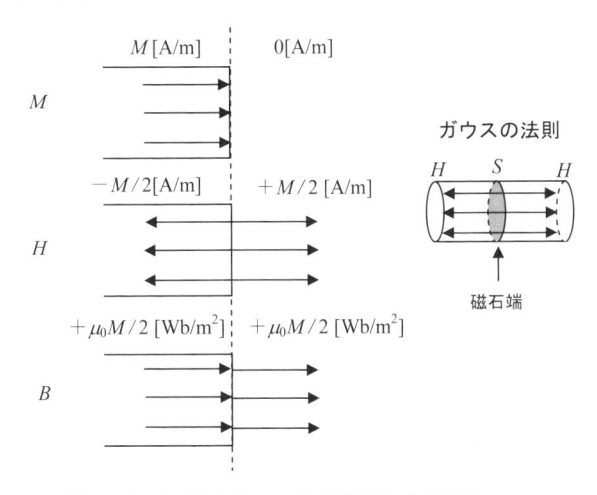

図 9-18 磁性体端部の磁化と磁場と磁束密度。

まず、磁化は磁性体内部では M[A/m]であり、外部では 0[A/m]となる。

つぎに磁場を求める。磁性体の端部において断面積 S[m²]を含む円柱を考える。磁化 M[A/m]の磁性体の端部に誘導される磁束密度は$\mu_0 M$[Wb/m²]であるので、端部の磁荷は $Q_m=\mu_0 MS$[Wb]となる。

ここで、磁石端部を含む断面積 S[m²]の円柱にガウスの法則

$$\iint_S \vec{H}\cdot\vec{n}dS = H\iint_S dS = \frac{Q_m}{\mu_0}$$

を適用する。磁荷から発生する磁場 H[A/m]は、磁荷から平行に左右の空間に広がっていく。ここで、磁場が作用する面積は $2S$[m²]であるので

$$H\iint_S dS = 2HS \quad \text{および} \quad \frac{Q_m}{\mu_0} = \frac{\mu_0 MS}{\mu_0} = MS$$

から $H=M/2$[A/m]となる。

よって、磁場は、磁性体の内部と外部では、それぞれ

$$H = -\frac{M}{2}\,[\text{A/m}] \qquad H = +\frac{M}{2}\,[\text{A/m}]$$

となる。以上から、磁性体内部と外部の磁束密度を計算すると

$$B = \mu_0(H+M) = \mu_0\left(-\frac{M}{2}+M\right) = \frac{\mu_0 M}{2}\,[\text{Wb/m}^2]$$

$$B = \mu_0(H+M) = \mu_0\left(+\frac{M}{2}+0\right) = \frac{\mu_0 M}{2}\,[\text{Wb/m}^2]$$

となり、内部と外部が一致し、B[Wb/m²]が連続であることがわかる。

演習 9-8 透磁率が μ[N/A²]の磁性体に、均一な磁場 H[A/m]が印加されている。この磁性体の中に真空の空洞をつくったとき、この空洞内の磁束密度と磁場の大きさを求めよ。

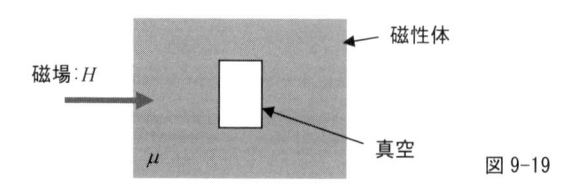

図 9-19

解） 真空の透磁率を μ_0[N/A²]とし、真空の空洞部分の磁場を H_1[A/m]とする。まず、磁性体中の磁束密度は

$$B = \mu H \quad [\text{Wb/m}^2]$$

となる。

つぎに、真空中においても磁束密度は変化しないので

$$B = \mu H = \mu_0 H_1 \quad [\text{Wb/m}^2]$$

より、空洞内の磁場は

$$H_1 = \frac{\mu}{\mu_0} H \quad [\text{A/m}]$$

と与えられる。

演習 9-9 透磁率がそれぞれ μ_1, μ_2, μ_3[N/A²]の 3 枚の磁性体を重ねて磁化したときに、表面の磁束密度が B[Wb/m²]であった。それぞれの磁性体の磁場の大きさを求めよ。ただし、反磁場効果は無視してよいものとする。

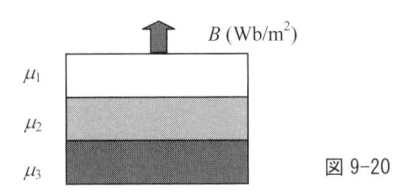

図 9-20

解） 磁束線が連続であることを利用する。3 枚を重ねているので、すべての磁性体の磁束密度は B [Wb/m²]である。したがって、それぞれの磁性体の磁場 H_1, H_2, H_3 [A/m]は

$$B = \mu_1 H_1, \quad B = \mu_2 H_2, \quad B = \mu_3 H_3 \quad [\text{Wb/m}^2]$$

から

$$H_1 = \frac{B}{\mu_1}, \quad H_2 = \frac{B}{\mu_2}, \quad H_3 = \frac{B}{\mu_3} \quad [\text{A/m}]$$

と与えられる。

9.8. 磁場の屈折

透磁率の異なる複数の磁性体が積層されているとき、磁束密度が一定と

いう条件を使うことで、磁場を解析することが可能であることを示した。

それでは図 9-21 に示すように、積層する磁性体の境界面と磁場が平行の場合はどうなるであろうか。

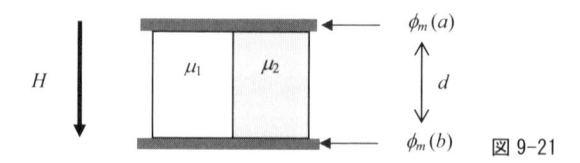

図 9-21

ここで端部の磁位を考えてみよう。もし、磁性体の端部の磁位が異なれば、横方向に磁位勾配が生じ、磁場が存在することになる。しかし、磁場は上下方向のみであるので、端部の磁位は等しいことになる。よって、磁性体間で磁場の大きさは変化しないということになる。

それでは、磁性体間で何が異なるかというと磁束密度である。それぞれの磁束密度を B_1, B_2 と置くと

$$B_1 = \mu_1 H \text{ [Wb/m}^2\text{]} \qquad B_2 = \mu_2 H \text{ [Wb/m}^2\text{]}$$

となる。磁性体の断面積を $S[\text{m}^2]$ とすると、それぞれの磁性体の表面の磁荷 $Q_{m1}[\text{Wb}]$, $Q_{m2}[\text{Wb}]$ とは

$$B_1 = \frac{Q_{m1}}{S} \text{ [Wb/m}^2\text{]} \qquad B_2 = \frac{Q_{m2}}{S} \text{ [Wb/m}^2\text{]}$$

という関係にある。つまり、同じ磁場空間に異なる磁性体を挿入すると、その表面の磁荷が変化することになる。あるいは、磁化が異なるということを意味している。

以上をまとめると、透磁率の異なる異種の磁性体の境界面での磁場に関して、つぎのことがいえる。(図 9-22 参照)

1 異種の磁性体の境界面の法線方向では、磁束密度 (B [Wb/m^2]) が保存される。このとき、磁場 (H [A/m]) は保存されない。

2 異種の磁性体の境界面の接線方向では、磁場 (H [A/m]) が保存される。このとき、磁束密度 (B [Wb/m^2]) は保存されない。

第 9 章　磁性体

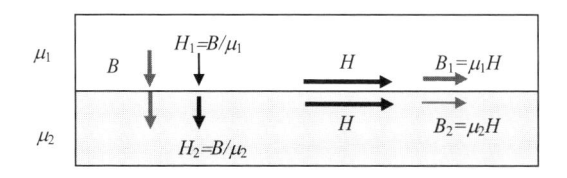

図 9-22

以上を踏まえて、異種の磁性体の境界面における磁場の屈折現象について解析してみよう。

図 9-23 のように、大きさ H_1[A/m]の磁場が、透磁率の異なる磁性体の境界面の法線に対し、角度 θ_1 で入射した場合のことを考える。

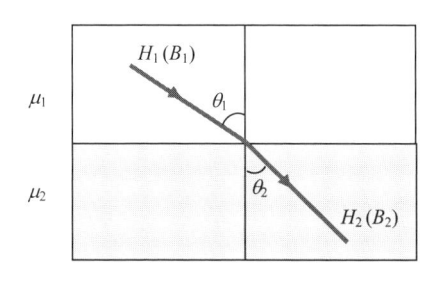

図 9-23

このとき、磁場は図のように屈折して、屈折角 θ_2 の磁場 H_2[A/m]に変化する。

ここで、磁性体 1 の磁場の境界面に対して法線および接線方向の成分は、それぞれ

$$H_1 \cos\theta_1 \,[\mathrm{A/m}] \quad および \quad H_1 \sin\theta_1 \,[\mathrm{A/m}]$$

磁束密度は、それぞれ

$$B_1 \cos\theta_1 \,[\mathrm{Wb/m^2}] \quad および \quad B_1 \sin\theta_1 \,[\mathrm{Wb/m^2}]$$

となる。ただし $B_1 = \mu_1 H_1$ という関係にある。

一方、磁性体 2 の磁場の境界面に対して法線および接線方向の成分は、それぞれ

$$H_2 \cos\theta_2 \,[\mathrm{A/m}] \quad および \quad H_2 \sin\theta_2 \,[\mathrm{A/m}]$$

磁束密度は、それぞれ

$$B_2 \cos\theta_2 \,[\mathrm{Wb/m^2}] \quad および \quad B_2 \sin\theta_2 \,[\mathrm{Wb/m^2}]$$

となる。ただし $B_2 = \mu_2 H_2$ という関係にある。

以上の成分に対し、先ほどの境界面でのルールをあてはめてみよう。

まず、境界面の法線方向では、図 9-24 に示すように、磁束密度が保存されるので

$$B_1 \cos\theta_1 = B_2 \cos\theta_2$$

から

$$\mu_1 H_1 \cos\theta_1 = \mu_2 H_2 \cos\theta_2$$

という関係が成立する。

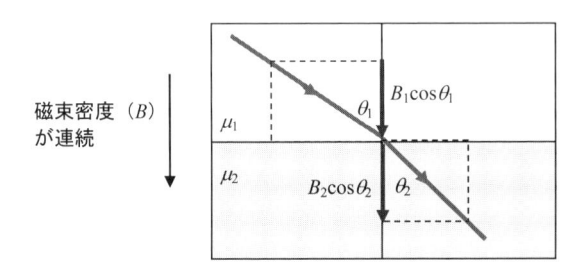

図 9-24

つぎに、境界面の接線方向では、図 9-25 に示すように、磁場が保存されるので

$$H_1 \sin\theta_1 = H_2 \sin\theta_2$$

という関係が成立する。

したがって、下式を上式で辺々どうし除すれば

$$\frac{\sin\theta_1}{\mu_1 \cos\theta_1} = \frac{\sin\theta_2}{\mu_2 \cos\theta_2} \qquad \mu_1 \tan\theta_2 = \mu_2 \tan\theta_1$$

となる。

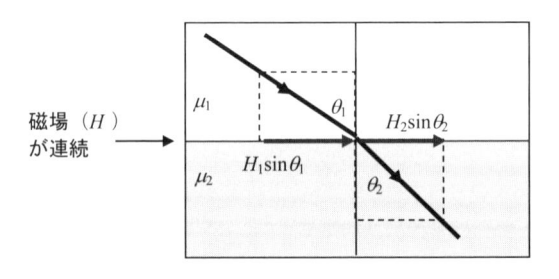

図 9-25

上式より、磁場の屈折の法則

$$\frac{\mu_2}{\mu_1} = \frac{\tan\theta_2}{\tan\theta_1}$$

を導くことができる。

演習 9-10 二つの異なる磁性体の境界面において、入射角が $\pi/4$ の磁場が、屈折角 $\pi/6$ となったときの、それぞれの透磁率の比 μ_2/μ_1 を求めよ。

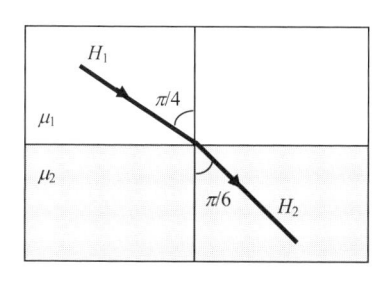

図 9-26

解）

$$\frac{\mu_2}{\mu_1} = \frac{\tan(\pi/6)}{\tan(\pi/4)} = 1/\sqrt{3}$$

となる。

演習 9-11 一様に M [A/m]に磁化された磁性体の中に、その法線と磁化方向が θ だけ角をなす平面状の空隙をつくるとき、空隙内の磁場 H [A/m]を求めよ。ただし、磁性体内の磁場は磁化に平行で、その大きさは H_m [A/m]とする。

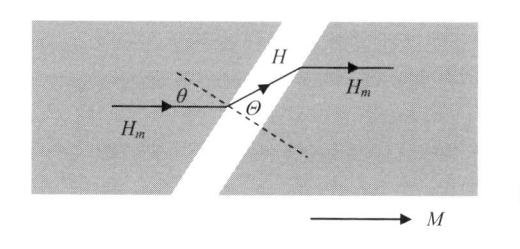

図 9-27

解） 屈折された空隙内の磁場が法線となす角を$\varTheta$とする。ここで、磁性体内の磁束密度B_m[Wb/m^2]は
$$B_m = \mu_0(H_m + M)$$
となり、空隙の磁束密度B[Wb/m^2]は
$$B = \mu_0 H$$
となる。

ここで接線方向では磁場が連続であるので
$$H_m \sin\theta = H \sin\varTheta$$
また、法線方向では、磁束密度が連続であるので
$$B_m \cos\theta = B \cos\varTheta$$
よって
$$\mu_0(H_m + M)\cos\theta = \mu_0 H \cos\varTheta$$
したがって
$$H_m \sin\theta = H \sin\varTheta \qquad (H_m + M)\cos\theta = H \cos\varTheta$$
という 2 式を連立させればよいことになる。両辺を 2 乗したうえで、辺々を足すと
$$H_m^{\ 2} \sin^2\theta = H^2 \sin^2\varTheta \qquad (H_m + M)^2 \cos^2\theta = H^2 \cos^2\varTheta$$
$$H^2 = H_m^{\ 2}\sin^2\theta + (H_m + M)^2 \cos^2\theta$$
より
$$H^2 = H_m^{\ 2} + (M^2 + 2H_m M)\cos^2\theta$$
となり
$$H = \sqrt{H_m^{\ 2} + (M^2 + 2H_m M)\cos^2\theta} \quad \text{[A/m]}$$
と与えられる。

第10章　磁場と電流

電気 (electricity) と磁気 (magnetism) の間に密接な関係があることを最初に発見したのは**エルステッド** (H. C. Oersted, 1777-1851) といわれている。彼は、大学での講義中に、導線に電流を流すと、そのまわりの**方位磁石** (compass) が影響を受けることを偶然発見したのである。そして、電流が磁場を発生することを発見するのである。その功績から、磁場の cgs 単位[Oe] には彼の名が使われている。

その後、多くの科学者によって電気と磁気の関係が研究され、現在の**電磁気学** (electromagnetism) へと発展したのである。

10.1. アンペールの法則

10.1.1. 右ねじの法則

電線に電流が流れると、そのまわりに磁場が発生する。このとき、電流とそれによって生じる磁場の向きには、図 10-1 に示すような**右ねじの法則** (right screw law) が成立する。

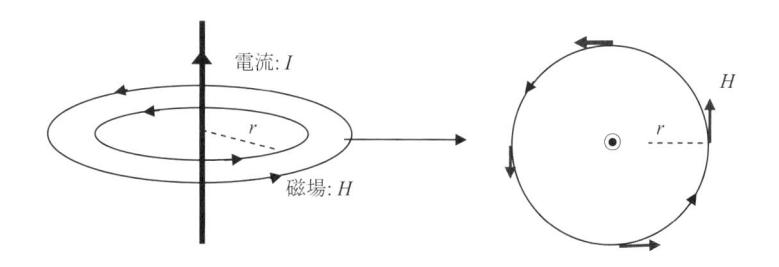

図 10-1　アンペールの右ねじの法則: 右図の電流の向きは、紙面の裏から表に向かう方向である。

すなわち、電流が流れる方向が右ねじの進む方向とすると、磁場は右ねじがまわる方向に発生する。これを、**アンペールの右ねじの法則** (Ampere's circuital law) と呼んでいる。

ただし、この関係を覚えるのは大変なので、右手を使ってこの法則を表現する方法がある。それは、右手の親指を上方向につきだし、他の四本の指を折り曲げる。このとき、親指の方向が電流で、他の四本の指を折り曲げた方向が磁場の向きとなる。

このとき、電線から r[m]の距離に発生する磁場 H[A/m]の大きさは

$$H = \frac{I}{2\pi r} \quad [\text{A/m}]$$

という式によって与えられる。

電線から r[m]の距離にある円を考えれば、この円上の点では、その接線方向に磁場が向くことになる。

演習 10-1 電線に 100[A]の電流を流したとき、電線から 1[cm]離れた位置にできる磁場 H[A/m]の大きさを求めよ。

解) $\quad H = \dfrac{I}{2\pi r} = \dfrac{100}{2\pi(0.01)} \cong 1590\,[\text{A/m}]$

一般に使われる cgs 単位では 1[Oe]が約 80[A/m]であるので、100[A]の電流を流したときに 1[cm]離れた位置に発生する磁場は約 20[Oe]ということになる。あるいは、磁束密度にすれば 20[G]である。100[A]は電流の値としては比較的大きいが、そのまわりには小さな磁場しか発生しないことがわかる。

ここで、なぜ電流 I[A]がつくる磁場が $H=I/2\pi r$[A/m]と与えられるかを少し考えてみよう。

点電荷から発せられる電場の場合は、3次元的に効果が薄れていくので、分母には球の表面積の $4\pi r^2$ が r の効果としてあらわれた。一方、電流は点ではなく線として捉えることができる。したがって、I[A]の電流が流れている単位長さを考えると、図 10-2 のようになると考えられる。

第 10 章　磁場と電流

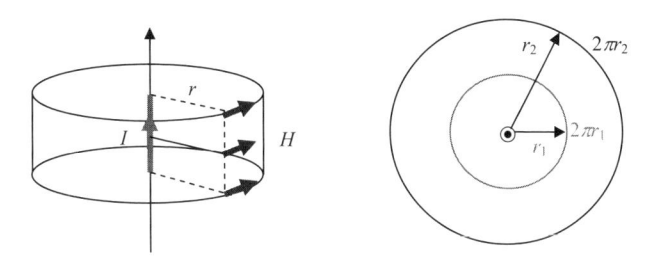

図 10-2　電流がつくる磁場は、電流 I が流れている単位長さの電線を磁場源と考えると、そのまわりに円柱状に広がっていくと考えられる。

　電流がつくる磁場は、電流 I が流れている単位長さの電線を磁場源と考えると、図 10-2 に示すように、そのまわりに円柱状に広がっていくと考えられる。円柱の単位長さあたりの側面積は $2\pi r$ であるので、磁場は

$$H = \frac{I}{2\pi r} \quad [\text{A/m}]$$

のように r の増加とともに減衰するのである。
　これが電流のつくる磁場の距離依存性となる。

10.2.　円電流がつくる磁場

　つぎに、図 10-3 のように半径 r [m]の円に電流 I [A]が流れている場合を考えてみよう。このとき、発生する磁場は、電流の方向が右ねじの回る向きとすると、右ねじが進む方向に生じる。これもアンペールの右ねじの法則である。

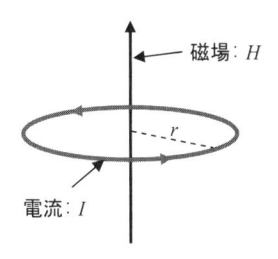

図 10-3　円電流によって発生する磁場。

　このとき、円の中心に発生する磁場 H [A/m]は

259

$$H = \frac{I}{2r} \quad [\text{A/m}]$$

と与えられる。(詳しくは次節参照。)

> **演習 10-2** 半径 0.1[m]の円状電線に電流 1000[A]を流したときに、円の中心にできる磁場の大きさを求めよ。

解)
$$H = \frac{I}{2r} = \frac{1000}{2 \times 0.1} = 5000 \quad [\text{A/m}]$$
となる。

10.3. ビオ・サバールの法則

10.3.1. 電荷と磁場の相互作用

アンペールの法則を、電荷と磁場の相互作用から導出してみよう。そのために、まず基本として運動する電荷に働く力を理解する必要がある。

実は、電荷が磁場中で静止していると力は働かないが、運動した場合には力が働くことが知られている。この際、電荷 q[C]に働く力ベクトル $\vec{F}$ [N] は電荷の速度ベクトルを $\vec{v}$ [m/s]、磁場密度ベクトルを $\vec{B}$ [Wb/m^2]とすると

$$\vec{F} = q\vec{v} \times \vec{B} \quad [\text{N}]$$

という式で与えられる。この力を**ローレンツ力** (Lorentz force) と呼んでいる[1]。

ここで、右辺はベクトル積であるので、速度ベクトルを $\vec{v}$ [m/s]の向きを x 軸、磁束密度ベクトル $\vec{B}$ [Wb/m^2]の向きを y 軸とすると、力ベクトル $\vec{F}$ [N] の向きは z 軸方向となる。ただし、この際の 3 次元の直交座標は、**右手系** (right handed system) を採用する。右手系というのは、図 10-4 に示すように 3 次元座標の、x, y, z 軸が、それぞれ右手の親指、人差し指、中指に対応するものである。

---

[1] 電荷に働くローレンツ力が、電荷の速度ベクトルと磁場ベクトルのベクトル積(外積)で与えられるという事実は、理論的に導出できるものではなく、電荷の運動を現象論的に解析してえられるものである。そして、この関係が電磁相互作用の基礎となる。右ネジの法則も、この関係式に基づいている。

第 10 章　磁場と電流

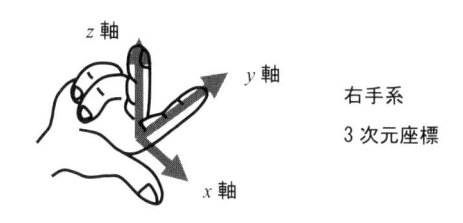

図 10-4　右手系の 3 次元座標。

図 10-4 を参照しながら、あらためてベクトル積に対応したローレンツ力と電荷の運動ベクトル、磁場ベクトルとの関係を示すと、図 10-5 のようになる。

この関係は混同しやすいので、ベクトル積の計算においては、右手をみながら、方位関係を確認するのが得策である。

ローレンツ力は磁場ベクトル $\vec{H}$ [A/m]を使えば

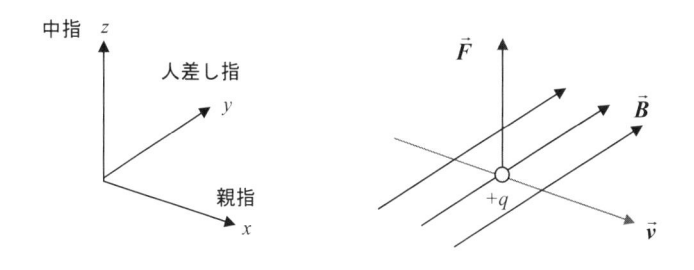

図 10-5　右手系の直交(x, y, z)座標と、ベクトル積に対応したローレンツ力。

$$\vec{F} = q\vec{v} \times \mu_0 \vec{H} \quad [\text{N}]$$

となる。

いま、電荷 q[C]が図 10-6 のような方向に速さ v[m/s]で運動しているとする。このとき、磁場と電荷の運動方向のなす角を θ とすると、この電荷に働く力の大きさは

$$F = qv\mu_0 H \sin\theta \quad [\text{N}]$$

と与えられる。

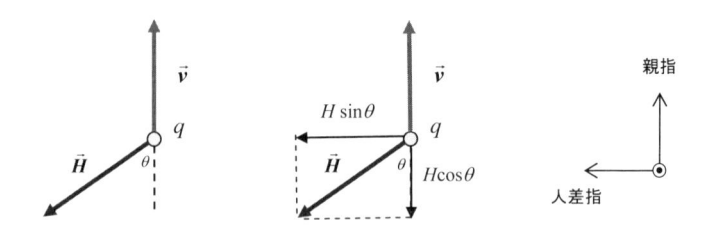

図 10-6 運動する電荷の速度（v）と磁場（H）の関係：図は速度ベクトル$\vec{v}$と磁場ベクトル$\vec{H}$の共有平面を描いている。

つまり、速度ベクトルと垂直成分である磁場成分の$H\sin\theta$[A/m]のみがローレンツ力に寄与し、平行成分の$H\cos\theta$[A/m]は寄与しないのである。これが、ベクトル積の性質である。

さらに、ローレンツ力F[N]の向きは、速度ベクトルの方向を右手の親指、磁場ベクトルを人差指の方向とすると、ちょうど中指の方向となるので、紙面に垂直で、紙面の裏から表への向きとなる[2]。

ここで、この電荷q[C]に作用する磁場は、図 10-7 のように、電荷から距離r[m]だけ離れた位置に磁荷q_m[Wb]が存在し、それが発生しているものと仮定する。すると

$$H = \frac{q_m}{4\pi\mu_0 r^2} \quad [\text{A/m}]$$

という関係がえられる。

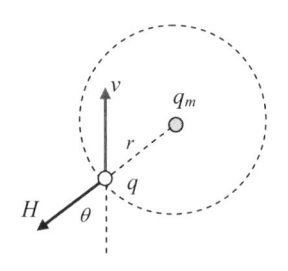

図 10-7 電荷qの位置に磁場Hを発生させる磁荷q_mの存在を仮定する。

---

[2] 本書では、慣例にならって、2次元平面において、紙面の表から裏へ向く方向は記号⊗、裏から表へ向く方向は記号⊙をもって表記する。

すると、電荷に働く力は
$$F = qv\mu_0 H \sin\theta = \frac{qvq_m \sin\theta}{4\pi r^2} \quad [\text{N}]$$
と与えられる。

ところで、磁荷 q_m[Wb]が発生する磁場によって、電荷に力が働くということは、同じ大きさの力が磁荷 q_m にも働いていると考えられる。ただし、**作用反作用の法則** (Newton's third law) により力の向きは逆となる。

ここで、磁荷 q_m[Wb]に力 F [N]が働くということは、この場所に
$$F = q_m H_1 \quad [\text{N}]$$
に対応した磁場 H_1[A/m]が存在することになる。この磁場の大きさは
$$H_1 = \frac{qv \sin\theta}{4\pi r^2} \quad [\text{A/m}]$$
と与えられる。

したがって、電荷 q[C]の運動（v[m/s]）によって距離 r [m]の位置に磁場 H_1[A/m]が形成されると考えてもよい。

この際、力と磁場の方向は一致する。そして、作用反作用の法則から、電荷に働く力は、紙面の表から裏に向かう方向となる。図 10-8(a)に示したように、磁場もこの方向となる。

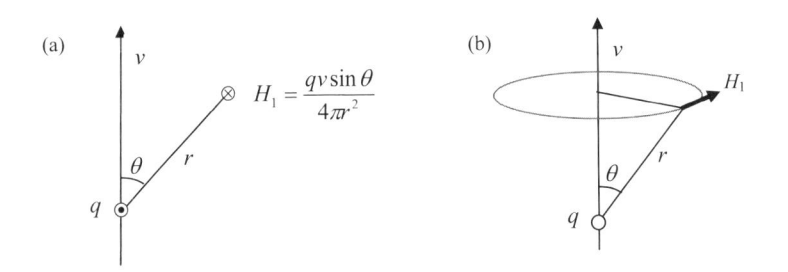

図 10-8 運動する電荷 q が形成する磁場 H_1： (a)は 2 次元平面； (b)は 3 次元空間で表示している。図 10-8(a)の磁場の向きは、紙面の表から裏へと向かう方向となる。

図 10-8(a)ではわかりにくいので、この関係を 3 次元に表示すると図 10-8(b)のようになる。つまり、発生する磁場の向きは、この位置と電子の運動方向を中心とする同心円を描いたときの接線方向となる。

さらに、電荷の運動方向（つまり電流の向き）を右ネジの進む方向とすると、磁場の向きは右ネジが回転する方向となり、いわゆる右ネジの法則が成り立つことがわかる。
　このように、右ネジの法則は、ローレンツ力が電荷の速度ベクトルと磁場ベクトルのベクトル積で与えられるということが基本となって成立する法則なのである。

10.3.2.　ビオ・サバールの法則の導出

　以上の考察をもとに、電線に流れる電流がつくりだす磁場を求めてみる。まず

$$H_1 = \frac{qv\sin\theta}{4\pi r^2} \quad [\text{A/m}]$$

において qv という項を考察してみる。ここで

$$qv = q\frac{\Delta s}{\Delta t}$$

のように変形しよう。ただし、Δs[m]は電線にそって電荷 q[C]が時間Δt[s]の間に移動する距離である。ここでは、電荷 q[C]が移動しているが、電流 I [A]は単位時間Δt[s]に移動する電荷量なので

$$I = \frac{q}{\Delta t}$$

と与えられる。
　したがって、電流 I [A]を使うと

$$qv = q\frac{\Delta s}{\Delta t} = I\Delta s$$

となる。
　よって、電流 I [A]の流れる長さΔs[m]の素線が作り出す磁場の大きさは

$$\Delta H = \frac{I\Delta s\sin\theta}{4\pi r^2} \quad [\text{A/m}]$$

と与えられることになる。これが、いわゆる**ビオ・サバールの法則** (Biot-Savart law) である。
　これを微分のかたちに置き換えると

$$dH = \frac{Ids\sin\theta}{4\pi r^2} \quad [\text{A/m}]$$

となる。

　これを図示すると図 10-9 のようになる。この図の電流素片 Ids が r だけ離れた位置につくる磁場が dH ということになる。

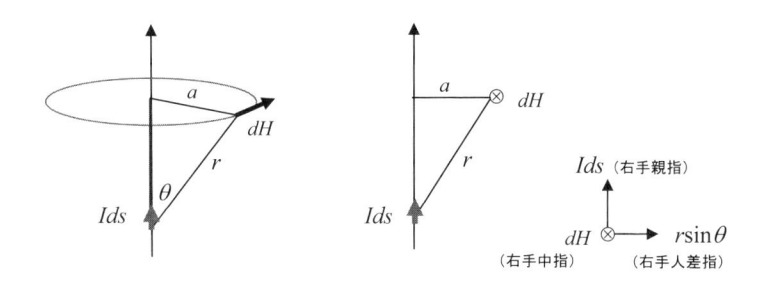

図 10-9　ビオサバールの法則：右の 2 次元表示では、磁場は紙面の表から裏へ向かう方向。

　実際には、磁場、電流、そして位置 r はベクトルとなり

$$d\vec{H} = \frac{I}{4\pi r^2} d\vec{s} \times \frac{\vec{r}}{r}$$

というベクトル積となる。

　ただし、$\frac{\vec{r}}{r}$ は r 方向の単位ベクトルである。すなわち、電流が流れる向きを右手の親指の方向とし、電流と直交する r の成分を右手の人差指の方向とすると、磁場成分は右手の中指の方向となる。つまり図 10-9 の 2 次元表示では、紙面の表から裏に向かう方向となる。

　ここで、無限の長さの電線に流れる電流 I [A]が、電線から距離 a[m]のところにつくる磁場を計算してみよう。このためには、電流素片 Ids がつくる磁場要素 dH を全空間で積分すればよい。すると

$$H = \int dH = \int_{-\infty}^{+\infty} \frac{I\sin\theta}{4\pi r^2} ds$$

と与えられる。ただし、このままでは s に関する積分となっており、直接、

265

積分できないので、変数変換する。

　図 10-10 を参照して、ds と $d\theta$ の関係を求めてみよう。図のように電流が流れる微小要素 ds は、角度の変化 $d\theta$ に対応する。

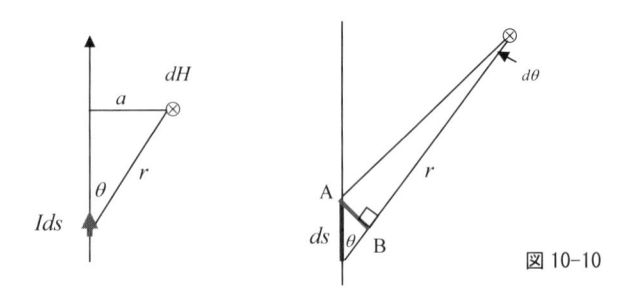

　ここで、線分 AB の長さは
$$\overline{\mathrm{AB}} = ds \sin\theta = r d\theta$$
となるので
$$ds = \frac{r}{\sin\theta} d\theta$$
となることがわかる。

　つぎの問題は、積分範囲 $-\infty < s < +\infty$ に対応した θ の範囲をどうとるかである。図 10-11 からわかるように、$-\infty$ の方向は $\theta \to 0$ の極限であり、$+\infty$ の方向は $\theta \to \pi$ の極限となる。したがって、s の積分範囲である $-\infty \to +\infty$ に対応するのは、θ が $0 \to \pi$ であり、したがって、積分範囲は $0 \leq \theta \leq \pi$ となる。

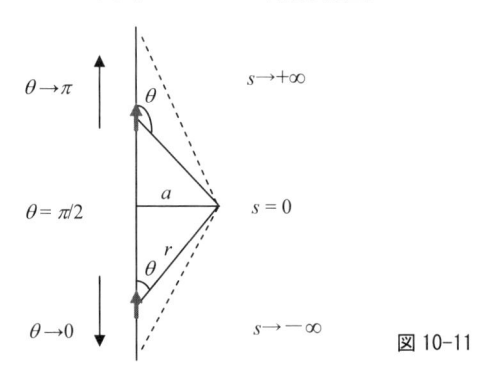

よって、磁場を与える積分は

$$H = \int_{-\infty}^{+\infty} \frac{I\sin\theta}{4\pi r^2} ds = \int_0^{\pi} \frac{I\sin\theta}{4\pi r^2} \frac{r}{\sin\theta} d\theta = \int_0^{\pi} \frac{I}{4\pi r} d\theta$$

となる。ここで $a = r\sin\theta$ であるので

$$H = \int_0^{\pi} \frac{I\sin\theta}{4\pi a} d\theta$$

となり、θ に関して積分すると

$$H = \int_a^{\pi} \frac{I\sin\theta}{4\pi a} d\theta = \left[-\frac{I\cos\theta}{4\pi a} \right]_0^{\pi} = -\frac{I}{4\pi a}(\cos\pi - \cos 0) = \frac{I}{2\pi a} \ [\text{A/m}]$$

と計算できる。したがって、磁場の大きさは $I/2\pi a$[A/m]となる。以上のように、ビオ・サバールの法則から、アンペールの法則を導出することができる。

演習 10-3 ビオ・サバールの法則を利用して、半径 r [m]の円状の導線に電流 I [A]が流れているとき、円の中心にできる磁場の大きさ H [A/m]を求めよ。

解） 図 10-12(a)のビオ・サバールの法則を基本にして、円電流のつくる磁場を考えてみよう。すると、電流素片と、それが同じ平面内につくる磁場は、図 10-12(b)のようになる。

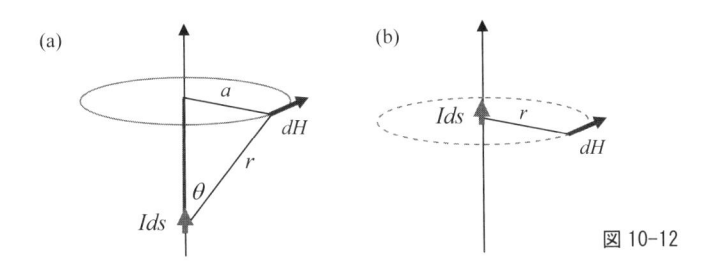

図 10-12

この電流素片と、それによって発生する磁場の相対関係を円電流にあてはめると、図 10-13 に示したようになり、右ネジの法則が成立することがわかる。

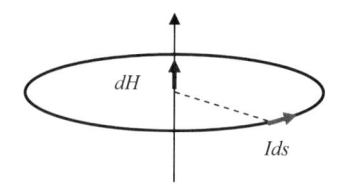

図 10-13

ここで、円電流 I の電流素片 Ids が距離 r の位置につくる磁場 dH は、ビオ・サバールの法則 $dH = \dfrac{Ids\sin\theta}{4\pi r^2}$ において、$\theta=\pi/2$ と置いたものである。よって

$$dH = \frac{Ids\sin(\pi/2)}{4\pi r^2} = \frac{I}{4\pi r^2}ds$$

となる。求める磁場 H は、これを s に関して半径 r の円周に沿って、周回積分すればよい。したがって

$$H = \oint \frac{I}{4\pi r^2}ds = \frac{I}{4\pi r^2}\oint ds = \frac{I}{4\pi r^2}(2\pi r) = \frac{I}{2r} \quad [\text{A/m}]$$

となる。

演習 10-4　半径 a[m]の円状導線に電流 I[A]が流れているとき、円の中心 O から高さ h[m]の位置における磁場の強さ H[A/m]を求めよ。

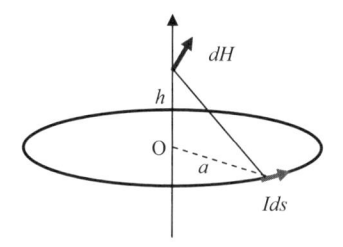

図 10-14

解）　図 10-14 において、円電流の要素 Ids が、円の中心 O から高さ h の位置につくる磁場 dH を求め、それを s に関して周回積分すればよい。た

だし、注意すべきは、この点の磁場の向きは、中心軸とは平行ではないということである。

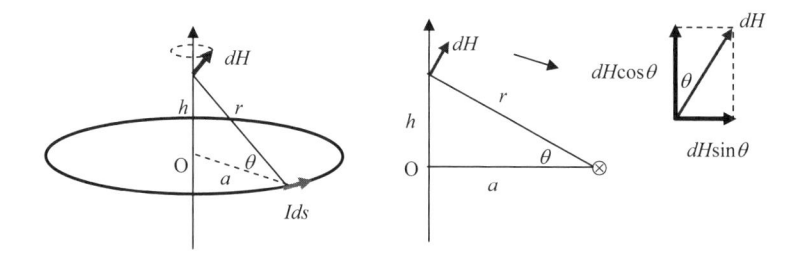

図 10-15 円電流の電流素片がつくる磁場要素。右図に、磁場要素の x 成分と y 成分を示す。

図 10-15 のように r と θ をとると、dH は

$$dH = \frac{Ids}{4\pi r^2}$$

となる。ここで、この磁場要素の x 成分は $dH\sin\theta$ となるが、円電流なので、ちょうど反対側に、同じ大きさで方向が逆の電流要素がある。これがつくる磁場要素は $-dH\sin\theta$ となり、結局、x 成分は打ち消されることになる。

したがって、残る磁場成分は、y 方向成分だけであり

$$(dH)_y = dH\cos\theta = \frac{I\cos\theta\, ds}{4\pi r^2}$$

となる。

ここで

$$\cos\theta = \frac{a}{r}$$

から

$$dH\cos\theta = \frac{aI}{4\pi r^3}ds$$

これを円周に沿って周回積分すればよいので

$$H = \frac{aI}{4\pi r^3}\oint ds = \frac{aI}{4\pi r^3}\cdot 2\pi a = \frac{a^2 I}{2r^3}$$

269

ただし
$$r = \sqrt{a^2 + h^2}$$
となり、磁場の方向は、円の中心軸方向となる。

いまの演習 10-4 において、$h = 0$ とすると、円電流が中心につくる磁場を求める問題となる。このとき
$$r = \sqrt{a^2 + h^2} = a$$
となり
$$H = \frac{a^2 I}{2a^3} = \frac{I}{2a}$$
となって、当然ながら、演習 10-3 と同じ値がえられる。

演習 10-5 長さ $2a$ の電線に電流 I が流れているとする。このとき、この電線の中心から a だけ距離が離れた位置にできる磁場の強さを求めよ。

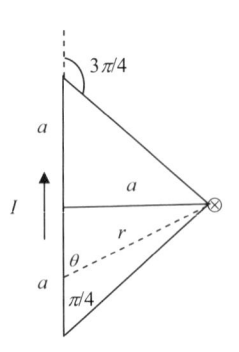

図 10-16

解） 無限長の電線ではなく長さが $2a$ であるので、磁場を求める積分範囲は $-a$ から $+a$ となる。よって磁場は
$$H = \int_{-a}^{+a} \frac{I \sin\theta}{4\pi r^2} ds$$
と与えられる。

また $ds = \dfrac{r}{\sin\theta} d\theta$ および $a = r\sin\theta$ であり、$-a \leq r \leq +a$ に対応した θ

270

の積分範囲は $\dfrac{\pi}{4} \leq \theta \leq \dfrac{3\pi}{4}$ となるので

$$H = \int_{\pi/4}^{3\pi/4} \dfrac{I\sin\theta}{4\pi a} d\theta$$

となり、θ に関して積分すると

$$H = \int_{\pi/4}^{3\pi/4} \dfrac{I\sin\theta}{4\pi a} d\theta = \left[-\dfrac{I\cos\theta}{4\pi a} \right]_{\pi/4}^{3\pi/4} = -\dfrac{I}{4\pi a}\left(\cos\dfrac{3\pi}{4} - \cos\dfrac{\pi}{4}\right) = \dfrac{I}{2\sqrt{2}\pi a}$$

と計算できる。また、磁場の向きは、右ネジの法則にしたがう。

演習 10-6 一辺の長さが $2a$[m]の正方形状の電線に電流 I[A]が流れている。このとき、正方形の中心にできる磁場の大きさ H[A/m]を求めよ。

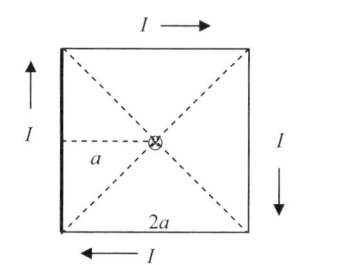

図 10-17

解） 図 10-17 に示したように電流 I[A]が流れているとする。すると、図の正方形の $2a$[m]の長さの一辺に流れる電流がつくる磁場の大きさは、演習 10-5 の結果から

$$H_1 = \dfrac{I}{2\sqrt{2}\pi a} \quad [\text{A/m}]$$

となる。

この場合の磁場の向きは、紙面の表から裏に向かう方向となる。他の 3 辺からも、同様の寄与があるので、結局、中心にできる磁場の大きさは

$$H = 4H_1 = \dfrac{\sqrt{2}I}{\pi a} \quad [\text{A/m}]$$

となる。

電流の向きが逆方向のときは、磁場の向きも逆となり、図 10-18 に示すように、紙面の裏から表に向かう方向となる。

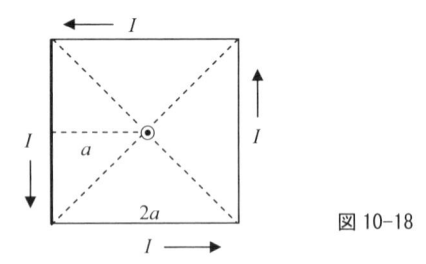

図 10-18

演習 10-7 一辺の長さが 2[cm]の正方形状の電線に電流 1000[A]を時計まわりに流したとき、正方形の中心にできる磁場の大きさ H[A/m]を求めよ。

解) 演習 10-6 の結果を利用すると

$$H = \frac{\sqrt{2} \times 1000}{\pi \times 0.01} \cong 45000 \quad [\text{A/m}]$$

となる。

10.4. アンペールの力

エルステッドによる電流と磁場の相互作用の発見を知ったアンペールは、それが物理学に大きな変革をもたらす重要な発見であることを察知し、すぐに、電流と磁場の関係を詳細に調べた。そして、多くの画期的な法則を発見するのである。

そのひとつが、磁場中に置かれた電線に電流を流したときに働く力である。この空間の磁束密度を B[Wb/m^2]、電流を I[A]とすると、この電線の単位長さ、つまり 1[m]あたりに働く力は

$$f = IB \quad [\text{N/m}]$$

と与えられる。あるいは、電線の長さを ℓ[m]とすると

$$F = \ell IB \quad [\text{N}]$$

となる。つまり、電流と磁場に働く力は、その積となるのである。

272

ただし、この式が成立するのは、電流ベクトルと磁場ベクトルが直交している場合である。電流ベクトルと磁場ベクトルがなす角度をθとすると、力は

$$F = \ell IB \sin\theta \quad [\text{N}]$$

となる。この力を**アンペールの力**（Ampere force）と呼んでいる。

ただし、より正式には、アンペールの力はベクトル積で表され、単位長さあたりの力は

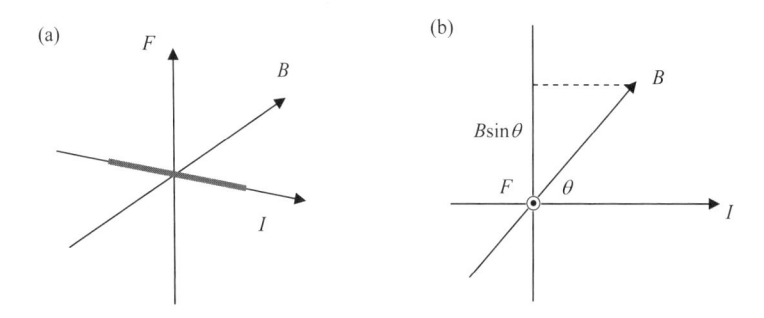

図10-19 磁束密度$B[\text{Wb/m}^2]$の中に置かれた電流$I[\text{A}]$に働く力。

$$\vec{F} = \vec{I} \times \vec{B} \quad [\text{N/m}]$$

というベクトル積によって与えられる。

ベクトル積は右手系にしたがい、電流ベクトルを右手の親指の方向、磁束密度ベクトルを右手の人差し指の方向とすると、力は、右手の中指の方向となる。

演習10-8 磁束密度$B=2[\text{Wb/m}^2]$の磁場がy軸方向に印加されているものとする。x軸に平行な電線にx軸の負の方向に電流$I=100[\text{A}]$が流したとき、この電線の単位長さに働く力を求めよ。

解） $\vec{F} = -\vec{I} \times \vec{B}$から力の向きは、$z$軸の負の方向となる。また、その大きさは

$$F = IB = 100 \times 2 = 200 \quad [\text{N/m}]$$

と与えられる。

実は、アンペールの力とローレンツの力は等価である。それを確かめてみよう。第 7 章でみたように電流は
$$I = \eta e S v \quad [A]$$
と与えられる。ここで、η は電荷濃度[m^{-3}]、e は単位電荷[C]、S は導体の断面積[m^2]、v は電子の移動速度[m/s]である。電流と磁場が直交する場合、アンペールの力は、電線の長さを ℓ [m]とすると
$$F = \ell I B \quad [N]$$
と与えられる。

したがって
$$F = \eta e S \ell v B \quad [N]$$
となるが、η は電荷濃度[m^{-3}]であり、$S\ell$ は体積[m^3]であるから、電荷 q[C]は
$$q = \eta e S \ell \quad [C]$$
と与えられる。したがって
$$F = q v B \quad [N]$$
となって、電荷の運動に伴うローレンツ力が導出できる。つまり、アンペールの力とローレンツの力は同じものであることがわかる。

それでは、つぎに電流間に働く力を求めてみよう。図 10-20 に示すように、電流 I_1[A]と I_2[A]の流れる電線が r[m]の距離だけ離れている状態を考える。

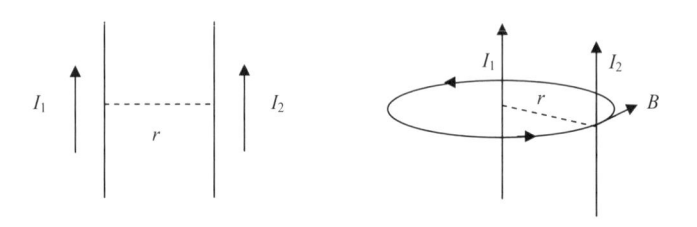

図 10-20　電流間に働く力の求め方。

ここで、電流 I_1[A]が距離 r[m]の位置につくる磁場 H [A/m]は
$$H = \frac{I_1}{2\pi r} \quad [A/m]$$
となる。

したがって、磁束密度 B[Wb/m^2]は

$$B = \mu_0 H = \frac{\mu_0 I_1}{2\pi r} \ [\text{Wb/m}^2]$$

となる。

よって、電流 I_2[A]が流れている電線の単位長さあたりに働く力は

$$F = I_2 B = \mu_0 I_2 H = \frac{\mu_0 I_1 I_2}{2\pi r} \ [\text{N/m}]$$

と与えられることになる。

ところで、力の向きはどうなるだろうか。図 10-21 で考えてみよう。

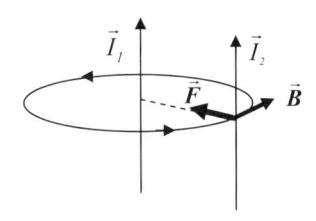

図 10-21

ベクトル積 $\vec{F} = \vec{I_2} \times \vec{B}$ を考えると、図 10-21 に示すように力の方向は、もうひとつの電線に向かう方向となり、引力となることがわかる。つまり、平行な電流に働く力は引力となり、反平行な電流に働く力は斥力となるのである。

この関係を電流がつくる磁場で整理すると、図 10-22 のようになり、確かに平行電流では隣接する磁場方向が異なるので引力、反平行電流では、隣接する磁場の向きが同方向となるので、斥力となることがわかる。

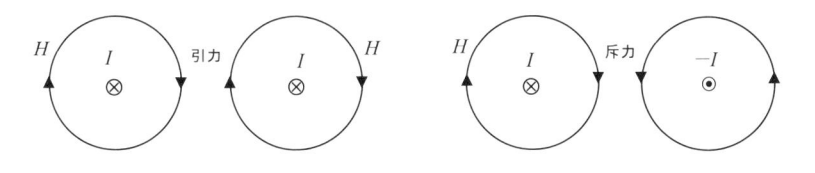

平行電流の場合　　　　　　反平行電流の場合

図 10-22　電流が平行の場合、となりの電流がつくる磁場は、ちょうど反対方向を向くため、引力が働く。一方、電流が反並行の場合、磁場は同方向を向くため斥力となる。

275

演習 10-9 電流 I_1=100[A]と I_2=200[A]の流れる電線が平行に置かれ、0.1[m]の距離だけ離れているとき、単位長さあたりに働く力を求めよ。ただし、真空の透磁率を $\mu_0 = 4\pi \times 10^{-7}$ [N/A^2] とする。

解） それぞれの、電線の単位長さあたりに働く力は

$$F = \frac{\mu_0 I_1 I_2}{2\pi r} = \frac{4\pi \times 10^{-7} \times 100 \times 200}{2\pi \times 0.1} = 4 \times 10^5 \times 10^{-7} = 0.04 \ [\text{N/m}]$$

となる。

演習 10-10 電流 I=100[A]が流れる半径 R=0.05[m]の電線ループが 2 対あり、中心軸が一致するように距離 r=0.1[m]だけ離れている。電流の流れる方向が同じ場合に、これらループに働く力を求めよ。

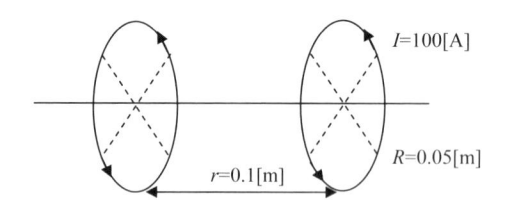

図 10-23

解） まず、直線電流間に働く力とのアナロジーから、ループ間に働く力は引力となることがわかる。

つぎに、それぞれの、電線ループの単位長さあたりに働く力は

$$f = \frac{\mu_0 I_1 I_2}{2\pi r} = \frac{4\pi \times 10^{-7} \times 100 \times 100}{2\pi \times 0.1} = 2 \times 10^5 \times 10^{-7} = 0.02 \ [\text{N/m}]$$

となる。ここで、電線ループの長さは $2\pi R$[m]となるので、ループ間に働く力は

$$F = 2\pi R f = 2 \times 3.14 \times 0.05 \times 0.02 = 0.00628 \ [\text{N}]$$

となる。

10.5. アンペールの法則の一般化

電流 I [A] が距離 r [m] のところにつくる磁場 H [A/m] は $I/2\pi r$ [A/m] であった。この関係は

$$2\pi r H = I$$

と変形できる。ここで $2\pi r$ [m] は半径 r [m] の円の周長であり、H [A/m] は、円の接線方向の磁場の大きさである。これを図 10-24 に示す。

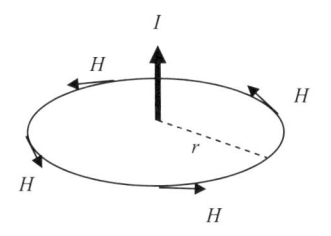

図 10-24 電流によってつくられる磁場。

実は、$2\pi rH$ は、半径 r [m] の円に沿って磁場 H [A/m] を周回積分したものとみなすことができる。単位を解析すれば [A/m] に [m] をかけるので [A] となって電流の単位となる。

実は、一般的なアンペールの法則では、回転磁場の経路は円である必要はなく**閉回路** (closed loop) であればなんでもよい。そして、閉回路を囲む領域 S からの電荷の流れ（つまり電流）と閉回路 C に沿った磁場ベクトル $\vec{H}$ の接線成分の周回積分が等しいという関係にある。

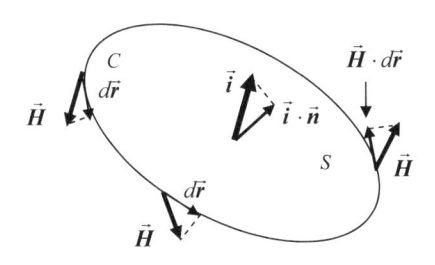

図 10-25

これを表現すると

$$\oint_C \vec{H} \cdot d\vec{r} = \iint_S \vec{i} \cdot \vec{n} dS$$

となる。

左辺は、閉回路 C に沿った磁場の接線成分の周回積分であり、右辺は、閉回路に囲まれた領域 S からの電流の積算となる。

これがアンペールの法則の一般形である。電場の場合を思い出すと

$$\oint_C \vec{E} \cdot d\vec{r} = 0$$

という関係にあった。そして、この関係が成立するのが、保存力場の性質であることを説明した。したがって、磁場は保存力場ではないのである。

電流 I [A]が流れている導線のまわりの閉回路の場合には

$$\oint_C \vec{H} \cdot d\vec{r} = I$$

となる。

演習 10-11　導線に電流 I [A]が流れているとき、この導線から半径 r [m]の位置の磁場強度 H [A/m]を求めよ。

解）　アンペールの法則から

$$\oint_C \vec{H} \cdot d\vec{r} = I$$

ここで、図 10-26 に示したような半径 r の回転磁場を考える。

点 $(r\cos\theta, r\sin\theta)$ においては

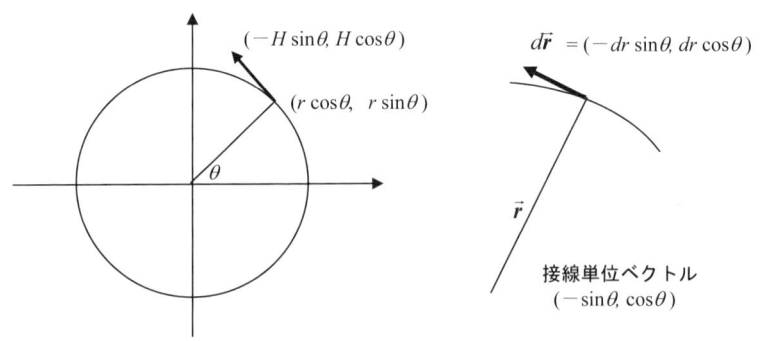

図 10-26

$$\vec{H} = \begin{pmatrix} -H\sin\theta \\ H\cos\theta \end{pmatrix} \qquad d\vec{r} = \begin{pmatrix} -dr\sin\theta \\ dr\cos\theta \end{pmatrix}$$

したがって

$$\vec{H}\cdot d\vec{r} = Hdr(-\sin\theta \ \cos\theta)\begin{pmatrix} -\sin\theta \\ \cos\theta \end{pmatrix} = Hdr(\sin^2\theta + \cos^2\theta) = Hdr$$

$$\oint_C \vec{H}\cdot d\vec{r} = \oint_C Hdr = H\oint_C dr = 2\pi rH$$

よって
$$2\pi rH = I$$
より
$$H = \frac{I}{2\pi r} \quad [\text{A/m}]$$

となる。

> **演習 10-12** 半径が a[m]の無限に長い導線がある。この断面積に均等に電流 I[A]が流れているとき、この導線の中心からの距離 r[m]離れた位置の磁場の大きさを求めよ。

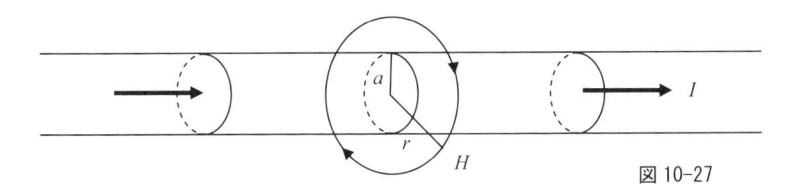

図10-27

解) この導線の内部と外部の場合に分けて、アンペールの法則を適用する。まず、$r \geq a$ の場合

$$\oint \vec{H}\cdot d\vec{r} = I$$

となるが、できるのは半径 r [m]で接線方向の磁場成分が H [A/m]と一定の円磁場であるので

$$\oint \vec{H}\cdot d\vec{r} = \oint Hdr = H\oint dr = 2\pi rH = I$$

より

$$H = \frac{I}{2\pi r} \quad [\text{A/m}]$$

となる。つぎに
　$r < a$ の場合

$$\oint \vec{H} \cdot d\vec{r} = \frac{r^2}{a^2} I$$

となり

$$\oint \vec{H} \cdot d\vec{r} = 2\pi a H = \frac{r^2}{a^2} I$$

より

$$H = \frac{r^2}{2\pi a^3} I \quad [\text{A/m}]$$

となる。

10.6. アンペールの法則の微分形

　ここで、アンペールの法則の微分形となるマックスウェルの方程式を導出しておこう。

　アンペールの法則を積分で表現すると

$$\oint_C \vec{H} \cdot d\vec{r} = \iint_S \vec{i} \cdot \vec{n} \, dS$$

となる。ここで、左辺にストークスの定理（補遺 2 参照）を適用すると

$$\oint_C \vec{H} \cdot d\vec{r} = \iint_S \text{rot} \vec{H} \cdot \vec{n} \, dS$$

となる。

　これを上式に代入すると

$$\iint_S \text{rot} \vec{H} \cdot \vec{n} \, dS = \iint_S \vec{i} \cdot \vec{n} \, dS$$

よって

$$\operatorname{rot}\vec{H} = \vec{i}$$

という関係が成立する。

第 11 章　電磁場とベクトル解析

　現在の**電磁気学** (Electromagnetism) はベクトル演算によって表記されている。その究極が**マックスウェル方程式** (Maxwell's equations)である。実は、電磁気学をベクトル解析によって表現することで、その体系化がなされてきたが、一方で、ベクトル解析という数学的な取り扱いが、電磁気学の理解を深める（あるいは、その現象を的確に表現できる）という側面がある。数学のベクトル解析という観点から、電磁気学をながめた場合に、そういうことだったのかと納得できる法則もたくさんある。もちろん、逆の場合もある。

　本章では、以上の視点に基づき、マックスウェル方程式を学ぶ序章として、いままで扱ってきた電磁場のベクトル解析について少し整理したい。

11.1.　回転演算子：rot

　前章では、電線に電流を流すと、そのまわりに磁場が生じるというアンペールの法則を紹介したが、この関係をベクトル演算を使って表記すると

$$\mathrm{rot}\,\vec{H} = \vec{i} \quad [\mathrm{A/m}^2]$$

となる。

　rot という**ベクトル演算子**（vector operator）は rotation と読む。すなわち回転である。実際に回転演算子とも呼ばれる。rot はベクトルに作用して、新たなベクトルをつくり出す。rot はナブラベクトル（∇）と他のベクトルとの**外積**(outer product)であり

第 11 章　電磁場とベクトル解析

$$\text{rot}\,\vec{a} = \nabla \times \vec{a} = \begin{pmatrix} \dfrac{\partial}{\partial x} & \dfrac{\partial}{\partial y} & \dfrac{\partial}{\partial z} \end{pmatrix} \times \begin{pmatrix} a_x \\ a_y \\ a_z \end{pmatrix} = \begin{pmatrix} \dfrac{\partial a_z}{\partial y} - \dfrac{\partial a_y}{\partial z} \\ \dfrac{\partial a_x}{\partial z} - \dfrac{\partial a_z}{\partial x} \\ \dfrac{\partial a_y}{\partial x} - \dfrac{\partial a_x}{\partial y} \end{pmatrix}$$

となる。

ここで、外積の行列式表示

$$\vec{A} \times \vec{B} = \begin{vmatrix} \vec{e}_x & \vec{e}_y & \vec{e}_z \\ A_x & A_y & A_z \\ B_x & B_y & B_z \end{vmatrix}$$

を、∇に適用すると

$$\nabla \times \vec{a} = \begin{vmatrix} \vec{e}_x & \vec{e}_y & \vec{e}_z \\ \partial/\partial x & \partial/\partial y & \partial/\partial z \\ a_x & a_y & a_z \end{vmatrix} = \vec{e}_x \begin{vmatrix} \partial/\partial y & \partial/\partial z \\ a_y & a_z \end{vmatrix} - \vec{e}_y \begin{vmatrix} \partial/\partial x & \partial/\partial z \\ a_x & a_z \end{vmatrix} + \vec{e}_z \begin{vmatrix} \partial/\partial x & \partial/\partial y \\ a_x & a_y \end{vmatrix}$$

$$= \left(\dfrac{\partial a_z}{\partial y} - \dfrac{\partial a_y}{\partial z}\right)\vec{e}_x - \left(\dfrac{\partial a_z}{\partial x} - \dfrac{\partial a_x}{\partial z}\right)\vec{e}_y + \left(\dfrac{\partial a_y}{\partial x} - \dfrac{\partial a_x}{\partial y}\right)\vec{e}_z$$

と計算できる。

ところで、この rot というベクトル演算子にはいったいどのような意味があるのであろうか。rot は rotation つまり回転であるので、ベクトル場の回転に対応したものと予想される。

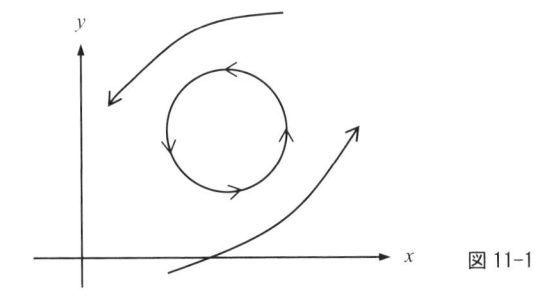

図 11-1

そこで、この意味を明確にするために、rot の z 成分を取り出してみる

$$(\text{rot}\,\vec{A})_z = \dfrac{\partial A_y}{\partial x} - \dfrac{\partial A_x}{\partial y}$$

まず気づくのは、z成分でありながら、2項ともx成分とy成分の偏微分からなっていることである。しかし、これがなぜ回転と関係があるのであろうか。そこで、図 11-1 に示すように、xy 平面に水車のような回転体を置いてみる。ここでベクトル $\vec{A}$ は、何らかの流体の流れを表すものとしよう。そして、この流れの影響で水車が図の矢印のように反時計まわりに回転したとき、z 方向の正の方向に成分が作り出されるものと想定する。これは、ちょうど右ねじが進む方向となる。

ここで、あらためて rot のベクトルの z 成分の第 1 項をみると

$$\frac{\partial A_y}{\partial x}$$

となっている。これは、y成分をxで微分したものである。これが正ということは、x方向に移動するに従ってベクトル$\vec{A}$のy成分 (A_y) が増えるということに対応する。これを図示すると図 11-2 のようになり、x 方向で流体の y 成分が増えれば、水車の回転という観点では、反時計まわりの回転が生じる。つまりz方向の正の成分を生み出すことになる。

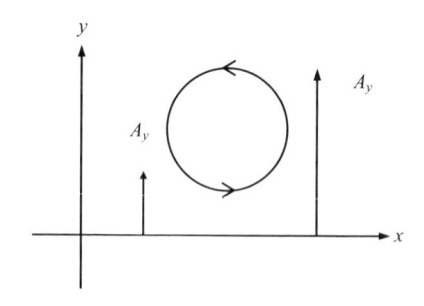

図 11-2　ベクトル $\vec{A}$ の y 成分の変化による回転。

それでは、つぎの

$$-\frac{\partial A_x}{\partial y}$$

という項はどうであろうか。

これは、ベクトル$\vec{A}$のx成分 (A_x) のy方向の変化であるが、こちらの場合は負の符号がついている。この意味をふたたび図で考えてみよう。図 11-2

第11章 電磁場とベクトル解析

と同じ図を、流体の x 成分について描いてみる。

すると図 11-3 に示すように、流体ベクトルの x 成分が y 方向で増加すると、水車の回転は時計まわりとなる。右ねじで考えれば、この進む方向は紙面の表側から裏側へ向かう方向となる。よって、この方向は z 軸の負の方向に相当する為、負の符号がついているのである。

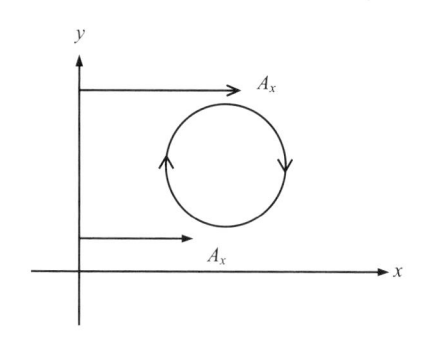

図 11-3 ベクトル $\vec{A}$ の x 成分の変化による回転。

このように、rot という演算子をベクトルに作用させると、その z 成分は、そのベクトルが xy 平面において、どのような回転運動をつくり出すかで、z 成分の大きさが決まることになる。しかも、その方向は右ねじの法則に従うのである。

演習 11-1 つぎのベクトルの rot を求め、それが、どのような回転を生じるかを示せ。

$$\vec{A} = (0, x, 0)$$

解) まず、このベクトルに rot を作用すると

$$\mathrm{rot}\,\vec{A} = \left(\frac{\partial A_z}{\partial y} - \frac{\partial A_y}{\partial z}\right)\vec{e}_x - \left(\frac{\partial A_z}{\partial x} - \frac{\partial A_x}{\partial z}\right)\vec{e}_y + \left(\frac{\partial A_y}{\partial x} - \frac{\partial A_x}{\partial y}\right)\vec{e}_z = \vec{e}_z = \begin{pmatrix} 0 \\ 0 \\ 1 \end{pmatrix}$$

となって、z 方向を向いた大きさ 1 のベクトルとなる。

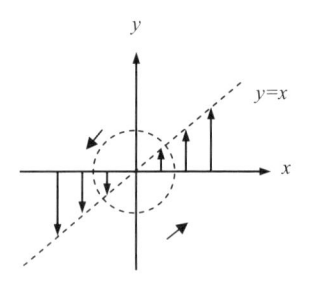

図 11-4

　このベクトルを図示すると図 11-4 のようになる。これを流れとすると、原点に位置する水車を確かに反時計まわりに回転させる流れとなっていることがわかる。

演習 11-2 つぎのベクトルの rot を求め、それが、どのような回転を生じるかを示せ。
$$\vec{A} = \begin{pmatrix} y \\ x \\ 0 \end{pmatrix}$$

　解） まず、このベクトルに rot を作用すると
$$\operatorname{rot}\vec{A} = \left(\frac{\partial A_z}{\partial y} - \frac{\partial A_y}{\partial z}\right)\vec{e}_x - \left(\frac{\partial A_z}{\partial x} - \frac{\partial A_x}{\partial z}\right)\vec{e}_y + \left(\frac{\partial A_y}{\partial x} - \frac{\partial A_x}{\partial y}\right)\vec{e}_z = \begin{pmatrix} 0 \\ 0 \\ 0 \end{pmatrix}$$

のようにゼロベクトルとなって、回転が生じないことを示している。これは、x 成分と y 成分が回転を互いに打ち消し合うためである。

演習 11-3 つぎのベクトルの rot を求め、それが、どのような回転を生じるかを示せ。
$$\vec{A} = \begin{pmatrix} -y \\ x \\ 0 \end{pmatrix}$$

解） まず、このベクトルに rot を作用すると

$$\mathrm{rot}\,\vec{A} = \left(\frac{\partial A_z}{\partial y} - \frac{\partial A_y}{\partial z}\right)\vec{e}_x - \left(\frac{\partial A_z}{\partial x} - \frac{\partial A_x}{\partial z}\right)\vec{e}_y + \left(\frac{\partial A_y}{\partial x} - \frac{\partial A_x}{\partial y}\right)\vec{e}_z = 2\vec{e}_z = \begin{pmatrix} 0 \\ 0 \\ 2 \end{pmatrix}$$

となって、z 方向に大きさ 2 のベクトルを発生させる回転が生じる。

それでは、最初の方程式を見てみよう。

$$\mathrm{rot}\,\vec{H} = \vec{i} \quad [\mathrm{A/m^2}]$$

これは、電流によって回転磁場がえられるというアンペールの法則をベクトルで表現したものである。

ここで、図 11-5 に示すような半径が r [m]で、接線方向の大きさが H [A/m]と一定で方向が反時計まわりの回転磁場を考えてみる。

この磁場ベクトルは、位置 $(x, y) = (r\cos\theta, r\sin\theta)$ において、大きさは H [A/m]で、位置ベクトルに直交するので

$$\vec{H} = \begin{pmatrix} H_x \\ H_y \\ H_z \end{pmatrix} = \begin{pmatrix} -H\sin\theta \\ H\cos\theta \\ 0 \end{pmatrix} = H\begin{pmatrix} -y/r \\ x/r \\ 0 \end{pmatrix}$$

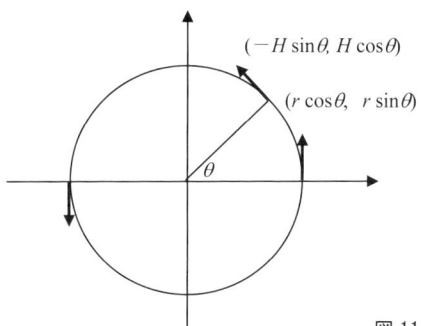

図 11-5　回転磁場。

と与えられる。ただし、図は $z = 0$ の xy 平面を図示し、ベクトルは 3 次元表示をしている。

ここで、この磁場ベクトルの rot を計算してみよう。すると

$$\mathrm{rot}\,\vec{H} = \left(\frac{\partial H_z}{\partial y} - \frac{\partial H_y}{\partial z}\right)\vec{e}_x - \left(\frac{\partial H_z}{\partial x} - \frac{\partial H_x}{\partial z}\right)\vec{e}_y + \left(\frac{\partial H_y}{\partial x} - \frac{\partial H_x}{\partial y}\right)\vec{e}_z = \frac{2H}{r}\vec{e}_z = \begin{pmatrix} 0 \\ 0 \\ 2H/r \end{pmatrix}$$

となる。

ここで H の単位は[A/m]であるが、rot は、その距離に関する微分演算となっているので、ベクトル演算 rot を作用すると、その単位は[A/m^2]となる。これは電流密度の単位と等価である。そして

$$\vec{i} = \begin{pmatrix} 0 \\ 0 \\ 2H/r \end{pmatrix} \text{ [A/m}^2\text{]}$$

となることがわかる。

つまり、電流を z 方向に流すと、x-y 平面に回転磁場が誘導されるというアンペールの法則に対応することが確かめられる。磁場の向きを変えれば、電流の符号が反転するので、右ねじの法則が成立することもわかる。

ここで

$$\mathrm{rot}\,\mathrm{grad}\,f(x, y, z)$$

というベクトル演算を考えてみよう。grad は

$$\mathrm{grad}\,f(x,y,z) = \begin{pmatrix} \dfrac{\partial f(x,y,z)}{\partial x} \\ \dfrac{\partial f(x,y,z)}{\partial y} \\ \dfrac{\partial f(x,y,z)}{\partial z} \end{pmatrix}$$

のようにスカラー関数 $f(x,y,z)$ に作用して、傾き (gradient) に対応したベクトルをつくる演算であった。よって

$$\mathrm{rot}\,\mathrm{grad}\,f(x,y,z) = \begin{vmatrix} \vec{e}_x & \vec{e}_y & \vec{e}_z \\ \partial/\partial x & \partial/\partial y & \partial/\partial z \\ \partial f/\partial x & \partial f/\partial y & \partial f/\partial z \end{vmatrix}$$

$$= \begin{vmatrix} \partial/\partial y & \partial/\partial z \\ \partial f/\partial y & \partial f/\partial z \end{vmatrix}\vec{e}_x - \begin{vmatrix} \partial/\partial x & \partial/\partial z \\ \partial f/\partial x & \partial f/\partial z \end{vmatrix}\vec{e}_y + \begin{vmatrix} \partial/\partial x & \partial/\partial y \\ \partial f/\partial x & \partial f/\partial y \end{vmatrix}\vec{e}_z$$

$$= \left(\frac{\partial^2 f}{\partial y \partial z} - \frac{\partial^2 f}{\partial y \partial z}\right)\vec{e}_x - \left(\frac{\partial^2 f}{\partial x \partial z} - \frac{\partial^2 f}{\partial x \partial z}\right)\vec{e}_y + \left(\frac{\partial^2 f}{\partial x \partial y} - \frac{\partial^2 f}{\partial x \partial y}\right)\vec{e}_z = \vec{0}$$

となり、必ず
$$\mathrm{rot}\,\mathrm{grad}\,f(x,y,z) = \vec{0}$$
となることがわかる。

ここで、静電場を思い出そう。電場 E [V/m]は、電位を $\phi(x,y,z)$[V] とすると
$$\vec{E} = -\mathrm{grad}\,\phi(x,y,z)$$
のように電位の勾配として与えられる。したがって
$$\mathrm{rot}\,\vec{E} = -\mathrm{rot}\,\mathrm{grad}\,\phi(x,y,z) = 0$$
となり、静電場では、電場ベクトルの rot は必ずゼロとなる。これを渦なし場と呼ぶこともある。

ここで、静磁場と静電場に関する rot に関連した式をまとめると

$$\mathrm{rot}\,\vec{H} = \vec{i} \qquad \mathrm{rot}\,\vec{E} = 0$$

となる。この結果は、回転磁場は存在するが、静的な回転電場は存在しないということを示している。電場は、電位差であるので、図 11-6 に示すように、電場が一周するとしたら、その始点と終点に、大きさが同じで符号の異なる正負の電荷が存在することになる。しかし、このような状態は考えられない。正負の電荷は互いを打ち消しあうので、結局、電位差がないのと同じことになる。

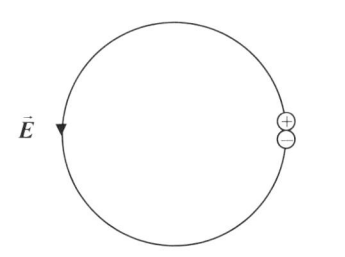

図 11-6

あるいは、図 11-7 に示すように一辺の長さが d [m]からなる正方形状の電場を考えてみよう。この頂点を 1,2,3,4 とし、それぞれの電位を ϕ_1[V], ϕ_2[V],

ϕ_3[V], ϕ_4[V] とすると、それぞれの辺に平行な電場は

$$E_1 = \frac{\phi_1 - \phi_2}{d}\text{[V/m]},\quad E_2 = \frac{\phi_2 - \phi_3}{d}\text{[V/m]},\quad E_3 = \frac{\phi_3 - \phi_4}{d}\text{[V/m]},\quad E_4 = \frac{\phi_4 - \phi_1}{d}\text{[V/m]}$$

と与えられる。

　これを rot の正の方向の回転の向き(反時計まわり)に足すと、結果的には

$$E_1 + E_2 + E_3 + E_4 = 0$$

となり、一周すれば電場は 0 となる。

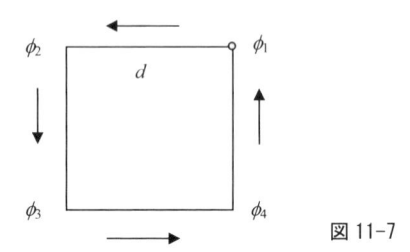

図 11-7

　電場は電位の高低差によって与えられるのであるから、どんな経路をたどろうとも一周して、もとの位置にもどれば、同じ電位となるのであるから、その周回した値は 0 となるのである。

11.2. 発散:div

　マックウェル方程式には、rot とともに div というベクトル演算子が登場する。div は、すでに紹介したようにダイバージェンス (divergence) と読み、発散と訳される。しかし、電磁気学においては、湧き出し源と捉えたほうがよいという説明もした。

　ここで、電場と磁場に関しては、つぎの 2 式が成立する。

$$\text{div}\,\vec{D} = \rho \qquad \text{div}\,\vec{B} = 0$$

$\mathrm{div}\vec{D} = \rho$ [C/m^3] は、電束密度ベクトル $\vec{D}$ [C/m^2] に div という演算処理を施すと、電荷密度 ρ になるという式である。成分で書くと

$$\vec{D} = \begin{pmatrix} D_x \\ D_y \\ D_z \end{pmatrix} \ [\mathrm{C/m^2}]$$

に div を作用させると

$$\mathrm{div}\,\vec{D} = \begin{pmatrix} \dfrac{\partial}{\partial x} & \dfrac{\partial}{\partial y} & \dfrac{\partial}{\partial z} \end{pmatrix} \begin{pmatrix} D_x \\ D_y \\ D_z \end{pmatrix} = \frac{\partial D_x}{\partial x} + \frac{\partial D_y}{\partial y} + \frac{\partial D_z}{\partial z} \ [\mathrm{C/m^3}]$$

となる。

この式の、第 1 項は、ベクトル $\vec{D}$ の x 成分 D_x の x 方向の変化量である。同様にして、第 2 項と第 3 項は、ベクトル $\vec{D}$ の y 成分 (D_y) および z 成分 (D_z) の y 方向と z 方向の変化量となっている。そして、これら変化量をすべて足し合わせたものが div となる。

いま考えている空間内に、電荷源が何もなければ

$$\mathrm{div}\,\vec{D} = \frac{\partial D_x}{\partial x} + \frac{\partial D_y}{\partial y} + \frac{\partial D_z}{\partial z} = 0$$

となり、電荷密度 ρ [C/m^3] があれば

$$\mathrm{div}\,\vec{D} = \frac{\partial D_x}{\partial x} + \frac{\partial D_y}{\partial y} + \frac{\partial D_z}{\partial z} = \rho$$

となる。

一方、磁束密度ベクトルの場合には、常に

$$\mathrm{div}\,\vec{B} = \frac{\partial B_x}{\partial x} + \frac{\partial B_y}{\partial y} + \frac{\partial B_z}{\partial z} = 0$$

が成立する。

これは、磁場には湧き出し源がないことを示している。磁場においては N 極だけ、あるいは S 極だけ単独（単極：monopole）で存在することはなく、常に N 極と S 極が対で存在することに対応する。よって、電場と異なり、磁束線は、常に閉ループをつくるのである。

11.2.1. スカラーポテンシャル

電場の性質として
$$\mathrm{rot}\,\vec{E} = 0$$
のように、電場ベクトルの rot がゼロとなることを示した。

これは
$$\vec{E} = -\mathrm{grad}\phi(x,y,z)$$
のように、電場ベクトルが、電位と呼ばれるスカラー関数 $\phi(x,y,z)$ の grad によってえられることに起因している。ここで、$\phi(x,y,z)$ [V]は電位に対応する。これは、重力場の位置エネルギー、すなわちポテンシャルに対応し、スカラーであるので、**スカラーポテンシャル** (scalar potential) とも呼ばれる。

ところで、スカラーポテンシャルには任意性があり、一通りには定まらない。それを確認してみよう。
$$\phi'(x,y,z) = \phi(x,y,z) + C$$
という新しい関数を考える。ただし、C は定数である。この grad をとると
$$\mathrm{grad}\phi'(x,y,z) = \mathrm{grad}\phi(x,y,z) + \mathrm{grad}C = \mathrm{grad}\phi(x,y,z)$$
となって、同じ電場ベクトルを与えることになる。

つまり、スカラーポテンシャルには定数分の任意性が必ずあるのである。あるいは、電場は電位の高低差で決まり、その絶対値には依存しないということもできる。

11.2.2. ベクトルポテンシャル

磁場の性質として
$$\mathrm{div}\,\vec{B} = 0$$
のように、磁束密度ベクトルの div がゼロとなることを示した。

実は、ダイバージェンスがゼロになるという条件を満足するベクトルは、磁場ベクトルに限らず、適当なベクトル $\vec{A}$ を使って
$$\vec{B} = \mathrm{rot}\,\vec{A}$$
と表すことができる。これを実際に確かめてみよう。
$$\mathrm{div}\,\vec{B} = \mathrm{div}\,\mathrm{rot}\,\vec{A}$$
となるが、rot は

$$\operatorname{rot}\vec{A} = \left(\frac{\partial A_z}{\partial y} - \frac{\partial A_y}{\partial z}\right)\vec{e}_x - \left(\frac{\partial A_z}{\partial x} - \frac{\partial A_x}{\partial z}\right)\vec{e}_y + \left(\frac{\partial A_y}{\partial x} - \frac{\partial A_x}{\partial y}\right)\vec{e}_z$$

であるから

$$\operatorname{div}\operatorname{rot}\vec{A} = \frac{\partial}{\partial x}\left(\frac{\partial A_z}{\partial y} - \frac{\partial A_y}{\partial z}\right) - \frac{\partial}{\partial y}\left(\frac{\partial A_z}{\partial x} - \frac{\partial A_x}{\partial z}\right) + \frac{\partial}{\partial z}\left(\frac{\partial A_y}{\partial x} - \frac{\partial A_x}{\partial y}\right)$$

$$= \left(\frac{\partial^2 A_z}{\partial x \partial y} - \frac{\partial^2 A_y}{\partial x \partial z}\right) - \left(\frac{\partial^2 A_z}{\partial x \partial y} - \frac{\partial^2 A_x}{\partial y \partial z}\right) + \left(\frac{\partial^2 A_y}{\partial x \partial z} - \frac{\partial^2 A_x}{\partial y \partial z}\right) = 0$$

となって、確かに $\operatorname{div}\vec{B} = 0$ という条件を満足する。このとき、ベクトル $\vec{A}$ を**ベクトルポテンシャル** (vector potential) と呼んでいる。

電場の場合には、電位というスカラーポテンシャルが存在し、その勾配が電場ベクトルとなる。

一方、磁場の場合には、その素になるものがスカラーではなく、ベクトルになっているということである。

ただし、電位の場合と異なり、ベクトルポテンシャルの物理的意味は必ずしも明確ではない。いわば、磁場を作り出すベクトルが存在し、その回転が磁場を生み出しているといえるが、その本質については、現代物理学の未解決問題となっている。

面白いことに、電位が電場の本質であるように、ベクトルポテンシャルこそが磁場の本質ではないかという考えもある。

アハラノフ・ボーム効果 (Aharonov Bohm effect) が外村によって実証されたことにより、ベクトルポテンシャルの実在が実証されたという説もある[1]。

演習 11-4 z 方向を向いた磁場強度が一定の均一な磁場ベクトルのベクトルポテンシャルを求めよ。

解) この磁場ベクトルは

---

[1] 外村彰著『ゲージ場を見る―電子波が拓くミクロの世界』(ブルーバックス)[講談社]を参照。

$$\vec{B} = \begin{pmatrix} 0 \\ 0 \\ B_z \end{pmatrix}$$

と書くことができる。

ここで、この磁場のベクトルポテンシャルを $\vec{A} = (A_x, A_y, A_z)$ と置くと

$$\mathrm{rot}\,\vec{A} = \begin{vmatrix} \vec{e}_x & \vec{e}_y & \vec{e}_z \\ \partial/\partial x & \partial/\partial y & \partial/\partial z \\ A_x & A_y & A_z \end{vmatrix} = \begin{vmatrix} \partial/\partial y & \partial/\partial z \\ A_y & A_z \end{vmatrix} \vec{e}_x - \begin{vmatrix} \partial/\partial x & \partial/\partial z \\ A_x & A_z \end{vmatrix} \vec{e}_y + \begin{vmatrix} \partial/\partial x & \partial/\partial y \\ A_x & A_y \end{vmatrix} \vec{e}_z$$

$$= \left(\frac{\partial A_z}{\partial y} - \frac{\partial A_y}{\partial z} \right) \vec{e}_x - \left(\frac{\partial A_z}{\partial x} - \frac{\partial A_x}{\partial z} \right) \vec{e}_y + \left(\frac{\partial A_y}{\partial x} - \frac{\partial A_x}{\partial y} \right) \vec{e}_z$$

となる。よって

$$\frac{\partial A_z}{\partial y} - \frac{\partial A_y}{\partial z} = 0 \quad \frac{\partial A_z}{\partial x} - \frac{\partial A_x}{\partial z} = 0 \quad \frac{\partial A_y}{\partial x} - \frac{\partial A_x}{\partial y} = B_z$$

となる。この条件を満足する組み合わせとして

$$A_x = -B_z y \qquad A_y = 0 \qquad A_z = 0$$

が考えられる。よってベクトルポテンシャルとして

$$\vec{A} = \begin{pmatrix} -B_z y \\ 0 \\ 0 \end{pmatrix}$$

がえられる。

　実は、ベクトルポテンシャルには、その値がひとつに定まらないという任意性がある。演習 11-4 において、ベクトルポテンシャル $\vec{A} = (A_x, A_y, A_z)$ の条件は

$$\frac{\partial A_z}{\partial y} - \frac{\partial A_y}{\partial z} = 0 \quad \frac{\partial A_z}{\partial x} - \frac{\partial A_x}{\partial z} = 0 \quad \frac{\partial A_y}{\partial x} - \frac{\partial A_x}{\partial y} = B_z$$

であったが、実は、この条件を満足する (A_x, A_y, A_z) は無数にある。演習では

$$A_x = -B_z y \qquad A_y = 0 \qquad A_z = 0$$

を選んだが、この他にもベクトルポテンシャルとしては

$$\vec{A} = \begin{pmatrix} 0 \\ B_z x \\ 0 \end{pmatrix} \qquad \vec{A} = \frac{1}{2}\begin{pmatrix} -B_z y \\ B_z x \\ 0 \end{pmatrix}$$

なども考えられる。

このように、同じ磁束密度ベクトル $\vec{B}$ を与えるベクトルポテンシャル $\vec{A}$ は無数に存在する。

そこで、ベクトルポテンシャルの任意性について、一般化してみよう。

すでに示したように
$$\mathrm{rot}\,\mathrm{grad}\, f(x, y, z) = 0$$
という関係は、恒等的に成立する。

よって
$$\vec{B} = \mathrm{rot}\,\vec{A}$$
を満足するベクトルポテンシャル $\vec{A}$ のかわりに
$$\vec{A} + \mathrm{grad}\, f$$
というベクトルを考える。

この関数の div をとると
$$\mathrm{div}\,\vec{B} = \mathrm{div}\,\mathrm{rot}\,\vec{A} + \mathrm{div}\,\mathrm{rot}\,\mathrm{grad}\, f = 0$$
となって、このベクトルも
$$\mathrm{div}\,\vec{B} = 0$$
という条件を満足するのである。

すなわち、スカラーポテンシャルには、定数分の任意性があり、ベクトルポテンシャルには、関数 $\mathrm{grad}\, f(x, y, z)$ だけの任意性があると一般化できるのである。

11.3. 静電場と静磁場のマックスウェル方程式

ここで、静電場と静磁場におけるマックスウェル方程式をまとめておこう。

$$\mathrm{div}\,\vec{D} = \rho \qquad \mathrm{div}\,\vec{B} = 0$$
$$\mathrm{rot}\,\vec{E} = 0 \qquad \mathrm{rot}\,\vec{H} = \vec{i}$$

電場に関係する div $\vec{D} = \rho$ と、磁場に関する rot $\vec{H} = \vec{i}$ を図示すると図 11-8 のようになる。これら式をもとに、電場と磁場の本質について考えてみたい。

　ここで、電荷におけるガウスの法則と、ビオ・サバールの法則を比較してみよう。まず、ガウスの法則であるが、電荷 Q[C]が r [m]離れた位置につくる電束密度 D [C/m^2]は

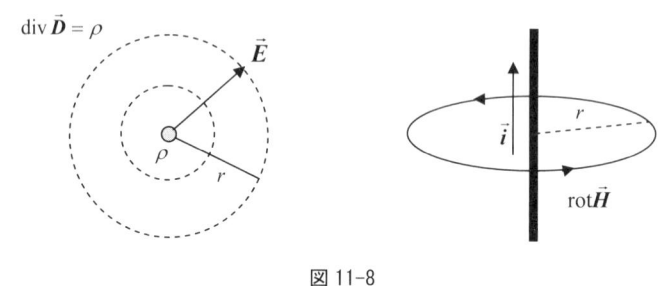

図 11-8

$$D = \frac{Q}{4\pi r^2} \quad [\text{C/m}^2]$$

と与えられる。

　一方、ビオ・サバールの法則によると、電流素片 Ids [Am]が距離 r[m]だけ離れ、しかもその間の角度が θ[rad]の位置につくる磁場 dH[A/m]は

$$dH = \frac{Ids \sin\theta}{4\pi r^2} \quad [\text{A/m}]$$

と与えられるのであった。ここで、$\theta = \pi/2$ とすると

$$dH = \frac{Ids}{4\pi r^2} \quad [\text{A/m}]$$

となる。これは、電流素片が、電流と垂直な方向につくる磁場となる。Ids[Am]は、つぎのように、電荷 Q[C]の運動に相当する。

$$Ids = \frac{dQ}{dt}ds = dQ\frac{ds}{dt} = dQv$$

よって

$$dH = \frac{dQ}{4\pi r^2} v \ [\text{A/m}]$$

と書くことができる。

したがって、つぎのような物理的描像が得られる。電荷 Q[C]が静止していると、電場 E[V/m] (電束密度: D[C/m^2]) がつくられ、電荷 Q[C]が運動していると磁場 H[A/m]がつくられるというものである。

このように考えると、電磁場の主役は電荷 Q[C]であり、それが静止している場合に E[V/m] (D[C/m^2]) が、それが運動している場合に磁場 H[A/m]が生じるとまとめられる。

これらを対比して書けば

$$dD = \frac{dQ}{4\pi r^2} \ [\text{C/m}^2] \qquad dH = \frac{dQ}{4\pi r^2} v \ [\text{A/m}]$$

となる。さらに、単位に着目して、E[V/m]の表記とすると

$$dE = \frac{dQ}{4\varepsilon\pi r^2} \ [\text{V/m}]$$

となる。このような対比は、電磁気学の本質を考えるときのヒントになるであろう。

単位をみると、電場の場合には静止した電荷によって生じる電位の[V]が入っているのに対し、磁場の単位には、電荷の移動によって生じる電流の[A]が入っている。まさに、電荷が本質で、それが静止か運動しているかに呼応して電場と磁場が生じるという証左となっている。

11.4. ベクトルポテンシャルと荷電粒子の運動量

磁場中を、速度 v[m/s]で運動している電荷 q[C]には

$$\vec{F} = q\vec{v} \times \vec{B} \ [\text{N}]$$

のローレンツ力が働く。したがって、磁場中を運動している質量 m[kg]の荷電粒子には、通常の運動量に加えて、このローレンツ力に起因する運動量が付加されると考えられる。

ここで粒子の運動量を p[kgm/s]とすると

$$\frac{d\vec{p}}{dt} = \vec{F} \quad [\mathrm{N}]$$

という関係にあるので、磁場中で運動している荷電粒子に関しては

$$\frac{d\vec{p}}{dt} = m\frac{d\vec{v}}{dt} + q\vec{v} \times \vec{B}$$

と書ける。

　時間に関して積分すると

$$\vec{p} = m\vec{v} + q\int \vec{v} \times \vec{B}\, dt$$

ベクトルを成分で書くと

$$\begin{pmatrix} p_x \\ p_y \\ p_z \end{pmatrix} = m\begin{pmatrix} v_x \\ v_y \\ v_z \end{pmatrix} + q\begin{pmatrix} \int(v_y B_z - v_z B_y)\, dt \\ \int(v_z B_x - v_x B_z)\, dt \\ \int(v_x B_y - v_y B_x)\, dt \end{pmatrix}$$

となる。

　ここで、磁場が z 方向を向いている場合を想定してみよう。すると

$$\begin{pmatrix} p_x \\ p_y \\ p_z \end{pmatrix} = m\begin{pmatrix} v_x \\ v_y \\ v_z \end{pmatrix} + q\begin{pmatrix} \int v_y B_z\, dt \\ -\int v_x B_z\, dt \\ 0 \end{pmatrix}$$

となる。

　ところで

$$v_x = \frac{dx}{dt} \qquad v_y = \frac{dy}{dt}$$

であるので

$$\begin{pmatrix} p_x \\ p_y \\ p_z \end{pmatrix} = m\begin{pmatrix} v_x \\ v_y \\ v_z \end{pmatrix} + q\begin{pmatrix} \int B_z\, dy \\ -\int B_z\, dx \\ 0 \end{pmatrix}$$

と置ける。

　ここでベクトルポテンシャル $\vec{A}$ を考える。すると

$$\vec{B} = \mathrm{rot}\, \vec{A}$$

という関係にあるので

$$\vec{B} = \text{rot}\,\vec{A} = \left(\frac{\partial A_z}{\partial y} - \frac{\partial A_y}{\partial z}\right)\vec{e}_x - \left(\frac{\partial A_z}{\partial x} - \frac{\partial A_x}{\partial z}\right)\vec{e}_y + \left(\frac{\partial A_y}{\partial x} - \frac{\partial A_x}{\partial y}\right)\vec{e}_z$$

から

$$B_z = \frac{\partial A_y}{\partial x} - \frac{\partial A_x}{\partial y}$$

となり、これを y および x で積分して、任意関数を無視すれば

$$\int B_z\,dy = -A_x \qquad \int B_z\,dx = A_y$$

となる。

したがって

$$p_x = mv_x - qA_x \qquad p_y = mv_y - qA_y$$

となり、両辺のベクトルの成分が一致する。これは、z 成分にも拡張でき、結局

$$\vec{p} = m\vec{v} - q\vec{A}$$

という関係がえられる。

このように、ベクトルポテンシャルを使えば、磁場中で運動する荷電粒子の運動量に $-q\vec{A}$ を加えればよいことになる。電子の場合には

$$\vec{p} = m\vec{v} + e\vec{A}$$

となる。

量子力学において、磁場中での荷電粒子の挙動を取り扱う場合には、磁場ベクトルではなく、ベクトルポテンシャルを使う場合が多い。これは、ベクトルポテンシャルでは、運動量の x 成分がベクトルポテンシャルの x 成分に対応するからである。

第 12 章　変動する電磁場

　電流によって磁場が発生することを、**エルステッド** (H. C. Oersted) が偶然発見したエピソードは、すでに紹介した。この発見をうけて、多くの研究者は、電流から磁場ができるのであれば、逆に、磁場から電流をつくり出すことができるのではないかと期待し、いろいろな実験を試みた。最初はうまくいかなかったが、**ファラデー** (M. Faraday) がコイルに永久磁石を出し入れすることで、電流を誘導できることを発見するのである。

　その後、導体のまわりで磁場が変化すれば電流が誘導されるという**電磁誘導の法則** (Law of electromagnetic induction) に一般化された。この法則は、発見者の名にちなんで**ファラデーの法則** (Faraday's law) とも呼ばれる。現代生活に電気は欠かせないが、発電技術は、この電磁誘導の恩恵によっているのである。

12.1. 電磁誘導とレンツの法則

　導体のまわりで磁場が変化したときに誘導される電流には**レンツの法則** (Lentz's law) が適用できる。それを説明しよう。図 12-1 に導体に磁石を近づけた場合と、遠ざけた場合に誘導される電流の向きを示す。

　電磁誘導においては、図 12-1(a)に示すように、金属に磁石の N 極を近づけた場合、それによって生じる磁場変化を緩和するような方向に電流が流れる。つまり、N 極を近づければ、それを妨げる向き、つまり、N 極が対向するような向きに導体に電流が誘導されるのである。よって、磁石と導体のあいだには斥力が発生する。

　一方、図 12-1(b)に示すように、磁石を遠ざける場合、すなわち、N 極が導体から遠ざかろうとすると、それを妨げる向き、すなわち、S 極が対向す

るような向きに電流が流れるのである。このとき、磁石と導体の間には引力が働く。

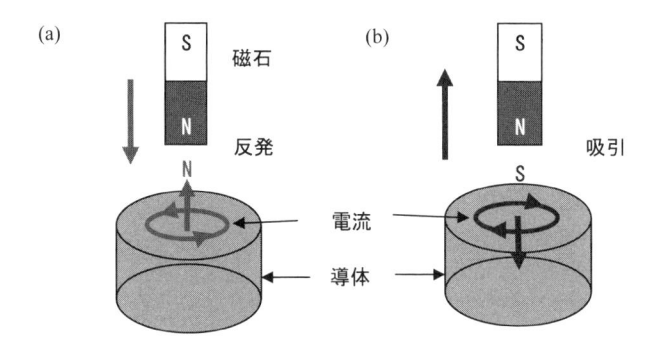

図12-1 磁石を導体に近づけると図(a)のような向きの電流が誘導される。一方、磁石を遠ざける場合には、図(b)のような向きに電流が誘導される。

このように、電磁誘導では、外部磁場の変化を緩和する方向に電流が流れる。これをレンツの法則と呼んでいる。

磁場によって電流が誘導される電磁誘導現象の発見は、発電 (power generation) という人間社会を支える基幹技術を産み出すことになる。

12.2. ローレンツ力と電場

電磁誘導について一般的な取り扱いをする前に、**ローレンツ力** (Lorentz force) を基本として、磁場と電場との関係を導出してみよう。

静磁場の中に電荷をおいても力は働かない。力が働くのは、電荷を静電場に置いた場合である。しかし、静磁場の中で、電荷が運動すると力が働く。これがローレンツ力である。

この場合、磁場の磁束密度を B[Wb/m^2]、電荷を $+q$[C]、電荷の移動速度を v[m/s]とすると、ローレンツ力は

$$F = qvB\sin\theta \, [\text{N}]$$

という式によって与えられる。ここで、θ は電荷の移動方向と磁場がなす角度である。ただし、磁束密度、速度、ローレンツ力は、すべてベクトルで

あり、正式には
$$\vec{F} = q\vec{v} \times \vec{B} \quad [\text{N}]$$
というベクトル積になる。この場合、ベクトル積は右手系の xyz 座標を使うと、電荷の移動方向が x 方向、磁場の向きが y 方向であれば、ローレンツ力は z 方向に働くことになる。

ここで、電荷 q[C]に力が働くということは、その位置に電場 E[V/m]が生じていることになる。これもベクトルで示すと
$$\vec{F} = q\vec{E} \quad [\text{N}]$$
となる。したがって
$$\vec{E} = \vec{v} \times \vec{B} \quad [\text{V/m}]$$
となり、電荷が磁場中を運動すれば、電場が発生することを意味している。

ここで、図 12-2 に示すように、磁場の中で導体を移動させることを考えてみよう。導体の中には、自由電子（負の電荷）が存在するので、電荷が磁場中を移動することになる。

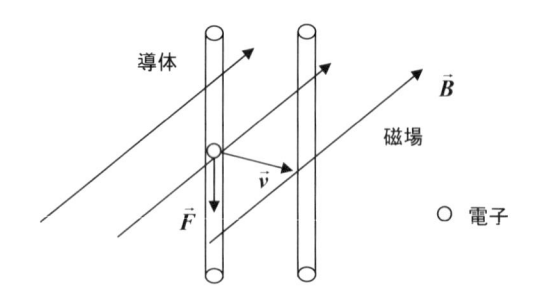

図 12-2　磁場の中で導体を移動させると、導体の中の電子（負電荷）が運動することになるので、電子は図の方向のローレンツ力を受け、導体端部に移動する。

この結果、導体の中の電子（負電荷）には図 12-2 に示すような下向きのローレンツ力が働き、電子は導体の下部に移動し、導体の上下に電場が生じることになる。この電場の大きさは
$$E = vB \quad [\text{V/m}]$$
となる。

導体の移動が止まれば、電荷はもとにもどり、電場は消える。上式では v

第12章　変動する電磁場

= 0 [m/s]となるので、$E = 0$ [V/m] となることに相当する。すなわち、導体が移動し続けなければ、電場は維持されない。

ここで、この移動している導体を図 12-3 のように導線でつなげれば、電荷の移動が生じて電流が流れることになる。このとき、導体が移動している限り、電流は流れ続けることになる。

このように、導体を磁場中で運動させることで電流を発生させることができる。これが発電の原理である。

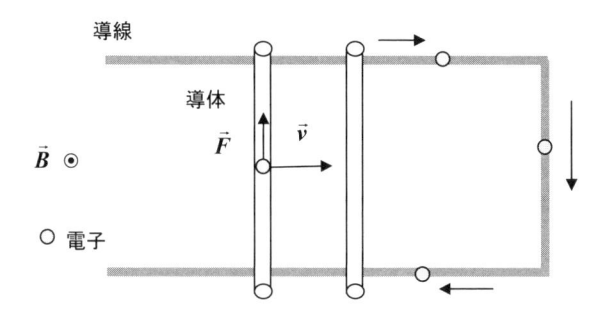

図 12-3　紙面の裏から表に向かう磁場があり、この磁場に置かれた導体が図のように右方向に移動するとき、導体中の電子は上向きの力を受ける。この導体を導線でつなげれば、図のような方向に電子が移動し、電流が生じる。

演習 12-1　図 12-3 において、磁場の磁束密度を B[Wb/m^2]、導体の長さを ℓ[m]、導線の電気抵抗を R[Ω]とするとき、導体を v[m/s]で移動したときに生じる起電力 V[V]と、誘導電流 I[A]の大きさを求めよ。

解）　電場の大きさは、$E = vB$ [V/m]となるので、導体の端部間に発生する電圧は
$$V = E\ell = vB\ell \quad [\text{V}]$$
となる。導線の電気抵抗が R[Ω]であるので、誘導電流は
$$I = \frac{V}{R} = \frac{vB\ell}{R} \quad [\text{A}]$$
と与えられる。

303

ここで、誘導電圧の式
$$V = vB\ell \quad [\text{V}]$$
を少し変形してみよう。$v=dx/dt$ であるので
$$V = vB\ell = \frac{B\ell dx}{dt}$$
となる。ここで、$B[\text{Wb/m}^2]$は磁束密度であり、$\ell\,dx[\text{m}^2]$は、導線で囲まれた閉回路の面積が dt 間に減った大きさに相当する。よって、$B\ell\,dx$ [Wb]は導体と導線によって囲まれた部分の磁束$\varPhi$[Wb]の減少量に相当する。したがって
$$V = -\frac{d\varPhi}{dt} \quad [\text{V}]$$
という関係がえられる。これが有名なファラデーの法則の基本形である。

図 12-1 では導体での電磁誘導を示したが、これを円状コイルにあてはめ、磁束の変化とともに示すと、図 12-4 のようになる。

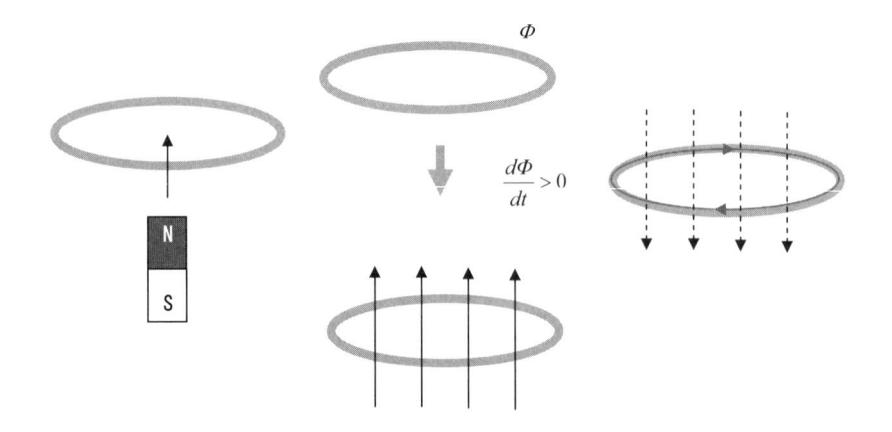

図 12-4 円形コイルに永久磁石の N 極を近づけると、電流が誘導される。この際、リング内の磁束が増える変化となるので、$d\phi/dt>0$ となり、$V=-d\phi/dt$ から、誘導電流の向きは図のようになる。この電流は、コイル内に侵入しようとする磁束を打ち消す向きとなる。これがレンツの法則である。ただし、この電流はすぐに減衰し最終的にリング内に磁束は侵入する。

演習 12-2 半径が r [m]の円形コイルを、磁束密度が B [Wb/m^2]と均一な磁場中に中心軸と磁場が平行になるように置く。ここで、この円形コイルを回転方向が磁場と垂直になるような方向に角速度 ω [rad/s]で回転させたときに、生じる起電力を求めよ。

解） コイルと鎖交する磁束を求めてみよう。磁場に対して、コイルが垂直の場合、その面積は πr^2 [m^2]となり、鎖交磁束は

$$\Phi = B\pi r^2 \quad [\text{Wb}]$$

となり、平行の場合には 0 となる。

回転角速度が ω [rad/s]であるので、鎖交磁束は時間 t [s]とともに変化し、磁場とコイルが平行となるときを $t = 0$[s]として、図 12-5 を参照すると

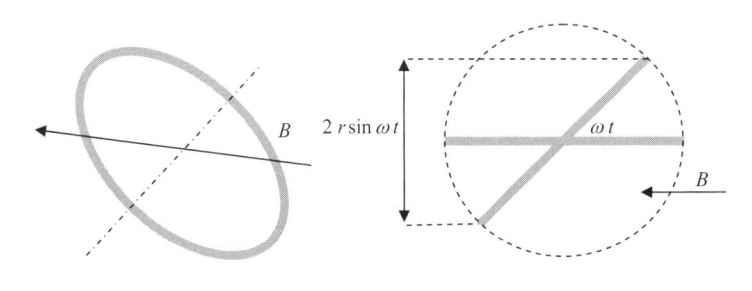

図 12-5

$$\Phi(t) = B\pi r^2 \sin\omega t \quad [\text{Wb}]$$

と与えられる。

したがって

$$V = -\frac{d\Phi(t)}{dt} = -\omega B\pi r^2 \cos\omega t \quad [\text{V}]$$

となる。

このように、磁場中でコイルを回転させると、誘導起電力がえられ、これを導線で外に取り出せば、連続的に電流を取り出すことができるのである。

演習 12-3 一様な磁場 H [A/m]の中に、半径 a[m]の導体円板が、磁場と平行な中心軸の反時計まわりに、角速度 ω[rad/s]で回転している。このとき、円板の中心軸と周辺との間に生ずる起電力を求めよ。ただし、空間の透磁率を μ [H/m]とする。

解） 誘導起電力 V_i[V]は

$$V_i = -\frac{d\Phi}{dt}$$

によって与えられる。よって、導体円板が単位時間内にどれだけの量の磁束 Φ[Wb]を横切るかを計算すればよい。

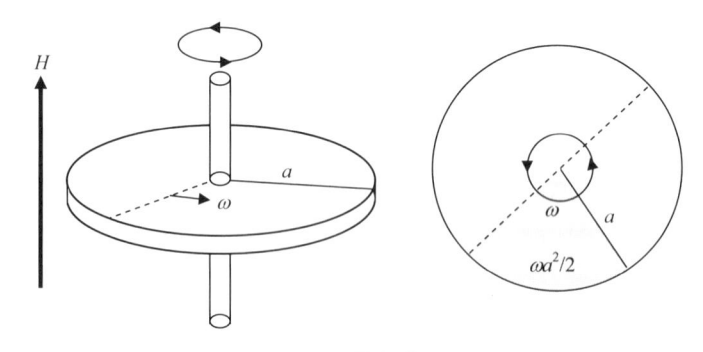

図 12-6

まず、この空間の磁束密度 B [Wb/m^2]は

$$B = \mu H$$

となる。単位時間内に、この円板が移動する面積は

$$\frac{dS}{dt} = \pi a^2 \cdot \frac{\omega}{2\pi} = \frac{\omega a^2}{2}$$

したがって

$$V_i = -\frac{d\Phi}{dt} = -\frac{d(BS)}{dt} = -B\frac{dS}{dt} = -\frac{B\omega a^2}{2} = -\frac{\mu H \omega a^2}{2} \quad [\text{V}]$$

となる。

第12章 変動する電磁場

　冒頭で紹介したように、ファラデーはコイルに永久磁石を出し入れすることで電流を取り出すことに成功した。これまでの取り扱いは、一巻きコイルに対するものである。通常のコイルの場合はどうなるであろうか。実は、結果は簡単である。巻き数がNのコイルに対しては図12-7に示すように、発生起電力は

$$V = -N\frac{d\Phi}{dt} \quad [V]$$

として、単純にN倍すればよいのである。

　それぞれの一巻き円状コイルに$-d\Phi/dt$に対応した起電力が発生するのであるから、N個のコイルからなる場合には、N倍すればよいことは自明であろう。

　ここで、**コイルのインダクタンス** (inductance) についても、少し説明しておこう。コイルが発生する磁束$N\Phi$[Wb]は、流す電流I[A]に比例すると考えられる。そこで、その比例定数をLとすると

$$N\Phi = LI \quad [Wb]$$

という関係がえられる。このとき、比例定数Lの単位は[Wb/A]となる。

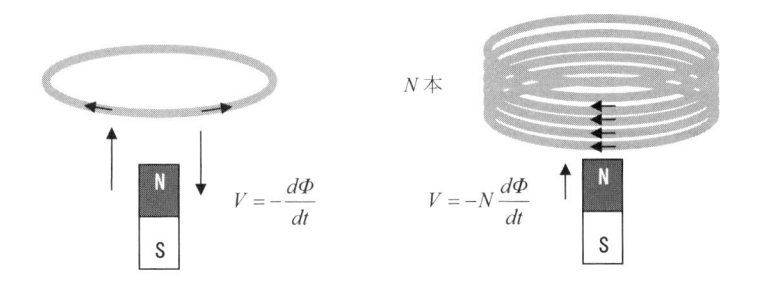

図12-7　巻き数がN本のコイルに誘導される起電力は、単にN倍すればよい。

　ここで、コイルに定常電流が流れている場合には、磁束の変化がないので、起電力は発生しないが、電流が時間的に変化する場合は

$$V = -N\frac{d\Phi}{dt} = -L\frac{dI}{dt} \quad [V]$$

だけの起電力が発生することになる。その方向は、電流とは逆の方向にな

るため、コイルは一種の抵抗として作用することになる。

12.3. 電磁誘導とマックスウェル方程式

ファラデーの法則によると、磁場が時間変化する場合の誘導起電力は

$$V = -\frac{d\Phi}{dt} \quad [\text{V}]$$

という簡単な式によって与えられる。

この式をもとに、電磁誘導に関するマックスウェル方程式を導出してみよう。まず、右辺の磁束の時間変化について考えてみよう。

いままで、想定してきたのは、単純に磁場が均一の場合であったので、磁束密度を $B\,[\text{Wb/m}^2]$、コイルとの鎖交面積を $S\,[\text{m}^2]$ とすると、磁束は

$$\Phi = BS \quad [\text{Wb}]$$

と与えられた。この場合

$$V = -\frac{d\Phi}{dt} = -\frac{d(BS)}{dt} = -B\frac{dS}{dt}$$

となる。演習 12-2 は、まさに、この関係を利用して導出したものである。

しかし、一般の場合には、磁場（磁力線）は平行ではなく、曲がっている。例えば、永久磁石の磁極から発せられる磁力線がそうである。

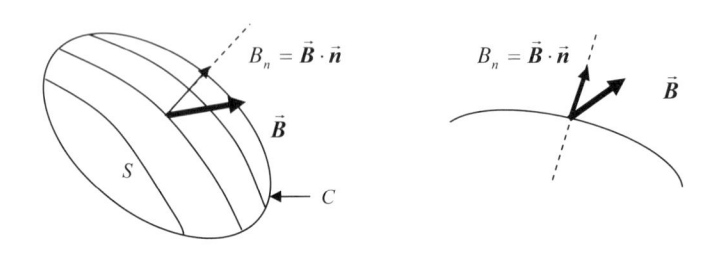

図 12-8　ある曲面における磁束密度の法線方向成分。

この場合、ある閉曲線 C に囲まれた領域 S の磁束 Φ は図 12-8 に示すように

$$\Phi = \iint_S \vec{B} \cdot \vec{n}\, dS = \iint_S B_n\, dS$$

という積分によって与えられる。ここで、$\vec{n}$ は曲面の単位法線ベクトルである。したがって

$$B_n = \vec{B} \cdot \vec{n}$$

は、磁束密度ベクトルの曲面に対する法線方向の成分（あるいは面に対して垂直方向の成分）ということになる。

よって

$$\frac{d\Phi}{dt} = \frac{d}{dt}\iint_S \vec{B} \cdot \vec{n}\, dS = \iint_S \left(\frac{d\vec{B}}{dt}\right) \cdot \vec{n}\, dS$$

と与えられる。

つぎに、電圧 V [V]について考えてみる。電場の強さが E [V/m]の空間において、距離 r [m]だけ離れている場合

$$V = Er \text{ [V]}$$

ただし、電場が空間内で常に一定とは限らないので、一般には

$$V = \int \vec{E} \cdot d\vec{r} \text{ [V]}$$

という積分によって与えられる。

ここで、経路として閉曲線 C を考えると

$$V = \oint_C \vec{E} \cdot d\vec{r} \text{ [V]}$$

という周回積分となる。

ここで、ストークスの定理（補遺2参照）を思い出すと

$$\iint_S \operatorname{rot} \vec{E} \cdot \vec{n}\, dS = \oint_C \vec{E} \cdot d\vec{r}$$

という関係にある。

この定理をイメージに描くと、図12-9のようになる。

したがって $V = -d\Phi/dt$ から

$$\iint_S \operatorname{rot} \vec{E} \cdot \vec{n}\, dS = -\iint_S \left(\frac{d\vec{B}}{dt}\right) \cdot \vec{n}\, dS$$

となり

$$\iint_S \operatorname{rot} \vec{E} \cdot \vec{n}\, dS$$ $$\oint_C \vec{E}\, d\vec{r}$$

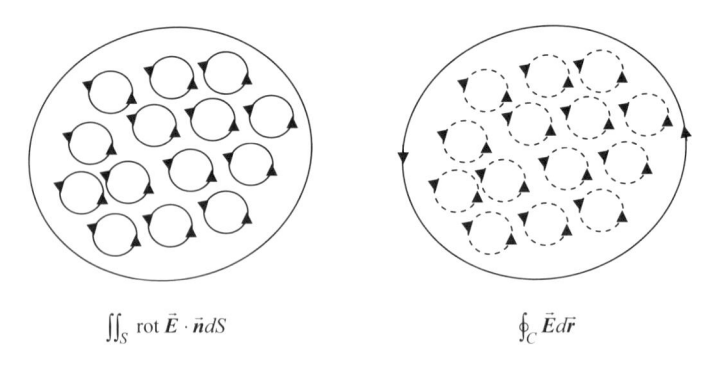

図 12-9　ストークスの定理の図解イメージ：あるベクトル場において、ベクトルの回転によって生まれる rot E を足し合わせると、となりどうしの回転（渦）は、互いに打ち消しあい、最終的には周回成分の和となる。

$$\iint_S \left(\operatorname{rot} \vec{E} + \frac{d\vec{B}}{dt} \right) \cdot \vec{n}\, dS = 0$$

この関係が成立するためには

$$\operatorname{rot} \vec{E} + \frac{d\vec{B}}{dt} = 0$$

でなければならない。したがって

$$\operatorname{rot} \vec{E} = -\frac{d\vec{B}}{dt}$$

という電磁誘導に関するマックスウェルの方程式が導出される。ただし、B は時間だけではなく、位置の関数でもあるので、正式には右辺が偏微分となり

$$\operatorname{rot} \vec{E} = -\frac{\partial \vec{B}}{\partial t}$$

と表記する。

　これが、電磁誘導に関するマックスウェル方程式である。静磁場では rot $\vec{E}$ の値はゼロであったが、磁場が変動する場合にはゼロとならないので

第12章　変動する電磁場

ある。

演習 12-4　磁場の変化によって、導体の xy 平面内に、接線方向の大きさが E [V/m]の円状の電場が反時計方向に誘導されたとする。この場合の、外部磁場の変化を求めよ。

解）　マックスウェル方程式の

$$\text{rot } \vec{E} = -\frac{\partial \vec{B}}{\partial t}$$

を利用して電場ベクトルを求める。

まず、接線方向の電場の強さが E [V/m]で、向きが反時計方向の円状の電場ベクトルは

$$\vec{E} = \begin{pmatrix} -E\sin\theta \\ E\cos\theta \\ 0 \end{pmatrix} = E\begin{pmatrix} -y/r \\ x/r \\ 0 \end{pmatrix}$$

と与えられる（図 12-10 参照）。

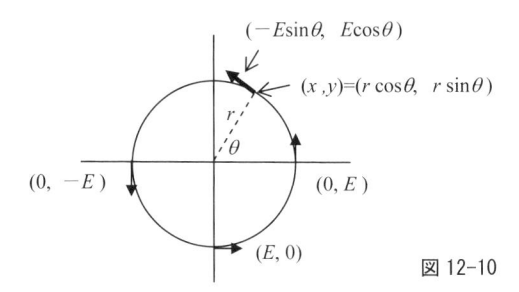

図 12-10

ここで

$$\text{rot } \vec{E} = \begin{pmatrix} \dfrac{\partial E_z}{\partial y} - \dfrac{\partial E_y}{\partial z} \\ \dfrac{\partial E_x}{\partial z} - \dfrac{\partial E_z}{\partial x} \\ \dfrac{\partial E_y}{\partial x} - \dfrac{\partial E_x}{\partial y} \end{pmatrix} = \begin{pmatrix} 0 \\ 0 \\ 2E/r \end{pmatrix}$$

であるので

$$\frac{\partial \vec{B}}{\partial t} = -\begin{pmatrix} 0 \\ 0 \\ 2E/r \end{pmatrix}$$

したがって

$$\vec{B} = \begin{pmatrix} B_x \\ B_y \\ B_z - 2(E/r)t \end{pmatrix}$$

となる。ただし、B_x, B_y は時間的に変化しない磁場であれば任意である。結局、磁場の z 成分に、時間変動項として $-2(E/r)t$ が含まれていればよいことになる。

このように磁場が z 方向で変化すれば、xy 方向に電場が誘導される。そして、導体があれば、電流が誘導される。これが電磁誘導である。

ここで、もうひとつベクトルポテンシャルの効用について示しておこう。いまの電磁誘導の法則

$$\text{rot}\,\vec{E} = -\frac{\partial \vec{B}}{\partial t}$$

にベクトルポテンシャルを適用する。

すると

$$\vec{B} = \text{rot}\vec{A}$$

から

$$\text{rot}\,\vec{E} = -\frac{\partial \vec{B}}{\partial t} = -\frac{\partial}{\partial t}(\text{rot}\,\vec{A}) = -\text{rot}\left(\frac{\partial \vec{A}}{\partial t}\right)$$

したがって

$$\vec{E} = -\frac{\partial \vec{A}}{\partial t}$$

となり、電場はベクトルポテンシャルの時間変化に対応することがわかる。ここに、電位(ϕ)を加えれば

$$\vec{E} = -\text{grad}\phi - \frac{\partial \vec{A}}{\partial t}$$

となる。

ここで、磁場ベクトルと電場ベクトルは

$$\vec{B} = \text{rot}\,\vec{A} \qquad \vec{E} = -\text{grad}\,\phi - \frac{\partial \vec{A}}{\partial t}$$

のように、スカラーポテンシャルϕとベクトルポテンシャル$\vec{A}$で表現することができる。このため、これらポテンシャルの組を**電磁ポテンシャル**(electromagnetic potential) と呼んでいる。電磁場が電磁ポテンシャルで与えられるので、電磁気学を電磁ポテンシャルで表現する手法もある。

実は、量子力学においては、電磁場の効果を電磁ポテンシャルで表現するのが、主流となっている。

12.4. 変位電流

図 12-11 に示すような、コンデンサを含む電気回路を考えてみよう。

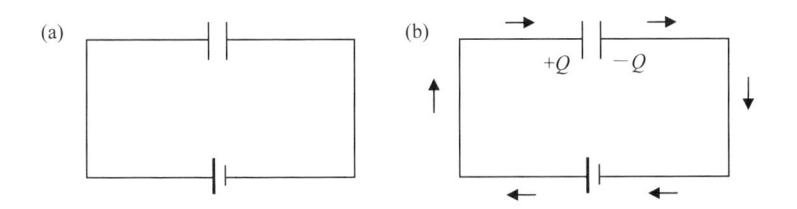

図 12-11 (a)コンデンサを含む回路に電源をつないでも定常電流は流れない。ただし、(b)電源をつないだ直後は、コンデンサに電荷が貯まるまで電流が流れる。

この回路に電源をつなげても、コンデンサのところで回路が切れているので、定常電流は流れない。しかし、図 12-12 に示すように、電源をつないだ直後は、コンデンサの容量 C[F]に対応した電荷 $Q=CV$[C]が極板に貯まるまでは電流が流れる。この電流は

$$I = \frac{dQ}{dt} \ [\text{A}]$$

のように、電荷の時間変化によって与えられる。

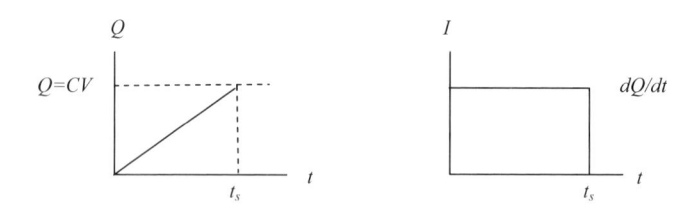

図 12-12 電源にコンデンサ回路をつなげた直後の極板の電荷（Q）の時間変化と電流（I）。電荷が容量の $Q=CV$ に達する時間 t_s までは電流 $I=dQ/dt$ が流れる。

ただし、実際にコンデンサに充電させる場合には、図 12-12 のようになることはない。この図では、充電が終わったとたんに、電流が $I=dQ/dt$[A]から 0 になっているが、本来は図 12-13 のような経過をたどる。

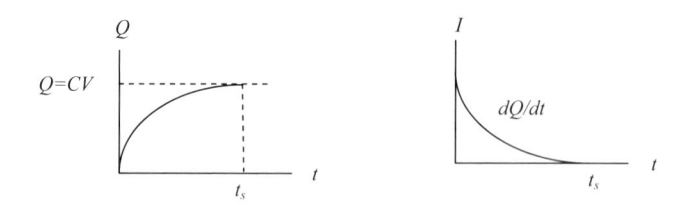

図 12-13 電源にコンデンサ回路をつなげた直後の極板の電荷(Q)の時間変化と電流(I)。

回路に電源をつなぐと、最初は大きな電流が流れ、極板の電荷は急減に増加する。しかし、コンデンサの容量の $Q=CV$ [C]に近づくにつれ、電荷の増加は鈍くなる。$I=dQ/dt$[A]でみると、最初は電流が大きいが、しだいにゼロに近づいていく。

ここで、回路に電流が流れている間は、アンペールの法則にしたがって、導線の回りには

$$\mathrm{rot}\,\vec{H} = \vec{i} \quad [\mathrm{A/m^2}]$$

に相当する磁場が発生する。

マックスウェルは、この回路に電流が流れているときに、コンデンサの極板間に磁場が発生するかどうかを考えたのである。コンデンサでは、電極間は絶縁されているので、電流は流れない。よって、アンペールの法則

314

において $i=0$ であるので、磁場は発生しないと結論できる。

ところが、実際に測定してみると、コンデンサの極板間にも磁場が発生していたのである。

この事実をうけて、マックスウェルはつぎのように考えた。極板間には何もないが、極板内では電荷が移動し、それにともない

$$\frac{dQ}{dt} [\text{C/s}]$$

という変化が生じている（図 12-14 参照）。

この単位[C/s]は、電流と同じ[A]である。そこで、マックスウェルは、この成分を**変位電流** (displacement current) と名づけた。そして、この変位電流が磁場をつくっているとして、マックスウェルの方程式を完成させたのである。

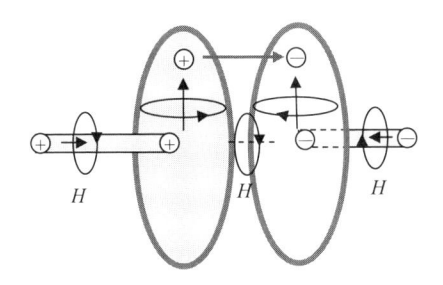

図 12-14　コンデンサに充電するときの電荷の流れと磁場：コンデンサの極板内では、磁荷の移動が生じ、電気力線（電束線）の数が増えていく。この変化が生じている間は、極板間にも磁場が発生する。

さらに、この変位電流の存在によって、電磁波（光）の性質が明らかになったのである。すなわち、真空中でも電場が振動すれば、磁場が振動するが、さらに、それが電場の振動を引き起こし、電磁場の振動が空間を移動していくのである。これが、光が真空中を自己進行波として進んでいく理由である。これについては次章で詳しく説明する。

それでは、さらに解析を進めよう。コンデンサに蓄えられる電荷 Q[C]は、コンデンサの容量 C[F]と、コンデンサにかかる電圧 V[V]によって

$$Q = CV \quad [\text{C}]$$

と与えられる。

ここで、コンデンサの極板間の空間の誘電率をε[F/m]、極板の面積を S [m^2]、電極間の距離を d[m]とすると、容量 C[F]は

$$C = \frac{\varepsilon S}{d} \quad [\text{F}]$$

となる。また、空間の電場を E[V/m]とすると

$$V = Ed \quad [\text{V}]$$

となるので

$$Q = CV = \frac{\varepsilon S}{d}(Ed) = \varepsilon SE \quad [\text{C}]$$

となる。

したがって、変位電流 I_d[A]は

$$I_d = \frac{dQ}{dt} = \varepsilon S \frac{dE}{dt} \quad [\text{A}]$$

と与えられる。

ここでは、通常の伝導電流 I[A]と区別するために、添え字として displacement の d を付している。

ベクトル表示すれば

$$\vec{I}_d = \varepsilon S \frac{d\vec{E}}{dt} \quad [\text{A}]$$

となる。ここで、両辺を断面積 S[m^2]で除して、電束密度と電場との関係 $\vec{D} = \varepsilon \vec{E}$ を使うと

$$\vec{i}_d = \frac{\vec{I}_d}{S} = \frac{d(\varepsilon \vec{E})}{dt} = \frac{d\vec{D}}{dt} \quad [\text{A/m}^2]$$

という式がえられる。

つまり、電束密度の時間変化が、変位電流密度を与えるというものである。図 12-14 に示すように、コンデンサの極板に電荷が供給されるということは、その間の電場（あるいは電束密度）が増加する過程である。これによって図 12-15 に示すような回転磁場が発生する。このため、変位電流のことを電束電流と呼ぶこともある。

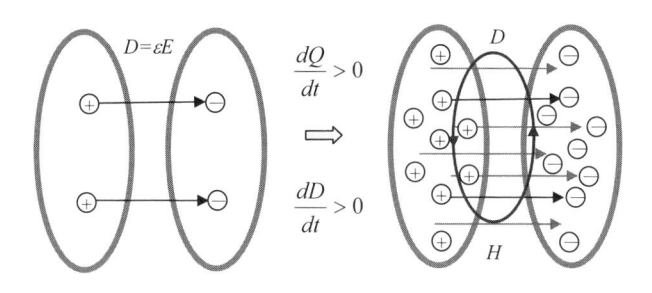

図 12-15 電荷が増えると($dQ/dt > 0$)、電束密度(D)が増え、これにともない図のような磁場が生成する。

よって、アンペールの法則に、変位電流成分を足してえられる。

$$\text{rot}\,\vec{H} = \vec{i} + \vec{i}_d = \vec{i} + \frac{d\vec{D}}{dt}$$

を**アンペール・マックスウェルの法則** (Ampere-Maxwell's law) と呼んでいる。ここで、電束密度は位置の関数でもあるが、右辺は時間のみの変化量であるので、正式には偏微分となり

$$\text{rot}\,\vec{H} = \vec{i} + \frac{\partial \vec{D}}{\partial t}$$

という関係がえられる。

あるいは、電場で示せば

$$\text{rot}\,\vec{H} = \vec{i} + \varepsilon \frac{\partial \vec{E}}{\partial t}$$

となる。

第 13 章　電磁波

13.1. マックスウェル方程式

静電場と静磁場に対応したマックスウェル方程式と変動する電磁場にも対応したマックスウェル方程式をまとめて示すと、つぎのようになる。

電磁場が変動しない場合

$$\mathrm{div}\vec{D} = \rho \qquad \mathrm{div}\vec{B} = 0$$
$$\mathrm{rot}\,\vec{E} = 0 \qquad \mathrm{rot}\,\vec{H} = \vec{i}$$

電磁場が変動する場合

$$\mathrm{div}\vec{D} = \rho \qquad \mathrm{div}\vec{B} = 0$$
$$\mathrm{rot}\,\vec{E} = -\frac{\partial \vec{B}}{\partial t} \qquad \mathrm{rot}\,\vec{H} = \vec{i} + \frac{\partial \vec{D}}{\partial t}$$

$\vec{D}$ [C/m^2] :電束密度ベクトル;　$\vec{B}$ [Wb/m^2] :磁束密度ベクトル
$\vec{E}$ [V/m] :電場ベクトル;　$\vec{H}$ [A/m] :磁場ベクトル;
$\vec{i}$ [A/m^2] :電流密度ベクトル;　ρ [C/m^3]: 電荷密度

また、空間の誘電率を ε [F/m]、透磁率を μ [N/A^2] とすると

$$\vec{D} = \varepsilon\vec{E} \qquad \vec{B} = \mu\vec{H}$$

という関係にある。

　これら方程式に使われるベクトル演算としては、発散 div と、回転 rot の2種類となる。すでに紹介したように、div: divergence は発散と訳されるが、

電磁気学においては、電場や磁場の発生源を示すものである。また、rot: rotation はベクトル場の回転によって生じる成分である。

最初の式の
$$\mathrm{div}\vec{D} = \rho$$
は、電場においては、電場の発生源として電荷が存在することを示している。一方、
$$\mathrm{div}\vec{B} = 0$$
は、磁場にはその発生源である磁荷が存在せず、磁束線はつねに閉ループとなることを示している。ここで、あらためて電場と磁場のイメージを描くと図 13-1 のようになる。

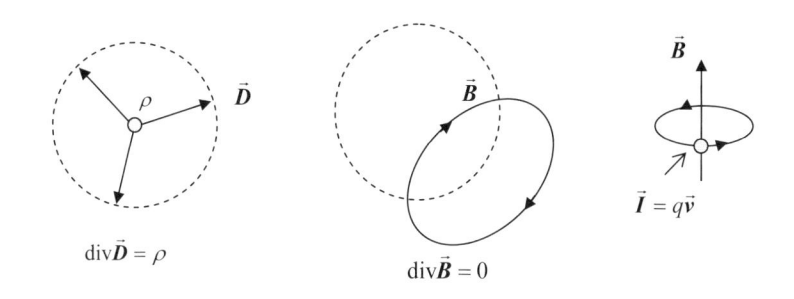

図 13-1 マックウェル方程式の div 演算が意味する電場と磁場のイメージ。

それでは、何もないところに磁場が発生しているのかというとそうではない。電荷が移動する際に磁場は発生するのである。電荷のかわりに電気力線あるいは電束線が動く際に磁場が発生するという見方もできる。静的な磁場源としての磁荷がないということである。

これに対しては、磁場源として永久磁石があるではないかという反論があろう。確かに、一般の工業応用において永久磁石を磁場源として利用している。磁石には、N 極と S 極があり、磁荷が端部にあり、この端部から磁場が発生しているようにも見える。

さらに、磁石のまわりの磁場を解析する場合には、磁荷の存在を仮定すると取り扱いが便利になるのも事実である。本書でも、磁荷間のクーロンの法則に基づく取り扱いを紹介した。

しかし、磁石はいくら分解してもN極とS極が対で存在し、どちらか単極（モノポール; monopole）を取り出すことはできない。そして、そのもとは、分子電流にともなう磁場であることが知られている。よりミクロには、電子（電荷）の自転や、原子の中の電子の軌道運動にともなう磁場が、その原因であり、磁荷は存在しないのである。
　このため、磁荷に関するクーロンの法則や、磁位などという概念を完全に否定して、電磁気学を構築する試みもある。
　一方で、モノポールはあるはずだという考えから、それを探索しようという研究も進められている。単磁荷が存在すれば、マックスウェルの方程式は、電場と磁場に関して完全に対称になる。これは、自然は単純で美しいという考えに基づいている。
　ただし、現時点ではモノポールは見つかっておらず、磁場は電荷の移動によって生じるということを基本に、電磁現象を説明できることもできる。したがって、あくまでも表記のdivの2式が電磁気学の基本となる。また、これらdivに関する2式は、電磁場が変動するしないに関わらず成立する。
　それでは、つぎに、マックスウェル方程式に登場するrot演算に関する式をみてみよう。

$$\mathrm{rot}\,\vec{E} = -\frac{\partial \vec{B}}{\partial t}$$

　この式は、静磁場では$\mathrm{rot}\,\vec{E} = 0$である。これを渦なし場と呼ぶ場合もある。電場は、ポテンシャルに相当するスカラーの電位$\phi(x,y,z)$が存在し、その勾配によって与えられるので

$$\vec{E} = -\mathrm{grad}\,\phi$$

となる。
　すでに確かめたように、右辺のrotは恒等的にゼロとなるので

$$\mathrm{rot}\,\vec{E} = -\mathrm{rot}(\mathrm{grad}\,\phi) = 0$$

が成立する。
　第11章でも説明したように、電場は電位の高低差によっている。したがって、空間を一周して戻ってきたら、その点の電位は変わらない。この時、高低差の積算はプラスマイナスゼロとなるので、電場ベクトルのrotはゼロとなるのである。

ただし、磁場が時間的に変動している場合には、この限りではないということを、この式は意味している。物理現象としては、ファラデーの電磁誘導の法則に対応したものであり、導体に磁石を近づけたり、遠ざけたりすると、渦電流が誘導されることに対応している。

最後の式である

$$\mathrm{rot}\vec{H} = \vec{i} + \frac{\partial \vec{D}}{\partial t}$$

は、定常電流のまわりに磁場が発生するというアンペールの法則

$$\mathrm{rot}\vec{H} = \vec{i}$$

に、電場が時間的に変化する場合にも磁場が発生する現象に対応した項（変位電流項）を加えたものである。

13.2. 波動方程式

それでは、マックスウェル方程式を整理したうえで電磁場の振る舞いを記述する微分方程式を考えてみよう。

$$\mathrm{div}\vec{D} = \rho \quad \mathrm{div}\vec{B} = 0 \quad \mathrm{rot}\vec{E} = -\frac{\partial \vec{B}}{\partial t} \quad \mathrm{rot}\vec{H} = \vec{i} + \frac{\partial \vec{D}}{\partial t}$$

において、まず $\vec{D} = \varepsilon\vec{E}$ および $\vec{B} = \mu\vec{H}$ という関係を使い、電場と磁場の式に整理すると

$$\mathrm{div}\vec{E} = \frac{\rho}{\varepsilon} \quad \mathrm{div}\vec{H} = 0 \quad \mathrm{rot}\vec{E} = -\mu\frac{\partial \vec{H}}{\partial t} \quad \mathrm{rot}\vec{H} = \vec{i} + \varepsilon\frac{\partial \vec{E}}{\partial t}$$

となる。

ここで、真空中での電磁場の挙動を考えたいので、電荷もなく、電流も存在しないので、$\rho = 0$ および $i = 0$ とする。すると

$$\mathrm{div}\vec{E} = 0 \quad \mathrm{div}\vec{H} = 0 \quad \mathrm{rot}\vec{E} = -\mu_0\frac{\partial \vec{H}}{\partial t} \quad \mathrm{rot}\vec{H} = \varepsilon_0\frac{\partial \vec{E}}{\partial t}$$

という4個の式にまとめられる。

求めるべきは、これら4式を満足する空間のベクトルとして、電場ベク

トルおよび磁場ベクトル

$$\vec{E} = \begin{pmatrix} E_1 \\ E_2 \\ E_3 \end{pmatrix} \qquad \vec{H} = \begin{pmatrix} H_1 \\ H_2 \\ H_3 \end{pmatrix}$$

を決めることである。まず

$$\mathrm{rot}\,\vec{E} = -\mu_0 \frac{\partial \vec{H}}{\partial t}$$

の両辺の rot をとってみよう。

$$\mathrm{rot}(\mathrm{rot}\vec{E}) = -\mathrm{rot}\left(\mu_0 \frac{\partial \vec{H}}{\partial t}\right)$$

左辺を計算する。

$$\vec{E} = \begin{pmatrix} E_1 \\ E_2 \\ E_3 \end{pmatrix} \text{に rot を作用すると } \mathrm{rot}\,\vec{E} = \begin{pmatrix} \dfrac{\partial E_3}{\partial y} - \dfrac{\partial E_2}{\partial z} \\ \dfrac{\partial E_1}{\partial z} - \dfrac{\partial E_3}{\partial x} \\ \dfrac{\partial E_2}{\partial x} - \dfrac{\partial E_1}{\partial y} \end{pmatrix}$$

となる。さらに、このベクトルの rot をとってみよう。計算が複雑になるので、$\mathrm{rot}(\mathrm{rot}\vec{E})$ の x 成分を計算してみる。すると

$$(\mathrm{rot}(\mathrm{rot}\vec{E}))_x = \frac{\partial}{\partial y}(\mathrm{rot}\,\vec{E})_z - \frac{\partial}{\partial z}(\mathrm{rot}\,\vec{E})_y$$

$$= \frac{\partial}{\partial y}\left(\frac{\partial E_2}{\partial x} - \frac{\partial E_1}{\partial y}\right) - \frac{\partial}{\partial z}\left(\frac{\partial E_1}{\partial z} - \frac{\partial E_3}{\partial x}\right) = \frac{\partial^2 E_2}{\partial x \partial y} - \frac{\partial^2 E_1}{\partial y^2} - \frac{\partial^2 E_1}{\partial z^2} + \frac{\partial^2 E_3}{\partial x \partial z}$$

となり、整理すると

$$(\mathrm{rot}(\mathrm{rot}\vec{E}))_x = \frac{\partial^2 E_2}{\partial x \partial y} + \frac{\partial^2 E_3}{\partial x \partial z} - \left(\frac{\partial^2 E_1}{\partial y^2} + \frac{\partial^2 E_1}{\partial z^2}\right)$$

となる。ここで、さらに一工夫して

$$(\mathrm{rot}(\mathrm{rot}\vec{E}))_x = \frac{\partial^2 E_2}{\partial x \partial y} + \frac{\partial^2 E_3}{\partial x \partial z} + \frac{\partial^2 E_1}{\partial x^2} - \left(\frac{\partial^2 E_1}{\partial y^2} + \frac{\partial^2 E_1}{\partial z^2} + \frac{\partial^2 E_1}{\partial x^2}\right)$$

とした上で整理しなおすと

$$(\mathrm{rot}(\mathrm{rot}\vec{E}))_x = \frac{\partial}{\partial x}\left(\frac{\partial E_1}{\partial x} + \frac{\partial E_2}{\partial y} + \frac{\partial E_3}{\partial z}\right) - \left(\frac{\partial^2 E_1}{\partial x^2} + \frac{\partial^2 E_1}{\partial y^2} + \frac{\partial^2 E_1}{\partial z^2}\right)$$

となる。これは
$$(\operatorname{rot}(\operatorname{rot}\vec{E}))_x = \frac{\partial}{\partial x}\operatorname{div}\vec{E} - \Delta E_1$$
と書くことができる。ここで Δ はラプラシアンで
$$\Delta = \nabla \cdot \nabla = \nabla^2 = \frac{\partial^2}{\partial x^2} + \frac{\partial^2}{\partial y^2} + \frac{\partial^2}{\partial z^2}$$
という演算である。

　同様にして、y 成分および z 成分は
$$(\operatorname{rot}(\operatorname{rot}\vec{E}))_y = \frac{\partial}{\partial y}\operatorname{div}\vec{E} - \Delta E_2$$
$$(\operatorname{rot}(\operatorname{rot}\vec{E}))_z = \frac{\partial}{\partial z}\operatorname{div}\vec{E} - \Delta E_3$$
となる。これをベクトルで表記すれば
$$\operatorname{rot}\operatorname{rot}\vec{E} = \operatorname{grad}\operatorname{div}\vec{E} - \Delta\vec{E}$$
と与えられる。$\operatorname{div}\vec{E} = 0$ であるから
$$\operatorname{rot}\operatorname{rot}\vec{E} = -\Delta\vec{E}$$
となる。

　つぎに、右辺を計算してみよう。まず
$$\operatorname{rot}\left(\mu_0 \frac{\partial \vec{H}}{\partial t}\right) = \mu_0 \frac{\partial}{\partial t}(\operatorname{rot}\vec{H})$$
と変形できる。

　磁場の時間に関する偏微分と、rot は位置に関する微分演算子であるので、演算の順序を変えても差し支えない。ここで
$$\operatorname{rot}\vec{H} = \varepsilon_0 \frac{\partial \vec{E}}{\partial t}$$
であったから
$$\operatorname{rot}\left(\mu_0 \frac{\partial \vec{H}}{\partial t}\right) = \mu_0 \frac{\partial}{\partial t}(\operatorname{rot}\vec{H}) = \varepsilon_0 \mu_0 \frac{\partial}{\partial t}\left(\frac{\partial \vec{E}}{\partial t}\right) = \varepsilon_0 \mu_0 \frac{\partial^2 \vec{E}}{\partial t^2}$$
と変形できる。

　したがって、電場が満足すべき微分方程式として

$$\Delta \vec{E} = \varepsilon_0 \mu_0 \frac{\partial^2 \vec{E}}{\partial t^2}$$

がえられる。

> **演習 13-1** マックスウェル方程式をもとにして、磁場が満足すべき微分方程式を導出せよ。

解） $\operatorname{rot} \vec{H} = \varepsilon_0 \dfrac{\partial \vec{E}}{\partial t}$ の両辺の rot をとる。左辺は

$$\operatorname{rot} \operatorname{rot} \vec{H} = -\Delta \vec{H}$$

となり、右辺は

$$\operatorname{rot}\left(\varepsilon_0 \frac{\partial \vec{E}}{\partial t} \right) = \varepsilon_0 \frac{\partial}{\partial t} (\operatorname{rot} \vec{E})$$

となるが $\operatorname{rot} \vec{E} = -\mu_0 \dfrac{\partial \vec{H}}{\partial t}$ より

$$\operatorname{rot}\left(\varepsilon_0 \frac{\partial \vec{E}}{\partial t} \right) = -\mu_0 \varepsilon_0 \frac{\partial^2 \vec{H}}{\partial t^2}$$

したがって、求める微分方程式は

$$\Delta \vec{H} = \mu_0 \varepsilon_0 \frac{\partial^2 \vec{H}}{\partial t^2}$$

となる。

ここで、あらためて真空における電場ベクトルと磁場ベクトルが満足すべき微分方程式を列記すると

$$\Delta \vec{E} = \varepsilon_0 \mu_0 \frac{\partial^2 \vec{E}}{\partial t^2} \qquad \Delta \vec{H} = \mu_0 \varepsilon_0 \frac{\partial^2 \vec{H}}{\partial t^2}$$

となり、興味深いことに、電場も磁場もまったく同様のかたちをしていることがわかる。これは、電磁場の対称性を反映したものである。

ただし、このように、きれいな対称のかたちをとるのは、真空だからである。物理的実体として電荷や電流があれば、電場と磁場は完全な対称とはならない。

演習 13-2 単位解析により、真空の誘電率ε_0と真空の透磁場率μ_0の積である$\varepsilon_0\mu_0$の単位を調べよ。

解） 真空の誘電率と透磁率は

$$\varepsilon_0 = 8.854 \times 10^{-12} \, [\text{C}^2/\text{Nm}^2] \qquad \mu_0 = 4\pi \times 10^{-7} \, [\text{N}/\text{A}^2]$$

であった。よって

$$\varepsilon_0\mu_0 = 4\pi \times 8.854 \times 10^{-19} = 1.112 \times 10^{-17} \, [\text{C}^2/\text{A}^2\text{m}^2]$$

となる。

したがって、$\varepsilon_0\mu_0$の単位は

$$\frac{[\text{C}]^2}{[\text{A}]^2[\text{m}]^2} = \frac{[\text{s}]^2}{[\text{m}]^2}$$

となる。

ただし、電流[A]が[C/s]であることを使った。

このように$\varepsilon_0\mu_0$の単位は、速度[m/s]の単位の逆数の 2 乗となっている。そこで

$$c = \frac{1}{\sqrt{\varepsilon_0\mu_0}} \quad [\text{m/s}]$$

とおくことができ

$$c = \frac{1}{\sqrt{1.112 \times 10^{-17}}} = \frac{10^9}{\sqrt{11.12}} \cong 3 \times 10^8 \, [\text{m/s}]$$

と与えられる。

後ほど示すが、cは光速（電磁波の速さ）を与える。

13.3. 電磁場の方程式の解法

真空における電磁場が満足すべき方程式として、以下のふたつの偏微分方程式がえられた。あとはいかに解法するかである。

$$\Delta \vec{E} = \frac{1}{c^2}\frac{\partial^2 \vec{E}}{\partial t^2} \qquad \Delta \vec{H} = \frac{1}{c^2}\frac{\partial^2 \vec{H}}{\partial t^2}$$

どちらも同じかたちをしているので、ここでは

$$\Delta \vec{E} = \frac{1}{c^2} \frac{\partial^2 \vec{E}}{\partial t^2}$$

を満足する電場ベクトル

$$\vec{E} = \begin{pmatrix} E_1 \\ E_2 \\ E_3 \end{pmatrix}$$

を求めることを考えてみよう。このベクトルは 3 次元空間のベクトルである。そこで、成分ごとに分けてみよう。

ただし、注意すべき点がある。それは、表記の偏微分方程式には、電場ベクトルの時間 t に関する偏微分が入っているということである。つまり、われわれが求めるべき電場ベクトルの各成分は位置の関数だけではなく、時間の関数でもあり、本来は(x, y, z, t)の 4 変数からなる**多変数関数** (multi-variable function)という事実である。

よって

$$\vec{E} = \begin{pmatrix} E_1(x,y,z,t) \\ E_2(x,y,z,t) \\ E_3(x,y,z,t) \end{pmatrix}$$

となる。

ここで、偏微分方程式

$$\Delta \vec{E} = \frac{1}{c^2} \frac{\partial^2 \vec{E}}{\partial t^2}$$

を成分で示せば

$$\frac{\partial^2 E_1(x,y,z,t)}{\partial x^2} + \frac{\partial^2 E_2(x,y,z,t)}{\partial y^2} + \frac{\partial^2 E_3(x,y,z,t)}{\partial z^2}$$
$$= \frac{1}{c^2}\left(\frac{\partial^2 E_1(x,y,z,t)}{\partial t^2} + \frac{\partial^2 E_2(x,y,z,t)}{\partial t^2} + \frac{\partial^2 E_3(x,y,z,t)}{\partial t^2}\right)$$

となる。

このまま E_1, E_2, E_3 を 4 変数関数として解析を進めるのは大変なので、簡単化のために、x と t のみの関数と仮定して解法してみる。

同様に磁場も同じように、x と t のみの関数と仮定すると

第13章　電磁波

$$\vec{E} = \begin{pmatrix} E_1(x,t) \\ E_2(x,t) \\ E_3(x,t) \end{pmatrix} \qquad \vec{H} = \begin{pmatrix} H_1(x,t) \\ H_2(x,t) \\ H_3(x,t) \end{pmatrix}$$

と与えられる。つまり、E と H の x,y,z 成分すべてを x と t のみの関数とするのである。

このうえで

$$\mathrm{div}\vec{E} = 0 \qquad \mathrm{div}\vec{H} = 0 \qquad \mathrm{rot}\vec{E} = -\mu_0 \frac{\partial \vec{H}}{\partial t} \qquad \mathrm{rot}\vec{H} = \varepsilon_0 \frac{\partial \vec{E}}{\partial t}$$

および

$$\Delta \vec{E} = \frac{1}{c^2} \frac{\partial^2 \vec{E}}{\partial t^2} \qquad \Delta \vec{H} = \frac{1}{c^2} \frac{\partial^2 \vec{H}}{\partial t^2}$$

を満足する解を求めていく。

まず、$\mathrm{div}\vec{E} = 0$ より

$$\frac{\partial E_1(x,t)}{\partial x} + \frac{\partial E_2(x,t)}{\partial y} + \frac{\partial E_3(x,t)}{\partial z} = 0$$

という条件が付加されるが

E_2, E_3 は x と t のみの関数であるので

$$\frac{\partial E_2(x,t)}{\partial y} = 0 \qquad \frac{\partial E_3(x,t)}{\partial z} = 0$$

よって

$$\frac{\partial E_1(x,t)}{\partial x} = 0$$

となる。

同様に、$\mathrm{div}\vec{H} = 0$ から

$$\frac{\partial H_1(x,t)}{\partial x} = 0$$

となる。

つぎに

$$\mathrm{rot}\vec{E} = -\mu_0 \frac{\partial \vec{H}}{\partial t}$$

という条件を使う。

327

$$\mathrm{rot}\,\vec{E}$$
$$=\left(\frac{\partial E_3(x,t)}{\partial y}-\frac{\partial E_2(x,t)}{\partial z}\right)\vec{e}_x+\left(\frac{\partial E_1(x,t)}{\partial z}-\frac{\partial E_3(x,t)}{\partial x}\right)\vec{e}_y+\left(\frac{\partial E_2(x,t)}{\partial x}-\frac{\partial E_1(x,t)}{\partial y}\right)\vec{e}_z$$
$$=0\vec{e}_x+\left(-\frac{\partial E_3(x,t)}{\partial x}\right)\vec{e}_y+\left(\frac{\partial E_2(x,t)}{\partial x}\right)\vec{e}_z$$

から

$$\mathrm{rot}\,\vec{E}=\begin{pmatrix}0\\-\partial E_3(x,t)/\partial x\\ \partial E_2(x,t)/\partial x\end{pmatrix}=-\mu_0\frac{\partial \vec{H}}{\partial t}=-\mu_0\begin{pmatrix}\partial H_1(x,t)/\partial t\\ \partial H_2(x,t)/\partial t\\ \partial H_3(x,t)/\partial t\end{pmatrix}$$

という関係にある。

したがって

$$\frac{\partial H_1(x,t)}{\partial t}=0 \qquad \frac{\partial E_3(x,t)}{\partial x}=\mu_0\frac{\partial H_2(x,t)}{\partial t} \qquad \frac{\partial E_2(x,t)}{\partial x}=-\mu_0\frac{\partial H_3(x,t)}{\partial t}$$

という関係が成立する。

つぎに

$$\mathrm{rot}\,\vec{H}=\varepsilon_0\frac{\partial \vec{E}}{\partial t}$$

という条件を使うと

$$\frac{\partial E_1(x,t)}{\partial t}=0 \qquad \frac{\partial H_3(x,t)}{\partial x}=-\varepsilon_0\frac{\partial E_2(x,t)}{\partial t} \qquad \frac{\partial H_2(x,t)}{\partial x}=\varepsilon_0\frac{\partial E_3(x,t)}{\partial t}$$

以上から

$$\frac{\partial E_1(x,t)}{\partial x}=0 \quad \text{かつ} \quad \frac{\partial E_1(x,t)}{\partial t}=0 \quad \text{なので } E_1(x,\,t)\text{ は定数}$$

$$\frac{\partial H_1(x,t)}{\partial x}=0 \quad \text{かつ} \quad \frac{\partial H_1(x,t)}{\partial t}=0 \quad \text{なので } H_1(x,\,t)\text{ も定数}$$

となる。

したがって

$$\vec{E}=\begin{pmatrix}C_1\\ E_2(x,t)\\ E_3(x,t)\end{pmatrix}\qquad \vec{H}=\begin{pmatrix}C_2\\ H_2(x,t)\\ H_3(x,t)\end{pmatrix}$$

となる。つまり、真空中の電磁場では、電場も磁場も yz 平面の振動となる。

第13章　電磁波

ここでは変動する電磁場を考えているので、定数項はともに0と置いて

$$\vec{E} = \begin{pmatrix} 0 \\ E_2(x,t) \\ E_3(x,t) \end{pmatrix} \qquad \vec{H} = \begin{pmatrix} 0 \\ H_2(x,t) \\ H_3(x,t) \end{pmatrix}$$

としよう。

ところで、yz 平面での振動を模式的に示すと、図 13-2(a)のようになる。

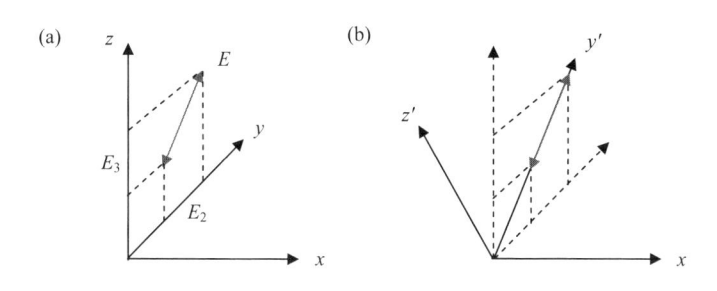

図 13-2

ここで、適当な座標変換を yz 平面に施せば、図 13-2(b)に示すように、この振動方向を新たな y 軸にとることができ、電場ベクトルは

$$\vec{E} = \begin{pmatrix} 0 \\ E_2(x,t) \\ 0 \end{pmatrix}$$

と置くことができる。

このとき $E_3(x,t)=0$ となるので

$$\frac{\partial H_2(x,t)}{\partial x} = \varepsilon_0 \frac{\partial E_3(x,t)}{\partial t} = 0 \qquad \frac{\partial E_3(x,t)}{\partial x} = \mu_0 \frac{\partial H_2(x,t)}{\partial t} = 0$$

となり、結局 $H_2(x,t)=0$ と置くことができる。したがって、電場ベクトルおよび磁場ベクトルの組み合わせは

$$\vec{E} = \begin{pmatrix} 0 \\ E_2(x,t) \\ 0 \end{pmatrix} \qquad \vec{H} = \begin{pmatrix} 0 \\ 0 \\ H_3(x,t) \end{pmatrix}$$

となることがわかる。

この結果は、電場ベクトルと磁場ベクトルが直交することを示している。

ここで、あらためて
$$\Delta \vec{E} = \frac{1}{c^2}\frac{\partial^2 \vec{E}}{\partial t^2} \qquad \Delta \vec{H} = \frac{1}{c^2}\frac{\partial^2 \vec{H}}{\partial t^2}$$
に代入してみると
$$\frac{\partial^2 E_2(x,t)}{\partial x^2} = \frac{1}{c^2}\frac{\partial^2 E_2(x,t)}{\partial t^2} \qquad \frac{\partial^2 H_3(x,t)}{\partial x^2} = \frac{1}{c^2}\frac{\partial^2 H_3(x,t)}{\partial t^2}$$
という項のみが残ることになる。

実は、これら偏微分方程式は、一般によく知られた**波動方程式** (wave function) と呼ばれるものであり、これら方程式を満足する解は無数にある。実際の物理解析では、**初期条件** (initial conditions) や**境界条件** (boundary conditions) などを付して解を求めることになる。

例えば、微分方程式を満足する解としては sin 関数や cos 関数、exp 関数などが知られている。

ここでは、代表的な解として
$$E_2(x,t) = A\sin(\omega t - kx)$$
を仮定してみよう。すると
$$\frac{\partial}{\partial x}E_2(x,t) = -kA\cos(\omega t - kx) \qquad \frac{\partial^2}{\partial x^2}E_2(x,t) = -k^2 A\sin(\omega t - kx)$$
$$\frac{\partial}{\partial t}E_2(x,t) = \omega A\cos(\omega t - kx) \qquad \frac{\partial^2}{\partial t^2}E_2(x,t) = -\omega^2 A\sin(\omega t - kx)$$
したがって
$$\frac{k^2}{\omega^2} = \frac{1}{c^2}$$
となるので $k=\omega/c$ を選べば
$$E_2(x,t) = A\sin\omega\left(t - \frac{x}{c}\right)$$
が表記の偏微分方程式を満足することがわかる。A は任意定数であるが、電磁波の振幅を与える。ω は電磁波の角振動数である。

そのうえで、$H_3(x, t)$ を求めてみよう。
$$\frac{\partial H_3(x,t)}{\partial x} = -\varepsilon_0 \frac{\partial E_2(x,t)}{\partial t}$$

という条件から

$$\frac{\partial H_3(x,t)}{\partial x} = -A\varepsilon_0\omega\cos\omega\left(t-\frac{x}{c}\right)$$

となる。したがって

$$H_3(x,t) = -A\varepsilon_0\omega\int\cos\omega\left(t-\frac{x}{c}\right)dx + f(t)$$

となる。ただし、$f(t)$ は t の任意の関数となる。偏微分の積分なので、積分定数ではなく、任意関数となる。

これより

$$H_3(x,t) = -A\varepsilon_0\omega\left(-\frac{c}{\omega}\right)\sin\omega\left(t-\frac{x}{c}\right) + f(t) = A\varepsilon_0 c\sin\omega\left(t-\frac{x}{c}\right) + f(t)$$

さらに $c = \dfrac{1}{\sqrt{\varepsilon_0\mu_0}}$ を使うと

$$H_3(x,t) = A\sqrt{\frac{\varepsilon_0}{\mu_0}}\sin\omega\left(t-\frac{x}{c}\right) + f(t)$$

と与えられる。

つぎに

$$\frac{\partial E_2(x,t)}{\partial x} = -\mu_0\frac{\partial H_3(x,t)}{\partial t}$$

という条件を使う。

これを変形して

$$\frac{\partial H_3(x,t)}{\partial t} = -\frac{1}{\mu_0}\frac{\partial E_2(x,t)}{\partial x}$$

として

$$E_2(x,t) = A\sin\omega\left(t-\frac{x}{c}\right)$$

を代入する。

すると

$$\frac{\partial H_3(x,t)}{\partial t} = A\frac{\omega}{\mu_0 c}\cos\omega\left(t-\frac{x}{c}\right) = A\omega\sqrt{\frac{\varepsilon_0}{\mu_0}}\cos\omega\left(t-\frac{x}{c}\right)$$

ここで、t に関して積分すると

$$H_3(x,t) = A\omega\sqrt{\frac{\varepsilon_0}{\mu_0}}\int\cos\omega\left(t-\frac{x}{c}\right)dt + g(x)$$

ただし、$g(x)$は任意関数である。
　よって

$$H_3(x,t) = A\sqrt{\frac{\varepsilon_0}{\mu_0}}\sin\omega\left(t-\frac{x}{c}\right) + g(x)$$

となる。この関数と、先ほど求めた

$$H_3(x,t) = A\sqrt{\frac{\varepsilon_0}{\mu_0}}\sin\omega\left(t-\frac{x}{c}\right) + f(t)$$

が一致する必要があるので、$g(x)$ と $f(t)$ は定数でなければならない。
　したがって

$$H_3(x,t) = A\sqrt{\frac{\varepsilon_0}{\mu_0}}\sin\omega\left(t-\frac{x}{c}\right) + C$$

と与えられるが、振動に関係がないので定数項を 0 とおくと、求める磁場ベクトルの z 成分は

$$H_3(x,t) = A\sqrt{\frac{\varepsilon_0}{\mu_0}}\sin\omega\left(t-\frac{x}{c}\right)$$

となる。
　したがって、真空におけるマックスウェル方程式を満足する電場ベクトルと磁場ベクトルの組み合わせとして

$$\vec{E} = A\begin{pmatrix} 0 \\ \sin\omega\left(t-\frac{x}{c}\right) \\ 0 \end{pmatrix} \quad \vec{H} = A\sqrt{\frac{\varepsilon_0}{\mu_0}}\begin{pmatrix} 0 \\ 0 \\ \sin\omega\left(t-\frac{x}{c}\right) \end{pmatrix}$$

が解としてえられる。
　これが真空における電磁波である。もちろん、電場ベクトルとして cos 波を選んでもよい。
　この結果を電磁波のイメージとして図示すると、図 13-3 のようになる。

第 13 章　電磁波

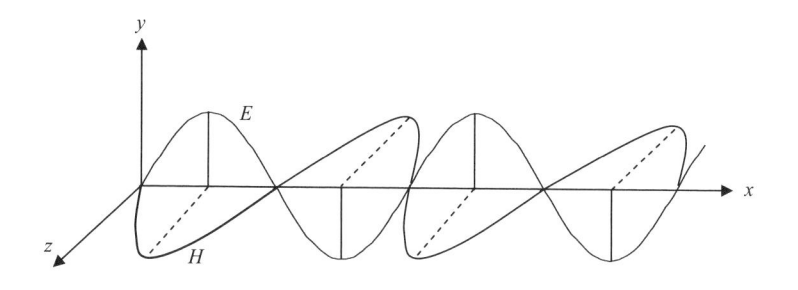

図 13-3　x 方向に進む電磁波のイメージ。

ここでは、電場も磁場も同じ角振動数 ω [rad/s] で振動している。これは電磁波の振動数であり、その値によって電磁波が分類される。実際には

$$f = \frac{\omega}{2\pi} \; [\mathrm{s}^{-1}]$$

という変換によってえられる振動数 f [s^{-1}] を使うが、振動数の単位は Hz: Heltz, ヘルツを採用する。[Hz] は 1s 間に振動する回数 cycle/second である。

また、c[m/s] は、x 方向に進む波の速度を与えるので、光速となる。

演習 13-3　つぎの式によって与えられる波の x 方向の進行速度を求めよ。

$$E(x,t) = A\sin\omega\left(t - \frac{x}{c}\right)$$

解）　x 方向の波の速度は $v = dx/dt$ と与えられる。ここで、波の移動速度を求めるのに、ある点に注目してみよう。例えば $\sin(\pi/2)$ は、山の頂点である。この点が x 方向にどのような速度で移動するかを求めればよい。この点は

$$\omega\left(t - \frac{x}{c}\right) = \frac{\pi}{2}$$

を満足する。したがって

$$t - \frac{x}{c} = \frac{\pi}{2\omega}$$

両辺の微分をとると

$$dt - \frac{dx}{c} = 0$$

から

$$v = \frac{dx}{dt} = c$$

となり、c が x 方向の波の進行速度となる。

電磁波の速度が c[m/s]によって与えられ、その振動数が f[m^{-1}]のとき、波長 λ [m]は

$$\lambda = \frac{c}{f} \quad [\text{m}]$$

と与えられる。

電磁波の分類においては、振動数あるいは、波長が使われる。波長の長いほうから、**電波** (radio wave)、**赤外線** (infrared ray)、**可視光線** (visible light)、**紫外線** (ultraviolet ray)、**X 線** (X-ray)、**ガンマ線** (Gmma ray)などと違った呼称で呼ばれる。

われわれの目に見えるのは可視光線と呼ばれる電磁波であるが、その波長は 0.4-0.7μm の範囲にあり、電磁波のなかでは非常に狭い範囲にある。

補遺1　極座標系の grad

　ベクトル演算子 grad はスカラーに作用してベクトルを作り出す演算子であり、電位をϕとすると、その grad は

$$\vec{E} = -\mathrm{grad}\phi$$

のように電場ベクトルとなる。grad は gradient の略であり、英語では勾配という意味である。まさに、電位の勾配を与えるもので、電場の方向と強さを与える。ただし、負の符号がついているのは、電場ベクトルの向きが電位の勾配を上る方向ではなく、その逆方向だからである。

　直交座標における grad は、2次元および3次元では

$$\mathrm{grad} = \begin{pmatrix} \partial/\partial x \\ \partial/\partial y \end{pmatrix} \qquad \mathrm{grad} = \begin{pmatrix} \partial/\partial x \\ \partial/\partial y \\ \partial/\partial z \end{pmatrix}$$

となる。

　この演算子はスカラーに作用してベクトルをつくりだすもので、例として、スカラーの電位ϕに作用させると

$$\mathrm{grad}\phi = \begin{pmatrix} \partial\phi/\partial x \\ \partial\phi/\partial y \end{pmatrix} \qquad \mathrm{grad}\phi = \begin{pmatrix} \partial\phi/\partial x \\ \partial\phi/\partial y \\ \partial\phi/\partial z \end{pmatrix}$$

というベクトルになる。

　x, y 方向の単位ベクトルを$\vec{e}_x, \vec{e}_y$と置くと、2次元の grad は

$$\mathrm{grad}\phi = \begin{pmatrix} \partial\phi/\partial x \\ \partial\phi/\partial y \end{pmatrix} = \frac{\partial\phi}{\partial x}\vec{e}_x + \frac{\partial\phi}{\partial y}\vec{e}_y$$

となる。

　つぎに、x, y, z 方向の単位ベクトルを$\vec{e}_x, \vec{e}_y, \vec{e}_z$と置くと、3次元の grad は

$$\mathrm{grad}\phi = \begin{pmatrix} \partial\phi/\partial x \\ \partial\phi/\partial y \\ \partial\phi/\partial z \end{pmatrix} = \frac{\partial \phi}{\partial x}\vec{e}_x + \frac{\partial \phi}{\partial y}\vec{e}_y + \frac{\partial \phi}{\partial z}\vec{e}_z$$

と表記できる。

　ここで、極座標系で grad がどのように与えられるかを考えてみる。ここでは、2次元の直交座標 (x, y) から極座標 (r, θ) への変換を示す。

　直交座標と極座標の関係は

$$\begin{cases} x = r\cos\theta \\ y = r\sin\theta \end{cases} \quad \text{あるいは} \quad \begin{cases} r = \sqrt{x^2 + y^2} \\ \theta = \tan^{-1}\left(\dfrac{y}{x}\right) \end{cases}$$

という式で与えられる。

　ここで $\partial/\partial x, \partial/\partial y$ と $\partial/\partial r, \partial/\partial \theta$ の関係を求めると

$$\frac{\partial \phi}{\partial x} = \frac{\partial \phi}{\partial r}\frac{\partial r}{\partial x} + \frac{\partial \phi}{\partial \theta}\frac{\partial \theta}{\partial x} \qquad \frac{\partial \phi}{\partial y} = \frac{\partial \phi}{\partial r}\frac{\partial r}{\partial y} + \frac{\partial \phi}{\partial \theta}\frac{\partial \theta}{\partial y}$$

となる。

　つぎに、$r = \sqrt{x^2 + y^2} = (x^2 + y^2)^{\frac{1}{2}}$ であるので

$$\frac{\partial r}{\partial x} = \frac{1}{2}(x^2 + y^2)^{-\frac{1}{2}} \cdot 2x = \frac{x}{r} = \frac{r\cos\theta}{r} = \cos\theta$$

$$\frac{\partial r}{\partial y} = \frac{1}{2}(x^2 + y^2)^{-\frac{1}{2}} \cdot 2y = \frac{y}{r} = \frac{r\sin\theta}{r} = \sin\theta$$

となる。

　つぎに、$\theta = \tan^{-1}\left(\dfrac{y}{x}\right)$ から $\partial \theta/\partial x, \partial \theta/\partial y$ を求める。

　$\dfrac{y}{x} = \tan\theta$ として、まず全微分を考える。すると $(\tan\theta)' = \dfrac{1}{\cos^2\theta}$ であるので

$$-\frac{y}{x^2}dx + \frac{1}{x}dy = \frac{1}{\cos^2\theta}d\theta$$

となる。

　そのうえで、偏微分を求めると

336

補遺1　極座標系の grad

$$-\frac{y}{x^2} = \frac{1}{\cos^2\theta}\frac{\partial\theta}{\partial x} \qquad -\frac{r\sin\theta}{r^2\cos^2\theta} = \frac{1}{\cos^2\theta}\frac{\partial\theta}{\partial x} \qquad \text{より} \quad \frac{\partial\theta}{\partial x} = -\frac{\sin\theta}{r}$$

$$\frac{1}{x} = \frac{1}{\cos^2\theta}\frac{\partial\theta}{\partial y} \qquad \frac{1}{r\cos\theta} = \frac{1}{\cos^2\theta}\frac{\partial\theta}{\partial y} \qquad \text{より} \quad \frac{\partial\theta}{\partial y} = \frac{\cos\theta}{r}$$

したがって

$$\frac{\partial\phi}{\partial x} = \frac{\partial\phi}{\partial r}\frac{\partial r}{\partial x} + \frac{\partial\phi}{\partial\theta}\frac{\partial\theta}{\partial x} = \cos\theta\frac{\partial\phi}{\partial r} - \frac{\sin\theta}{r}\frac{\partial\phi}{\partial\theta}$$

$$\frac{\partial\phi}{\partial y} = \frac{\partial\phi}{\partial r}\frac{\partial r}{\partial y} + \frac{\partial\phi}{\partial\theta}\frac{\partial\theta}{\partial y} = \sin\theta\frac{\partial\phi}{\partial r} + \frac{\cos\theta}{r}\frac{\partial\phi}{\partial\theta}$$

となる。

つぎに、直交座標の単位ベクトル $\vec{e}_x$, $\vec{e}_y$ と、極座標の単位ベクトル $\vec{e}_r$, $\vec{e}_\theta$ の関係を導出してみよう。

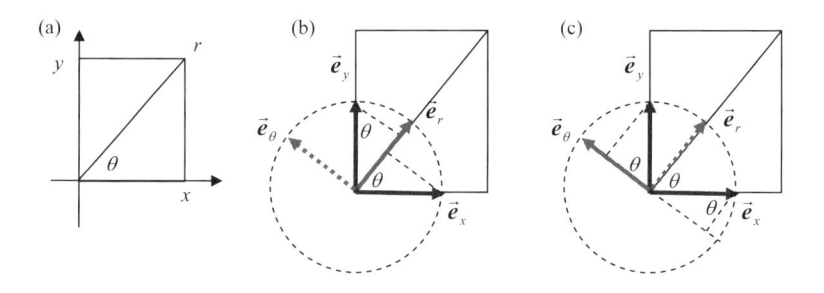

図 A1-1　直交座標と極座標の単位ベクトルの関係。

まず、図 A1-1(b)を参照しながら、$\vec{e}_r$ を直交座標の単位ベクトル $\vec{e}_x$, $\vec{e}_y$ とで表してみよう。$\vec{e}_r$ は r 方向の単位ベクトルである。図から $\vec{e}_x$ の r 方向の成分は $\vec{e}_x\cos\theta$ となり、$\vec{e}_y$ の r 方向の成分は $\vec{e}_y\sin\theta$ となるので、結局

$$\vec{e}_r = \vec{e}_x\cos\theta + \vec{e}_y\sin\theta$$

と与えられることがわかる。ここで、このベクトルの内積をとると

$$\vec{e}_r \cdot \vec{e}_r = (\vec{e}_x\cos\theta + \vec{e}_y\sin\theta)(\vec{e}_x\cos\theta + \vec{e}_y\sin\theta)$$

$$= \vec{e}_x\cdot\vec{e}_x\cos^2\theta + 2\vec{e}_x\cdot\vec{e}_y\sin\theta\cos\theta + \vec{e}_y\cdot\vec{e}_y\sin^2\theta = \cos^2\theta + \sin^2\theta = 1$$

となり、確かに単位ベクトルであることが確かめられる。

つぎに、$\vec{e}_\theta$ を単位ベクトル $\vec{e}_x$, $\vec{e}_y$ とで表してみよう。$\vec{e}_\theta$ は $\vec{e}_r$ と直交し、図 A1-1(c)のような関係にある。図から $\vec{e}_x$ の θ 方向の成分は $-\vec{e}_x \sin\theta$ となり負の符号がつく。また、$\vec{e}_y$ の θ 方向の成分は $\vec{e}_y \cos\theta$ となるので、結局

$$\vec{e}_\theta = -\vec{e}_x \sin\theta + \vec{e}_y \cos\theta$$

と与えられることがわかる。

ここで、このベクトルの内積をとると

$$\vec{e}_\theta \cdot \vec{e}_\theta = (-\vec{e}_x \sin\theta + \vec{e}_y \cos\theta)(-\vec{e}_x \sin\theta + \vec{e}_y \cos\theta)$$
$$= \vec{e}_x \cdot \vec{e}_x \sin^2\theta - 2\vec{e}_x \cdot \vec{e}_y \sin\theta\cos\theta + \vec{e}_y \cdot \vec{e}_y \cos^2\theta = \sin^2\theta + \cos^2\theta = 1$$

となり、こちらも単位ベクトルであることが確かめられる。よって

$$\begin{cases} \vec{e}_r = \vec{e}_x \cos\theta + \vec{e}_y \sin\theta \\ \vec{e}_\theta = -\vec{e}_x \sin\theta + \vec{e}_y \cos\theta \end{cases}$$

とまとめられる。あるいは

$$\begin{pmatrix} \vec{e}_r \\ \vec{e}_\theta \end{pmatrix} = \begin{pmatrix} \cos\theta & \sin\theta \\ -\sin\theta & \cos\theta \end{pmatrix} \begin{pmatrix} \vec{e}_x \\ \vec{e}_y \end{pmatrix}$$

と表記できる。

したがって、逆行列を使うと

$$\begin{pmatrix} \vec{e}_x \\ \vec{e}_y \end{pmatrix} = \begin{pmatrix} \cos\theta & \sin\theta \\ -\sin\theta & \cos\theta \end{pmatrix}^{-1} \begin{pmatrix} \vec{e}_r \\ \vec{e}_\theta \end{pmatrix}$$

から

$$\begin{pmatrix} \vec{e}_x \\ \vec{e}_y \end{pmatrix} = \begin{pmatrix} \cos\theta & -\sin\theta \\ \sin\theta & \cos\theta \end{pmatrix} \begin{pmatrix} \vec{e}_r \\ \vec{e}_\theta \end{pmatrix}$$

となり

$$\begin{cases} \vec{e}_x = \vec{e}_r \cos\theta - \vec{e}_\theta \sin\theta \\ \vec{e}_y = \vec{e}_r \sin\theta + \vec{e}_\theta \cos\theta \end{cases}$$

という関係もえられる。

いよいよ 2 次元極座標系の grad を求めてみよう。直交座標表示は

$$\text{grad}\phi = \frac{\partial\phi}{\partial x}\vec{e}_x + \frac{\partial\phi}{\partial y}\vec{e}_y$$

であるので、いま求めた関係を代入すると

補遺1 極座標系の grad

$$\frac{\partial \phi}{\partial x}\vec{e}_x + \frac{\partial \phi}{\partial y}\vec{e}_y = \left(\cos\theta \frac{\partial \phi}{\partial r} - \frac{\sin\theta}{r}\frac{\partial \phi}{\partial \theta}\right)(\vec{e}_r \cos\theta - \vec{e}_\theta \sin\theta)$$

$$+ \left(\sin\theta \frac{\partial \phi}{\partial r} + \frac{\cos\theta}{r}\frac{\partial \phi}{\partial \theta}\right)(\vec{e}_r \sin\theta + \vec{e}_\theta \cos\theta)$$

右辺を整理すると

$$\frac{\partial \phi}{\partial x}\vec{e}_x + \frac{\partial \phi}{\partial y}\vec{e}_y = \frac{\partial \phi}{\partial r}\vec{e}_r + \frac{1}{r}\frac{\partial \phi}{\partial \theta}\vec{e}_\theta$$

となる。

したがって、2次元の極座標系の grad は

$$\mathrm{grad}\phi = \frac{\partial \phi}{\partial r}\vec{e}_r + \frac{1}{r}\frac{\partial \phi}{\partial \theta}\vec{e}_\theta$$

となる。

ナブラベクトルで表記すると

$$\mathrm{grad} = \nabla = \frac{\partial}{\partial r}\vec{e}_r + \frac{1}{r}\frac{\partial}{\partial \theta}\vec{e}_\theta = \begin{pmatrix} \partial/\partial r \\ \frac{1}{r}\partial/\partial \theta \end{pmatrix}$$

となる。

補遺2　ストークスの定理

ストークスの定理とは、ベクトル場

$$\vec{A} = \begin{pmatrix} A_1 \\ A_2 \\ A_3 \end{pmatrix}$$

において、閉曲線 C で囲まれた領域 S があるとき、次式が成り立つというものである。

$$\iint_S \mathrm{rot}\,\vec{A} \cdot \vec{n}\, dS = \oint_C \vec{A} \cdot d\vec{r}$$

左辺は、ベクトル $\vec{A}$ の回転ベクトル $\mathrm{rot}\,\vec{A}$ の法線成分である $\mathrm{rot}\,\vec{A} \cdot \vec{n}$ を領域 S 全体にわたって面積分したものである。

右辺は、ベクトル $\vec{A}$ の接線成分 $\vec{A} \cdot d\vec{r}$ を領域 S を囲む閉回路 C に沿って線積分したものである。ストークスの定理は、これらふたつの積分が等しいということを示している。

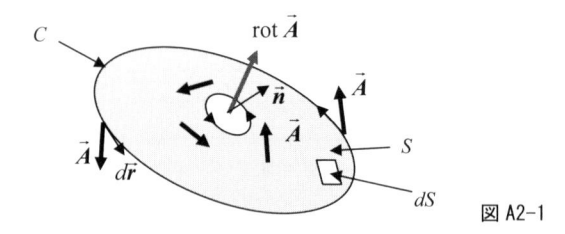

図 A2-1

このままではわかりにくいので、この定理のイメージを物理的に捉えたものを図 A2-2 に示す。

補遺2　ストークスの定理

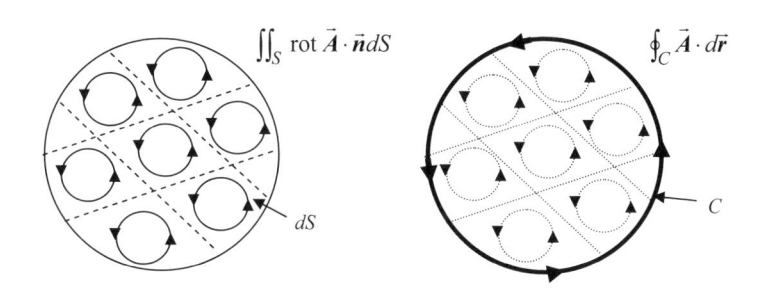

図 A2-2　ストークスの定理の物理的イメージ：少領域 dS の回転を足し合わせると、周回部分だけが生き残る。

　このように、ある閉曲面 S において、微小領域 dS のベクトルの rot を考える。これは、模式的には図 A2-2 のような微小なうずによって生じるベクトルである。

　これら微小なうずを足し合わせると、互いに反対向きの流れは打ち消しあうため、最終的にはいちばん外周のみの成分が生き残ると考えられる。それが接線成分の周回積分と一致するというのがストークスの定理である。

　それでは、この定理が成立することを確かめてみよう。ここでは、ベクトル $\vec{A}$ として、xy 平面内のベクトル

$$\vec{A} = \begin{pmatrix} A_1(x,y) \\ A_2(x,y) \\ 0 \end{pmatrix}$$

を考え、領域としては、xy 平面内の閉回路 C に囲まれた領域 S を考える。

　ベクトル $\vec{A}$ の rot は

$$\mathrm{rot}\,\vec{A} = \left(\frac{\partial A_3}{\partial y} - \frac{\partial A_2}{\partial z}\right)\vec{e}_x - \left(\frac{\partial A_3}{\partial x} - \frac{\partial A_1}{\partial z}\right)\vec{e}_y + \left(\frac{\partial A_2}{\partial x} - \frac{\partial A_1}{\partial y}\right)\vec{e}_z$$

と与えられる。

図 A2-3

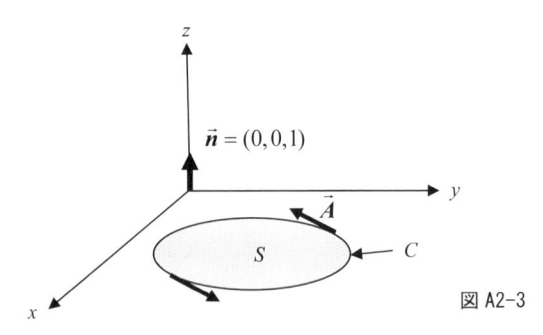

ここで、領域 S における単位法線ベクトルは

$$\vec{n} = \begin{pmatrix} 0 \\ 0 \\ 1 \end{pmatrix}$$

となるので

$$\text{rot}\,\vec{A} \cdot \vec{n} = \frac{\partial A_2}{\partial x} - \frac{\partial A_1}{\partial y}$$

となる。

したがって

$$\iint_S \text{rot}\,\vec{A} \cdot \vec{n}\,dS = \iint_S \left(\frac{\partial A_2}{\partial x} - \frac{\partial A_1}{\partial y} \right) dS = \iint_S \left(\frac{\partial A_2}{\partial x} - \frac{\partial A_1}{\partial y} \right) dxdy$$

となる。

つぎに

$$d\vec{r} = \begin{pmatrix} dx \\ dy \\ dz \end{pmatrix}$$

であるので

$$\vec{A} \cdot d\vec{r} = (A_1\ A_2\ 0) \begin{pmatrix} dx \\ dy \\ dz \end{pmatrix} = A_1 dx + A_2 dy$$

したがって右辺は

$$\oint_C \vec{A} \cdot d\vec{r} = \oint_C (A_1 dx + A_2 dy)$$

となる。
　結局
$$\iint_S \left(\frac{\partial A_2}{\partial x} - \frac{\partial A_1}{\partial y}\right) dxdy = \oint_C (A_1 dx + A_2 dy)$$
を証明すればよいことになる。A_1 および A_2 は x, y の関数であるので
$$\iint_S \left(\frac{\partial A_2(x,y)}{\partial x} - \frac{\partial A_1(x,y)}{\partial y}\right) dxdy = \oint_C (A_1(x,y)dx + A_2(x,y)dy)$$
を証明する。

　ここで、領域 S 全体で考える前に、S 内に図 A2-4 に示すような長方形の微小領域 D を考える。

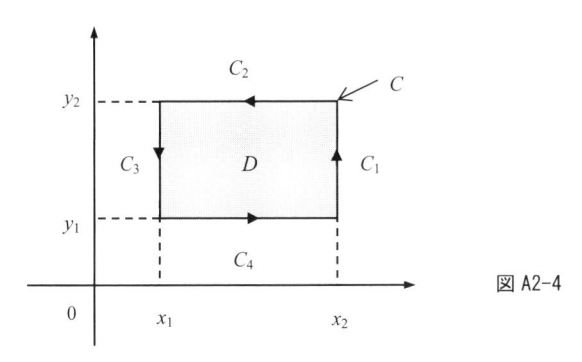

図 A2-4

　このとき、左辺の第一項の面積分
$$\iint_D \frac{\partial A_2(x,y)}{\partial x} dxdy$$
は
$$\iint_D \frac{\partial A_2(x,y)}{\partial x} dxdy = \int_{y_1}^{y_2} \left(\int_{x_1}^{x_2} \frac{\partial A_2(x,y)}{\partial x} dx\right) dy$$
のような 2 重積分 (double integral) となる。ここで、まず x に関して積分を行うと
$$\int_{x_1}^{x_2} \frac{A_2(x,y)}{\partial x} dx = A_2(x_2, y) - A_2(x_1, y)$$
であるから、2 重積分は

$$\iint_D \frac{A_2(x,y)}{\partial x}dxdy = \int_{y_1}^{y_2}\left(A_2(x_2,y) - A_2(x_1,y)\right)dy$$

という y に関する積分となる。右辺を 2 つの項に分けて

$$\iint_D \frac{A_2(x,y)}{\partial x}dxdy = \int_{y_1}^{y_2} A_2(x_2,y)dy - \int_{y_1}^{y_2} A_2(x_1,y)dy$$

とする。ここで、右辺の第 1 項の積分は、$x = x_2$ に沿って、$A_2(x,y)$ を y_1 から y_2 まで積分するものである。つまり、図 A2-4 の C_1 という経路を矢印方向に沿って線積分したものであるから

$$\int_{y_1}^{y_2} A_2(x_2,y)dy = \int_{C_1} A_2(x,y)dy$$

と書くことができる。

同様にして、第 2 項の積分は、$x = x_1$ という直線に沿って積分路 C_3 を周回積分とは逆向きに積分したときの値であるから

$$\int_{y_1}^{y_2} A_2(x_1,y)dy = -\int_{C_3} A_2(x,y)dy$$

となる。よって

$$\iint_D \frac{\partial A_2(x,y)}{\partial x}dxdy = \int_{C_1} A_2(x,y)dy + \int_{C_3} A_2(x,y)dy$$

と与えられる。しかし、このままでは、領域 D の境界 C に沿った周回積分にはなっていない。経路 C_2 および C_4 に沿った線積分が必要になる。ところが、これら経路上では y の値が一定であるから $dy = 0$ なので、この経路に沿って $A_2(x,y)$ を積分しても 0 である。つまり

$$\int_{C_2} A_2(x,y)dy = 0 \qquad \int_{C_4} A_2(x,y)dy = 0$$

となる。よって、これら積分を先の積分に足せば

$$\iint_D \frac{\partial A_2(x,y)}{\partial x}dxdy = \int_{C_1} A_2(x,y)dy + \int_{C_2} A_2(x,y)dy + \int_{C_3} A_2(x,y)dy + \int_{C_4} A_2(x,y)dy$$

$$= \int_C A_2(x,y)dy$$

となって、領域 D の境界 C に沿った周回積分となる。まったく同様の操作を $A_1(x)$ に対しても行うと

$$\iint_D \frac{\partial A_1(x,y)}{\partial y} dxdy = -\int_C A_1(x,y)dx$$

となる。ここで右辺に負の符号がつくのは、$A_2(x, y)$と同じ向きで周回積分すると、yに関しては逆周りとなるからである。結局

$$\int_C (A_1(x,y)dx + A_2(x,y)dy) = \iint_D \left(\frac{\partial A_2(x,y)}{\partial x} - \frac{\partial A_1(x,y)}{\partial y} \right) dxdy$$

が成立することになる。

この関係は、領域 S 内すべてにおいて成立する。このように、いったん長方形の積分路でこの関係が成立することがわかれば、図 A2-5 のように、ふたつの長方形を重ねて積分した場合、図の共通の線上の積分は方向がちょうど逆となって相殺されるため、結局、これら 2 つの長方形の外周をまわる周回積分においても、同様の関係が成立することになる。

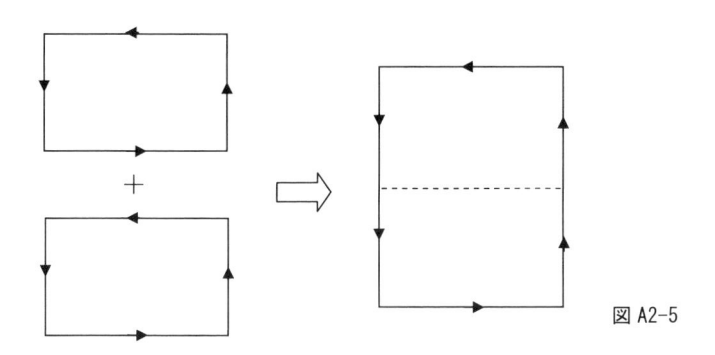

図 A2-5

この要領で、適当な長方形を組み合わせれば、図 A2-6 に示すように、任意の形状の閉曲線をつくることができる。このとき、微分や積分で用いた極限値の考えを適用すれば、任意の形状に対応することができることが分かる。したがって、ストークスの定理はすべての閉曲線で成立することがわかる。

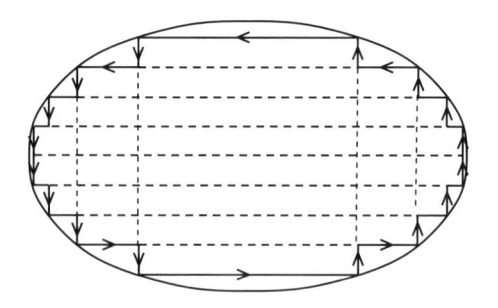

図 A2-6　図 A2-5 の原理で微小な長方形を足し合わせれば、どのような図形にも対応できる。したがって、任意の曲線で囲まれた領域で、ストークスの定理は成立する。

索引

あ行

アース　108
アンペールの力　273
アンペールの法則の微分形　280
アンペールの右ねじの法則　258
アンペール・マックスウェルの法則　317
インダクタンス　307
円筒コンデンサ　138
円電流　259
オームの法則　176

か行

回転演算子　282
ガウスの発散定理　87
ガウスの法則　62, 165
ガウスの法則－微分形　76
角振動数　333
荷電粒子の運動量　297, 299
起電力　186
キャリア濃度　175
強磁性　237
強磁性体　246
鏡像　113
鏡像法　111
極座標　54
キルヒホッフの第一法則　187
キルヒホッフの第二法則　187
クーロン　16

クーロンの法則　21, 198
grad　36
コイル　307
格子振動　182
光速　325
コンデンサ　121
コンデンサの直列回路　140
コンデンサの並列回路　139

さ行

鎖交磁束　305
残留磁化　249
磁化　211, 232
磁化曲線　244
磁化率　232
磁気双極子　213
磁気モーメント　211
磁位　202
磁荷　196
磁区　247
磁束　205
磁束密度　204
磁場　199
磁場の屈折　251
磁場の屈折の法則　255
自由電子　18, 90, 175
常磁性体　232, 244
磁力線　204

真空の誘電率　22, 33, 198
スカラーポテンシャル　292
スピン　235
静電エネルギー　130
静電遮蔽　108
静電誘導　92
双極子モーメント　153

　　た行
耐電圧　130
div　76
直列　183
地球の電荷　108
点磁荷　197
電圧　35
電位　34
電荷対　51
電荷保存の法則　195
電荷密度　84
電気回路　183
電気双極子　53
電気素量　16
電気抵抗　177
電気抵抗率　178
電気容量　123
電気力線　48, 62
電子　14
電子格子相互作用　182
電磁波　334
電磁ポテンシャル　313
電磁誘導　13

電磁誘導の法則　300, 321
電束　61
電束密度　61, 150
電場　25
電場の屈折　168
電流　14, 174
電流素片　265
電流密度　179
導体　90
導体球　116
等電位線　44
等電位線図　48
導電率　179
透磁率　239
ドメイン　247
トルク　225

　　は行
発散　78, 290
発生源　319
波動方程式　330
反磁性　245
反磁場　219, 242
反磁場係数　220
反平行電流　275
ビオサバールの法則　264
非磁性体　236
比誘電率　147
ファラッド　123
ファラデーの法則　300, 304
分極電荷　157

348

分極ベクトル　152, 162
分子磁石　232
平均自由行程　181
平行電流　275
平行平板コンデンサ　126
並列　184
ベクトルポテンシャル　293, 312
変位電流　313, 315
飽和磁化　248
保存力場　38, 57
ポアッソンの方程式　85

ま行
マックスウェルの方程式　295, 310, 318
右ねじの法則　257
無限平板　69
面積分　66
モノポール　197

や行
誘電体　143
誘電分極　143
誘電率　60
誘導起電力　306

ら行
レンツの法則　300
ローレンツ力　260, 301

わ
湧き出し源　78

著者：村上　雅人（むらかみ　まさと）

　　1955 年，岩手県盛岡市生まれ．東京大学工学部金属材料工学科卒，同大学工学系大学院博士課程修了．工学博士．超電導工学研究所第一および第三研究部長を経て，2003 年 4 月から芝浦工業大学教授．2008 年 4 月同副学長，2011 年 4 月より同学長．

　　1972 年米国カリフォルニア州数学コンテスト準グランプリ，World Congress Superconductivity Award of Excellence，日経 BP 技術賞，岩手日報文化賞ほか多くの賞を受賞．

　　著書：『なるほど虚数』『なるほど微積分』『なるほど線形代数』『なるほど量子力学』など「なるほど」シリーズを十数冊のほか，『日本人英語で大丈夫』．編著書に『元素を知る事典』（以上海鳴社），『はじめてナットク超伝導』（講談社，ブルーバックス），『高温超伝導の材料科学』（内田老鶴圃）など．

なるほど電磁気学
　　2013 年 10 月 10 日　第 1 刷発行

発行所：㈱海 鳴 社　　http://www.kaimeisha.com/

JPCA

本書は日本出版著作権協会 (JPCA) が委託管理する著作物です．本書の無断複写などは著作権法上での例外を除き禁じられています．複写（コピー）・複製，その他著作物の利用については事前に日本出版著作権協会（電話 03-3812-9424, e-mail:info@e-jpca.com）の許諾を得てください．

発　行　人：辻　信行
組　　　版：小林　忍
印刷・製本：シ ナ ノ

出版社コード：1097　　　　　　　　© 2013 in Japan by Kaimeisha
ISBN 978-4-87525-300-6　　落丁・乱丁本はお買い上げの書店でお取替えください

村上雅人の理工系独習書「なるほどシリーズ」

なるほど虚数──理工系数学入門	A5判 180頁、1800円
なるほど微積分	A5判 296頁、2800円
なるほど線形代数	A5判 246頁、2200円
なるほどフーリエ解析	A5判 248頁、2400円
なるほど複素関数	A5判 310頁、2800円
なるほど統計学	A5判 318頁、2800円
なるほど確率論	A5判 310頁、2800円
なるほどベクトル解析	A5判 318頁、1800円
なるほど回帰分析	A5判 238頁、2400円
なるほど熱力学	A5判 288頁、2800円
なるほど微分方程式	A5判 334頁、3000円
なるほど量子力学Ⅰ──行列力学入門	A5判 328頁、3000円
なるほど量子力学Ⅱ──波動力学入門	A5判 328頁、3000円
なるほど量子力学Ⅲ──磁性入門	A5判 260頁、2800円

（本体価格）